U0166964

单逆变器供电的六相永磁
同步电动机串联系统

刘陵顺　闫红广　张华强　李　岩　著

科学出版社

北京

内 容 简 介

单逆变器供电的多相电机串联系统是一种新型的多电机传动系统。本书分别以单逆变器供电的双 Y 移 30° 永磁同步电动机串联系统和对称六相永磁同步电动机串联系统为研究对象，针对不同串联系统的构成规则、工作原理、数学模型、谐波效应及其解耦控制要求进行了详细的理论推导和分析；对串联系统的多频载波脉冲宽度调制（PWM）矢量控制策略、基于空间矢量调制的直接转矩控制策略、断路缺相的容错控制策略、低次空间谐波对解耦控制的耦合效应以及消除谐波效应的解耦补偿控制策略开展了理论分析、建模仿真与试验验证研究。

本书可供高等院校电力电子与电力传动及其相关专业的师生阅读，也可供科研院所从事永磁同步电动机控制研究的相关技术人员参考。

图书在版编目（CIP）数据

单逆变器供电的六相永磁同步电动机串联系统 / 刘陵顺等著. —北京：科学出版社，2020.4

    ISBN 978-7-03-062764-3

    Ⅰ．①单…   Ⅱ．①刘…   Ⅲ．①永磁式电机-同步电动机-串联电路-电力系统-研究   Ⅳ．①TM351

中国版本图书馆CIP数据核字（2019）第229530号

责任编辑：张海娜 纪四稳 / 责任校对：王萌萌
责任印制：吴兆东 / 封面设计：蓝正设计

科 学 出 版 社 出版

北京东黄城根北街 16 号
邮政编码：100717
http://www.sciencep.com

北京中石油彩色印刷有限责任公司 印刷
科学出版社发行 各地新华书店经销

*

2020 年 4 月第 一 版 开本：720×1000 B5
2024 年 1 月第二次印刷 印张：17 1/4
字数：345 000

定价：138.00 元
（如有印装质量问题，我社负责调换）

前　言

随着现代电力电子技术和现代电机控制技术的发展，单逆变器供电的多相电机串联系统作为一种新颖的多电机传动系统开始受到业内学者的关注。它是用任意一台多相电机的广义零序电流分量构成与之串联电机的磁通和转矩来源，实现多台多相电机在同一逆变器供电下的独立运行。2000 年洛克希德·马丁公司的 Slobodan Gataric 提出了这种多相电机串联系统的概念，并在理论上探索了这种系统的可行性。此后，英国 Liverpool John Moores 大学的 Emil Levi 教授及其课题组对单逆变器供电的多相电机串联系统进行了较为深入的研究。多电机解耦运行的理论基础是构成串联系统的电机磁动势（magnetic motive force, MMF）均为正弦分布。但是，由于材料、设计、制作工艺和误差等，电机内部不可避免地存在多种空间谐波，加之控制系统迟滞、电力电子器件的死区效应等因素所带来的电流时间谐波问题，多相电机串联系统的解耦运行将受到影响。因此，该串联系统的关键是必须有效地解决补偿非正弦 MMF 中谐波效应的解耦控制策略，从而为该多相电机串联系统在舰船电力推进、飞机电传等军事装备领域以及轨道交通牵引、钢铁、塑料等民用领域走向实用化提供理论依据和技术支撑。

五相电机和六相电机是多相电机的研究热点，具有更高的应用价值。其中，六相电机又分为由相移 30°电角度 Y 形连接且中性点隔离的两套对称三相绕组组成的非对称六相电机和相移 30°电角度的对称六相电机两大类。本书作者近年来在相关基金项目的资助下，针对单逆变器供电的双 Y 移 30°永磁同步电动机（permanent magnet synchronous motor, PMSM）串联系统和对称六相 PMSM 串联系统及其控制开展了一系列的研究工作，具体包括四种串联系统：两台双 Y 移 30° PMSM 串联系统、一台双 Y 移 30° PMSM 与一台两相 PMSM 串联系统、两台双 Y 移 30° PMSM 与一台两相 PMSM 串联系统、一台对称六相 PMSM 与一台三相 PMSM 串联系统。

本书共 13 章，内容安排如下：第 1、2 章介绍多相电机及其串联系统的发展概述、多相 PMSM 的数学建模及串联系统理论分析；第 3 章为双 Y 移 30° PMSM 串联系统的原理分析；第 4 章介绍双 Y 移 30° PMSM 串联系统的数学建模；第 5 章介绍双 Y 移 30° PMSM 串联系统的矢量控制；第 6 章介绍双 Y 移 30° PMSM 串联系统的空间矢量调制-直接转矩控制（SVM-DTC）技术；第 7 章介绍双 Y 移 30° PMSM 串联系统的容错控制；第 8 章介绍基于谐波效应补偿的双 Y 移 30° PMSM 串联系统的解耦控制；第 9 章介绍考虑空间谐波效应的对称六相 PMSM

与三相 PMSM 的数学建模；第 10 章介绍对称六相 PMSM 与三相 PMSM 串联系统的原理及解耦控制；第 11 章介绍对称六相 PMSM 与三相 PMSM 串联系统缺相容错型解耦控制；第 12 章介绍考虑空间 2 次谐波的对称六相 PMSM 与三相 PMSM 串联系统解耦控制；第 13 章介绍基于反电势 3 次谐波及零序电流抑制的串联系统解耦控制。

　　本书内容来自作者近年来的研究成果，是在国家自然科学基金项目"基于谐波效应补偿的双三相永磁同步电动机两电机串联系统解耦控制方法研究"（51377168）、国家博士后科学基金特别资助项目"单逆变器驱动的六相永磁同步电动机双电机串联系统研究"（201104769）、国家博士后科学基金面上资助项目"六相永磁同步电机双电机串联系统关键技术研究"（20090450205）以及山东省自然科学基金项目"单逆变器驱动的六相永磁同步电动机串联系统的研究"（ZR2010EM029）的支持下完成的，在此表示衷心的感谢。在完成书稿的过程中，作者参阅了近年来所指导的研究生的学位论文，他们是闫红广博士、何京德硕士、苗正戈硕士、张海洋硕士、韩浩鹏硕士、张少一硕士、孔德彪硕士、张春晓硕士以及鲁晓彤硕士等，在此向各位表示感谢。另外，福州大学的周扬忠教授对部分试验提供了有益的建议和帮助，在此表示感谢，同时向本书参考文献的作者一并表示感谢。

　　由于作者学识和能力有限，书中内容难免有疏漏或不足之处，敬请有关专家和读者批评指正。

作　者

2019 年 10 月

目　　录

第1章 绪　　论

1.1　多相电机的特点

交流电机是一个复杂的非线性、多变量、强耦合的时变系统，而直流电机的定子励磁电流和转子转矩电流单独可控，因此交流电机调速性能没有直流电机优良，起初只能用于不调速的拖动系统中，在高性能调速领域一直都使用直流电机。20世纪后半叶，电力电子技术和微电子技术的发展，尤其是交流电机矢量控制技术、直接转矩控制技术的发展，逐步打破了直流调速系统的统治性地位。进入21世纪后，交流调速取代直流调速已经成为不争的事实[1-3]。

三相交流调速系统在高性能控制策略的成熟性和经济性方面最具代表性，并在交流电力拖动系统中一直占据着统治地位。但是，随着经济与社会的发展与进步，一些军用、民用场合对调速系统提出了更高的要求。例如，自20世纪90年代以来，飞机、舰船电力推进系统的发展，要求驱动系统具有大功率、高可靠性和高功率密度等。这是因为能源、动力、推进是军用飞机和舰船战斗力、生存力和经济性的生命之源，未来飞机、舰船对此提出了更高的期望，如多电飞机、全电飞机概念的提出，即把飞机上的电、液、气等动力源都统一到电方面上来，所有的执行元件均为电动元件[4,5]；而舰船实现综合电力与推进的一体化，可为高能耗的新概念武器装备提供更多的能量，节省更多的空间，同时也容易实现操纵的自动化和控制的智能化。舰船综合电力系统的全电气化势在必行[6]，例如，美国海军于1986年就提出了"海上革命"计划。在多电飞机、综合全电力舰船以及电力机车等高性能大功率调速场合，如果仍然采用三相调速系统，在高电压等级下，首先对定子绕组绝缘等级的要求提高，也会使得传统的电力电子变换器的耐压性受到限制；在低电压等级下，则大电流存在开关管并联的均流问题。因此，三相调速系统在这些高功率场合的应用受到了限制。电力电子技术的发展，为交流调速系统摆脱对三相电网供电的约束提供了条件。考虑到任意对称的多相绕组中通入平衡的多相电流都能产生合成的旋转磁势，电机的相数可以设计为多相[7]。

多相调速系统与三相调速系统相比，存在以下优势[8-14]：

（1）电磁转矩密度提高，相数变大，消除了某些低次谐波，高次谐波的比例更小，改善了电机的噪声和振动性能。例如，双Y移30°电机就不存在5、7、17、19次等空间谐波，其6、18次转矩脉动也不存在。

(2)效率提高，绕组系数的增加使得输出相同转矩时所需电流减小，从而使定子绕组的铜耗减小。

(3)多相调速系统的可靠性和容错性得到改善，如果某些相发生故障而不能正常运行，系统不会停车而会继续运行，这对于可靠性要求高的飞机等军事应用场合尤为重要。

(4)用低压器件实现大功率控制，在输出高功率和输出相电流一定的情况下，相数越大，器件的电压就越低，克服了三相系统的高压供电问题，可靠性增强。

(5)相电压一定时，采用多相系统可以减小相电流，用单功率管实现大容量传动，克服了三相制相电流过大引起的多开关管并联均流问题。

(6)电机设计与控制的可选度增加，对于多相电机的设计不必局限于正弦分布绕组，为了提高输出转矩，也可以采用集中整距绕组分布等；在电机的控制方面，对于 n 相电机，电压空间矢量的个数为 2^n，相数越大，控制电压空间矢量的选择度会越充分，电机的控制性能也自然地得到改善。

1.2 多相电机及调速系统的研究现状

1.2.1 多相电机的分类

20 世纪 20 年代，为了解决同步发电机故障电流的断路器和电抗器的容量受限问题，提出了在定子上设有两套绕组的同步发电机[15]。20 世纪 60 年代后期是变换器驱动交流调速的初始阶段，三相交流电机的驱动如采用六阶梯形波三相逆变器则存在较大的电流谐波，会引起较大的低频转矩纹波，而增加电机的相数可以很好地解决这个问题，于是五相和六相变速驱动系统得以发展起来[16,17]。多相电机能够发展的另一个因素是其更好的容错性以及有更多相数分担大容量的功率输出，从而有助于减小每相开关器件的额定值[18-20]。

到了 20 世纪 90 年代中期，大功率舰船电力驱动系统、多电飞机以及电力牵引的发展成为多相电机快速发展的重要原因[21-24]。例如，美国潜艇于 1994 年在那不勒斯下水测试，所用的就是一台 18MW 的六相 PMSM。从电机的类型上看，主要集中在感应电机、同步电机(包括电励磁、永磁励磁或磁阻同步)。对于多相 PMSM，其根据 MMF 的分布情况分为两类：一类是正弦波 PMSM，定子绕组为短距式分布，同时转子磁场也尽可能地加工为正弦波，使其具有正弦分布的 MMF；另一类是非正弦波 PMSM，定子绕组为集中整距绕组，MMF 中含有的谐波成分较多[25-28]。不论是分布式定子绕组还是集中式定子绕组，定子相与相之间都存在着较强的磁耦合。为了使磁耦合最小化，对于多相 PMSM，还可以采用模块化设计策略，这样有助于提高电机的容错性[29]。需要特别说明的是，对于多相 PMSM，MMF 分布形状取决于转子永磁体，定子电流需要与 MMF 空间分布相匹配，才能使转矩的产生最优化。三种绕组结构如图 1-1 所示。

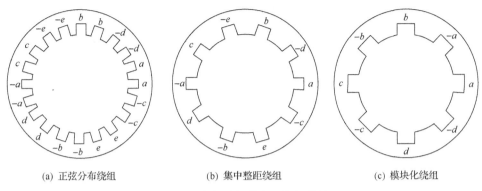

(a) 正弦分布绕组　　　　　　　　(b) 集中整距绕组　　　　　　　(c) 模块化绕组

图 1-1　多相电机的定子绕组结构

对于相数为奇数且为素数的 n 相电机，任意相邻相所夹的电角度为 $\alpha = 2\pi / n$，称为对称多相电机。对于偶数相或者非素数的奇数相电机，可以有不对称的连接方式，即有 k 套 a 相绕组（相数 $n = ak$），如 $a = 3$ 及 $k = 2,3,4,5,\cdots$，相邻套绕组之间的电角度为 $\alpha = \pi / n$，称为非对称多相电机，每套绕组的中点可以相连也可以不连，通常情况下采取独立的中性点方式[30-32]。

由于任意相多相电机的机电能量转换只需要两个定子变量(电压或电流)即可，而多余的其他变量可用作其他用途，具体如下。

(1)对于正弦分布的多相电机，其有两种用途：一种是用作单逆变器驱动多台电机，它们可以通过适当的相序转换串联或并联在一起，实现各台电机的独立解耦运行；另一种是用作缺相容错性控制，提高多相电机运行的可靠性[25]。

(2)对于集中整距绕组电机，其既可以用作容错性控制，也可以通过低于相数的奇次谐波电流注入的方法来提高转矩密度。对于模块化多相 PMSM，如果永磁体产生的是矩形波磁势，则不能用于构成单逆变器驱动的多相电机串联或并联系统。

(3)对于相数为 n 的奇数相定子绕组电机，若采用单中性点连接方式，则其具有 $n-3$ 个冗余自由度，这些冗余自由度的用途可以概括如表 1-1 所示[25]。

表 1-1　多相电机冗余自由度的用途

定子绕组类型	容错性	注入电流谐波提高转矩	单逆变器驱动多电机运行
正弦分布绕组	可行	不可行	可行
集中整距绕组	可行	可行	不可行
模块化绕组	可行	若永磁体提供矩形波磁势，则可行	不可行

1.2.2　多相电机的数学建模

多相电机中各变量之间的内在电磁关系，可以采用相变量模型体现出来，但是由于相电压与相电流均为时变量,磁链与电感也是时变量且随位置而变,相变量数学模型呈非线性,其解析值通常不容易得到,需要通过状态方程组的数值法求解而得。为了更方便地进行多相电机的性能分析和高性能的系统控制,通常需要进行坐标变换,这在三相电机中得到了很好的应用。但是,相数增大时,维数就会随之提高,从而提高了坐标变换的复杂程度,坐标变换的方法需要随着电机的类型而变。最初 D.C.White 采用瞬时对称分量的复变量变换方法,对任意多相的电机都可等效变换成两相,但这种变换的变量是共轭复数,没有明确的物理意义,只适合于正弦波电机的谐波分析和不对称运行的分析,它的变换矩阵也不是标准正交基[33]。

对于对称绕组的多相电机,其电感参数恒定不变,相变量数学模型的绕组电感矩阵对称循环,通过 Clark 实变换(记为 $C_{ns/2s}$,相应的反变换为 iClark 变换,记为 $C_{2s/ns}$)可将电感矩阵转变成对角阵。经 Clark 实变换后的矩阵,前两行为被映射到 $\alpha\beta$ 子空间的相变量基波,最后一行(奇数相)或两行(偶数相)为零序分量,中间的 $(n-3)/2$(奇数相)或 $(n-4)/2$(偶数相)个正交子空间为 z_1z_2 子空间,其余谐波分别被映射到这些子空间中。对于正弦分布的多相电机,z_1z_2 子空间的各次谐波对机电能量转换和旋转 MMF 没有影响,称为广义零序分量,这些低次谐波电流只受定子绕组的电阻和漏感的限制,在控制时需要设法限制这些低次电压谐波。因此,在电机控制时只需要对 $\alpha\beta$ 子空间的基波变量进行同步旋转坐标变换(也称Park 变换,记为 $C_{2s/2r}$,相应的反变换为 iPark 变换,记为 $C_{2r/2s}$),变换后 dq 坐标系下的方程式以及转矩方程均与三相电机的相同[25]。

对于非对称正弦分布的多相电机,其是由 k 套 a 相绕组(相数 $n=ak$)组成的,套与套绕组之间的电角度为 $\alpha=\pi/n$,仍可采用与上述对称绕组相同的 Clark 实变换将其转变为 $n-k$ 个方程。对于 k 套星形连接的三相绕组组成的多相电机,如果中性点互不相连,则各套三相绕组都可分别变换为 dq 方程,这样共包含 k 对 dq 方程,电机的转矩等于各套绕组产生的转矩之和,这种方法被广泛地应用在非对称六相电机的矢量控制中[25,34-36]。

对于非正弦分布的集中绕组多相电机,相变量模型和旋转坐标变换后的 dq 方程均与正弦分布的电机不同。由于电感矩阵同时包含基波和高次谐波,经过解耦变换后,$(n-1)/2$(n 为奇数)或 $(n-2)/2$(n 为偶数)对变量存在互耦合问题。高次空间谐波与高次时间谐波互作用也将产生电磁功率和转矩,使电磁转矩增加,因此在控制电流中注入适当的谐波电流可以提高电磁转矩。

1.2.3　多相电机调速系统的控制策略

多相电机的控制在本质上与三相电机相同,高性能的控制策略主要是磁场定向控制和直接转矩控制(direct torque control, DTC)[25]。

对于对称正弦分布的多相电机,在三相电机中应用的矢量控制策略也同样可以使用，二者的区别仅仅是坐标变换时需要产生 n 相定子电流或电压给定值，这取决于电流控制是在静止坐标系下还是在同步旋转坐标系下进行[37-40]。如果电流控制是在静止坐标系下进行，则需要 $n-1$ 个静止电流控制器，再采用标准的斜坡-比较器电流控制方法或跟踪电流控制方法，为变换器提供开关信号，例如，n 相正弦分布的电机采用转子磁场定向控制系统，如图 1-2 所示。其中 i_{ds} 取决于电机类型，对于表面式 PMSM，矢量控制器仅仅是对速度进行控制，$i_{ds}=0$，坐标旋转角 θ 是转子旋转角；而对于多相感应电机，i_{ds} 是额定励磁电流，矢量控制器则包含速度控制、转差角速度的计算以及坐标旋转角度的计算等。

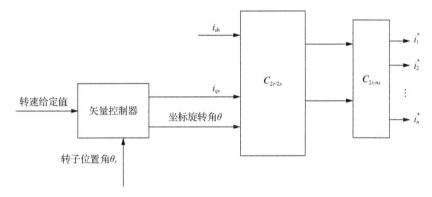

图 1-2 静止坐标系下多相电机电流控制的转子磁场定向控制系统

如果电流控制在同步旋转坐标系下进行，那么由于电磁转矩是由 dq 定子电流分量决定的，所以只需要两个电流控制器即可。但是，实际上由于 n 相电机有 $n-1$ 个独立的电流(对于由 k 套相同的中性点隔离的 a 相绕组所组成的 n 相电机，有 $n-k$ 个独立电流)，还需要避免产生 xy 子空间的谐波电流，所以利用两个电流控制器是不够的，如非对称六相电机需要 dq 子空间和 xy 子空间共四个电流控制器才足够。

对于集中绕组的多相电机，可以通过低次定子电流谐波注入的方法提高转矩密度。矢量控制的功能包括计算基波与相关低次谐波的参考值，并且需要 $n-1$ 个电流控制器[41-43]。在五相集中绕组的感应电机、永磁同步电动机和同步磁阻电机中，3 次谐波注入的方法已经有诸多研究[44-46]，其转子磁场定向控制系统如图 1-3 所示，矢量控制器需要将产生转矩的 q 轴电流分量分割成基波和 3 次谐波[44]。非对称六相电机也可采用 3 次谐波注入的方法，而七相集中绕组的电机中 3 次和 5 次谐波都可用作注入谐波。

对于多相电机另一种重要的控制策略——直接转矩控制，根据 PWM 方法的区别，可分为两种：一种是定子磁通和转矩跟踪控制下的定子电压矢量表法，其开关频率不固定，如图 1-4(a)所示；另一种是保持开关频率恒定的空间矢量脉冲宽度调制(space vector pulse width modulation, SVPWM)法，如图 1-4(b)所示。

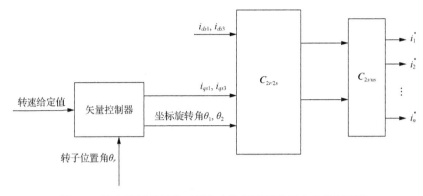

图 1-3　静止坐标系下的五相集中绕组转子磁场定向控制系统

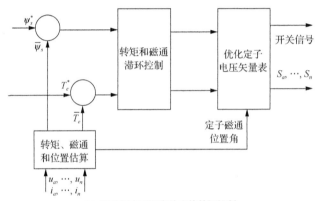

(a) 开关频率不固定的直接转矩控制

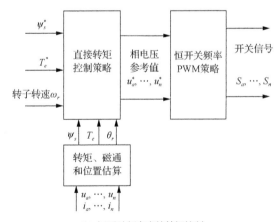

(b) 恒开关频率直接转矩控制

图 1-4　多相电机的直接转矩控制策略

1.2.4 多相逆变器的 PWM 控制技术

多相电机的 PWM 逆变器可分为两电平逆变器和多电平逆变器。对于两电平逆变器，常用的 PWM 技术有电流跟踪 PWM 方法、载波调制 PWM 方法以及 SVPWM 方法[47-50]。电流跟踪 PWM 方法与三相电机类似，而注入适当低次谐波的载波调制 PWM 方法有助于改善直流母线电压 U_{dc} 的利用率。例如，注入零序谐波的三相电压源变换器(voltage source inverter, VSI)可以将 U_{dc} 利用率提高 15.47%，注入零序谐波的五相 VSI 可以将 U_{dc} 利用率提高 5.15%，注入零序谐波的七相 VSI 可以将 U_{dc} 利用率提高 2.57%，可见随着相数的增大，U_{dc} 提高的程度变低。正弦脉宽调制(sinusoidal pulse width modulation, SPWM)技术也适用于集中绕组的多相电机，通过注入低次谐波来提高转矩密度。

对于采用 SVPWM 控制的 n 相电机，可利用的空间电压矢量的个数为 2^n 个，并映射到 $(n-1)/2$（n 为奇数）或 $(n-2)/2$（n 为偶数）个子空间上。这些子空间对应着 $\alpha\beta$ 和 z_1z_2 子空间的谐波分量，$2jn\pm1$（$j=0,1,2,\cdots$）个谐波映射到 $\alpha\beta$ 子空间，其他谐波映射到 $(n-3)/2$（n 为奇数）或 $(n-4)/2$（n 为偶数）个 z_1z_2 子空间上。对于正弦分布的多相电机，z_1z_2 电压分量的阻抗很小，谐波电流和损耗较大，只有基波能够产生电磁转矩。因此，SVPWM 应尽量不产生这些谐波，如果只产生正弦波电压，通过选择 $\alpha\beta$ 子空间的参考电压空间矢量，并尽量使 z_1z_2 子空间的电压值为零，可以在一个开关周期内，采用与参考电压最近的 $n-1$ 或 $n-2$ 个有效矢量。而对于集中绕组的多相电机，采用的 $\alpha\beta$ 子空间参考电压空间矢量在其他 z_1z_2 子空间应为非零值。由于在 $\alpha\beta$ 子空间选择的参考电压空间矢量影射到 z_1z_2 子空间后的幅值自动地被限制到很小，所以 $\alpha\beta$ 子空间电压开关矢量的确定与正弦分布的多相电机确定方法相同，但是电机相数越大，这种方法会越复杂。

对于三相系统，零序谐波注入的 SPWM 和 SVPWM 在线性调制区域的 U_{dc} 利用率和定子电流纹波最小化是完全相同的，但对于多相系统，在 U_{dc} 利用率方面两种方法是相同的，但是在电流纹波最小化上则不一样[51,52]。

1.2.5 多相电机的容错控制

多相电机正是因为其显著的容错能力，在舰船、航空航天等领域具有重要的应用价值。容错控制策略是当不超过 $n-3$ 相出现故障时，电机在旋转磁场作用下能够不停止地连续运行，例如，k 套具有独立中点的三相绕组，当其中一相出现故障时，其所在的 a 相绕组将完全失效，多相电机其余没有故障的三相绕组不需要任何控制策略的调整仍能运行，只是输出转矩将相应地降低[53]，但是这种故障运行策略在把安全作为首位的运行中是不够的。具有单个中点的容错性比 k 套绕组多个中点会更好一些，这是由于对于单个中点的多相绕组，当其中一相出现故障时，其余的相仍能正常工作，但是控制策略需要适当地调整，产生故障后新的电流参考值不再是对称关系，因为多余的自由度用于容错控制，所以其 $z_1 z_2$ 子空间的电流值必须为非零值。当一相开路时，第一种控制策略是输出转矩保持不变，这需要剩余的相电流必须增加 $n/(n-1)$ 倍，从而使绕组的铜耗也相应地增加。第二种控制策略是保持绕组的损耗不变，则剩余相电流增加的倍数为 $\sqrt{n/(n-1)}$，但是输出转矩会有所降低。第三种控制策略是电机在剩余相的电流没有任何变化的前提下继续运行，此时绕组损耗和输出转矩均会降低[25]。

1.2.6　单逆变器供电的多相电机串联系统

在舰船推进方面，由于大功率电子技术的大力发展与进步，交流电力推进系统有逐渐代替柴油动力推进系统的可能，以 PMSM 为代表的高输出功率和大电磁转矩密度的交流推进电机受到了越来越多的青睐，多相 PMSM 驱动系统在舰船电力推进系统中具有良好的应用前景[54-58]。舰船推进系统对驱动系统的体积和重量有着严格的限制，研究高性能、高功率密度、轻量化、低成本的驱动系统成为必然，开展单台逆变器供电的多电机驱动系统的研究具有重要的军事应用价值。此外，在造纸、钢铁、塑料等工业应用场合，也常常需要两台或多台不同运行状态的电机独立运行。

单逆变器驱动多电机系统在传统的三相电机领域早已出现，采用同一台 VSI 同时驱动多台并联的三相电机，如图 1-5 所示[59,60]。

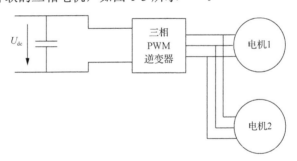

图 1-5　基于同一台 VSI 的电机并联多电机驱动系统(两电机)

这种并联驱动系统一般用在传送带、挤压机组、地铁和机车牵引等场合，要求并联的电机具有相同的额定功率、相同的转矩-速度特性，电机特性稍有不匹配就会造成打滑等严重后果，而且不能实现两台电机的独立运行。

随着多相电机理论的发展，单逆变器供电的多相电机串联系统被提出，它对电机的参数没有要求，能够实现多台电机的独立解耦控制，即两台电机可以运行在不同的工况下，很好地解决了三相多电机并联系统存在的问题，原理如图 1-6 所示。

图 1-6　单逆变器供电的定子串联连接的多电机驱动系统

这种多电机驱动系统的特点如下[61]：

(1)为了使各台电机能实现独立运行，电机定子绕组之间的串联连接需要借助于一定的相序变化，而不是直接相连。

(2)多台电机定子绕组为串联形式，共用直流母线和一台多相逆变器。

这种多相电机串联驱动系统的新颖之处在于采用一套控制和驱动平台，实现多电机的解耦运行，组成串联系统的各电机的运行状态可以独立调节且互不影响，其主要优点包括：

(1)成套地节省了逆变器、控制平台、检测及驱动电路，减小了装置的体积，降低了系统的硬件成本。这是一种有效地将高次谐波"变废为宝"的新思路，拓展了多相电机传动技术。

(2)当串联系统中一台电机工作在减速或制动状态时，共用直流母线的结构使得此过程中产生的制动能量可以不经过逆变器而直接反馈到直流母线上，直接被其他电机利用，有利于减小逆变器的容量。

(3)由于定子绕组为串联连接关系，前级电机相当于后级电机的天然滤波器，理论上将有效降低后级电机定子绕组上的电流高频谐波含量，降低串联系统对滤波器的要求。

目前单逆变器供电的多相电机串联系统的研究多以原理可行性研究为主，多相电机串联系统的概念是 2000 年由洛克希德·马丁公司的 Gataric 提出的[62]。Gataric 利用多维空间矢量解耦的方法，将五相电机的电流变量变换到两个相互垂直的子空间上，将两台电机分别置于这两个子空间上，利用每个子空间的电流变量去控制各自子空间电机的运行，用仿真证明了这种理念的可行性，并指出这种串联系统可以推广到任意 $(n-1)/2$ 台 n 相电机串联的情形，其中 n 为奇数。此后，英国 Liverpool John Moores 大学的 Emil Levi 课题组对单逆变器驱动多相电机串联系统进行了较为深入的研究。多相电机串联系统可用于至少五相以上对称或非对称定子绕组的多相电机，电机的相数取决于其所串联的电机相数以及可以串联的电机数目。他们并采用矢量控制技术对三台七相感应电机串联的驱动系统进行了仿真研究，证明了它们是可以独立运行的，指出了该新型驱动系统的主要优势是能够节省部分 VSI 驱动桥臂，但缺点是增加了定子绕组的损耗，降低了系统的效率[63-65]。

文献[66]～[69]针对两台五相电机串联运行的动态特性，分别通过仿真和试验手段验证了在间接磁场定向控制策略下，当其中一台电机加速、减速或者反向运行时，另一台电机不受任何影响，证明了该新型驱动系统适合于任何类型正弦磁通分布的五相交流电机，指出了该系统特别适合应用在卷绕机等场合中。

　　除了针对奇数相电机串联系统的研究外，文献[63]进一步对偶数相电机串联系统开展了一系列的研究，并对十相电机串联系统进行了原理性探讨。Emil Levi课题组还对六相电机的串联连接进行了研究，对电角度为 60°的对称六相电机和三相电机的串联系统分别进行了基于不同坐标系下的研究。当三相电机的功率额定值较小时，可使六相电机的定子电流不至于增加过多而影响六相电机的效率，而三相电机的运行性能则不受六相电机的影响[70-76]。

　　2005 年后，单逆变器驱动多相电机串联系统逐渐引起了各国学者的重视。印度学者 Mohapatra 等[77]对两台非对称六相感应电机串联系统进行了研究，采用基于矢量空间解耦理论的矢量控制实现了两台电机独立运行，并首次实现了单逆变器驱动双电机串联系统的试验验证，同时他们指出，两台串联的电机互为滤波器，可大幅地减小定子绕组谐波损耗。常用的双 Y 移 30°电机就是非对称绕组的六相电机，它们的串联方式有两种：一种是两台双 Y 移 30°电机串联，另一种是一台双 Y 移 30°电机与一台两相电机串联。对于第一种串联系统，两台电机流过的电流变大，电机的效率受到一定程度的影响。而对于第二种串联系统，双 Y 移 30°电机的电流流经两相电机时，对应相互相抵消，因此对两相电机不产生任何影响。当两相电机的功率不大时，两相电机对于双 Y 移 30°电机的效率影响可以忽略。

　　对于这种多相电机串联系统的控制策略可采用磁场定向控制或直接转矩控制等，而控制逆变器的开关导通与关断技术既可采用常用的电流跟踪 PWM 策略、SPWM 策略，也可采用 SVPWM 策略。马来西亚学者 Soltani 等[78]提出了一种五相电机串联系统直接转矩控制方案，该方案采用滑模变结构控制策略，且基于三电平 SVPWM 逆变器，系统相当复杂，仿真结果证实了方案的可行性。对于单逆变器驱动的多台多相电机的串联系统，采用 SVPWM 将会涉及扇区判断选择、矢量持续时间的计算、矢量顺序的安排、矢量持续时间转化为开关动作时间等，其复杂性及难度都大大增加[79,80]。文献[81]采用载波调制型 PWM 控制技术既可以保证串联系统的控制性能，又有利于降低实时运算量，但逆变器线性调制区的直流母线电压利用率较低。

　　在单逆变器下还可以采用并联的形式，实现多台多相电机的解耦运行[82]。并联的定子绕组相序转换关系与串联的关系相同，并联连接实际上没有串联连接实用性强，主要原因是在串联连接时所有的电流分量都被直接控制，而并联连接时只有逆变器的电压分量是直接被控的，xy 电流分量是不被控制的，可能会导致这些电流值很大。

　　这种串联系统解耦运行的前提是电机必须为正弦波电机，文献[83]和[84]对串联的五相电机进行虚拟多电机耦合模型化，一台为虚拟映射到 dq 子空间的 $5h \pm 1$

（$h=0,2,4,\cdots$）次基波和谐波的主电机，另一台为映射到 $z_1 z_2$ 子空间 $5h\pm2$（$h=1,3,5,\cdots$）次谐波的辅电机，由机械及电气关联关系得出：该串联电机为正弦波磁场时，两台辅电机将不再存在反电动势，从而保证该串联系统的解耦控制。

对于 PMSM 串联系统，传统的设计制作工艺会造成转子永磁磁场的非正弦分布，再加上定子绕组分布等，使反电动势中含有较为丰富的谐波分量，其中某些谐波将会直接影响串联电机的独立运行。文献[84]和[85]利用绕组函数的概念针对两种六相电机串联系统的空间谐波对解耦控制的影响规律进行了定性分析，为电机的优化设计提出了具体要求。文献[86]建立了对称六相 PMSM 和三相 PMSM 串联系统的虚拟多电机耦合模型，并进行了解耦控制。文献[87]和[88]研究了单逆变器驱动的五相直线永磁电机串联系统的非正弦磁势对解耦控制的影响规律，提出了消除三次空间谐波的解耦控制方法。

从以上文献可见，对于多台多相电机串联系统的研究还是一个新生事物，国外的研究更多地集中在多相感应电机的串联系统，主要从控制原理上证明了该新型驱动系统的可行性。通过研究发现：实际电机的气隙磁场通常呈非正弦分布、PWM 逆变器非线性特性和死区效应以及电机参数的不对称会导致定子绕组电流产生一系列谐波，其中某些谐波将会直接影响两台串联 PMSM 的解耦运行。因此，该串联系统的关键是必须有效地解决补偿影响解耦运行的非正弦谐波效应的解耦控制策略，另外还需研究某相发生缺相后实现串联电机解耦运行的容错补偿与解耦控制策略，从而为该多相电机串联系统在舰船电力推进、飞机电传等军事装备领域以及轨道交通牵引、钢铁、塑料等民用领域真正走向实用化提供理论依据和技术支撑。

参 考 文 献

[1] 阮毅, 陈伯时. 电力拖动自动控制系统——运动控制系统. 北京: 机械工业出版社, 2011.

[2] 胡育文, 黄文新, 张兰红, 等. 异步电机(电动、发电)直接转矩控制系统. 北京: 机械工业出版社, 2012.

[3] 王成元, 夏加宽, 孙宜标. 现代电机控制技术. 2 版. 北京: 机械工业出版社, 2017.

[4] 秦海鸿, 严仰光. 多电飞机的电气系统. 北京: 北京航空航天大学出版社, 2016.

[5] 周扬忠, 胡育文. 交流电动机直接转矩控制. 北京: 机械工业出版社, 2010.

[6] 马伟明. 舰船动力发展的方向——综合电力系统. 海军工程大学学报, 2002, 14(6): 1-5.

[7] 王晋. 多相永磁电机的理论分析及其控制研究[博士学位论文]. 武汉: 华中科技大学, 2010.

[8] Liu Z C, Li Y D, Zheng Z D. A review of drive techniques for multiphase machines. CES Transactions on Electrical Machines and Systems, 2018, 2(2): 243-251.

[9] Levi E. Advances in converter control and innovative exploitation of additional degrees of freedom for multiphase machines. IEEE Transactions on Industrial Electronics, 2016, 63(1): 433-448.

[10] 薛山. 多相永磁同步电机驱动技术研究[博士学位论文]. 北京: 中国科学院电工研究所, 2005.

[11] 王铁军. 多相感应电动机的谐波问题研究[博士学位论文]. 武汉: 华中科技大学, 2009.

[12] 欧阳红林. 多相永磁同步电动机调速系统控制方法研究[博士学位论文]. 长沙: 湖南大学, 2005.

[13] 李山. 多相感应电机控制技术的研究[博士学位论文]. 重庆: 重庆大学, 2009.

[14] Khan K S, Arshad W M, Kanerva S. On performance figures of multiphase machines. Proceedings of the International Conference on Electrical Machines, Vilamoura, 2008: 1-5.

[15] Fuchs E F, Rosenberg L T. Analysis of an alternator with two displace stator windings. IEEE Transactions on Power and Systems, 1974, 93(6): 1776-1786.

[16] Singh G K. Multi-phase induction machine driver research—A survey. Electric Power Systems Research, 2002, 61(3): 139-147.

[17] Nelson R H, Krause P C. Induction machine analysis for arbitrary displacement between multiple winding sets. IEEE Transactions on Power and Systems, 1973, 93(2): 841-848.

[18] Eldeeb H M, Abdel-Khalik A S, Hackl C M, et al. Dynamic modeling of dual three-phase IPMSM drives with different neutral configurations. IEEE Transactions on Industrial Electronics, 2019, 66(1): 141-151.

[19] Munim W N W A, Duran M, Che H S, et al. A unified analysis of the fault tolerance capability in six-phase induction motor drive. IEEE Transactions on Power Electronics, 2016, 32(10): 7824-7836.

[20] Wang W, Zhang J, Cheng M, et al. Fault-tolerant control of dual three-phase permanent magnet synchronous machine drives under open-phase faults. IEEE Transactions on Power Electronics, 2017, 32(3): 2052-2063.

[21] McCoy T, Bentamane M. The all electric warship: An overview of the U.S. Navy's integrated power system development programme. Proceedings of the IEEE International Conference, Istanbul, 1998: 1-4.

[22] Benatmane M, McCoy T. Development of a 19MW PWM converter for U.S. Navy surface ships. Proceedings of IEEE International Conference, Istanbul, 1998: 109-113.

[23] Hodge C, Williamson S, Smith A C. Direct drive marine propulsion motors. Proceedings of the International Conference on Electric Machine, Bruges, 2002: 807.

[24] Nounou K, Benbouzid M, Marouant K, et al. Performance comparison of open-circuit fault-tolerant control strategies for multiphase permanent magnet machines for naval applications. Electrical Engine, 2018, 100: 1827-1836.

[25] Levi E. Multiphase electric machines for variable-speed applications. IEEE Transactions on Industrial Electronics, 2008, 55(5): 1893-1909.

[26] Barreo F, Duran M J. Recent advances in the design, modeling, and control of multiphase machines—Part I. IEEE Transactions on Industrial Electronics, 2016, 63(1): 449-458.

[27] Barreo F, Duran M J. Recent advances in the design, modeling, and control of multiphase machines—Part II. IEEE Transactions on Industrial Electronics, 2016, 63(1): 459-468.

[28] Bojoi R, Rubino S, Tenconi A, et al. Multiphase electrical machines and drives: A viable solution for energy generation and transportation electrification. International Conference and Exposition on Electrical and Power Engineering, Iasi, 2016: 632-639.

[29] Mecrow B C, Jack A G, Atkinson D J, et al. Design and testing of a four-phase fault-tolerant permanent-magnet machine for an engine fuel pump. IEEE Transactions on Energy Conversion, 2004, 19(4): 671-678.

[30] Yepes A G, Doval-Gandoy J, Baneira F, et al. Current harmonic compensation for n-phase machines with asymmetrical winding arrangement and different neutral configurations. IEEE Transactions on Industry Applications, 2017, 53(6): 5426-5439.

[31] Apsley J M, Williamson S, Smith A C, et al. Induction motor performance as a function of phase number. IEE Proceedings—Electric Power Applications, 2006, 153(6): 898-904.

[32] Golubev A N, Ignatenko S V. Influence of number of stator-winding phases on the noise characteristics of an asynchronous motor. Russian Electrical Engineering, 2000, 71(6): 41-46.

[33] White D C, Woodson H H. Electromechanical Energy Conversion. New York: Wiley, 1959.

[34] Ye L, Xu L. Analysis of a stator winding structure minimizing harmonic current and torque ripple for dual six-step converter-fed high power AC machines. Conference Record—IAS Annual Meeting, Toronto, 1993, 3(8): 197-202.

[35] Bojoi R, Lazzari M. Digital field oriented control for dual three-phase induction motor drivers. IEEE Transactions on Industry Applications, 2003, 39(3): 752-760.

[36] Camillis L D, Matuonto M, Digati A. Optimizing current control performance in double winding asynchronous motors in large power inverter drives. IEEE Transactions on Power Electronics, 2001, 16(5): 676-685.

[37] Bojoi R, Profumo F, Teconi A. Digital synchronous frame current regulation for dual three-phase induction motor drives. Proceedings of IEEE Power Electronics Specialist Conference, Acapulco, 2003: 1475-1480.

[38] Singh G K, Nam K, Lim S K. A simple induction field-oriented control scheme for multiphase induction machine. IEEE Transactions on Industrial Electronics, 2005, 52(4): 1177-1184.

[39] Bojoi R, Levi E, Farina F, et al. Dual three-phase induction motor drive with digital current control in the stationary reference frame. Power Engineering, 2006, 153(1): 129-139.

[40] Kianinezhad R, Nahid B, Betin F, et al. A new field orientation control of dual three phase induction machines. Proceedings of the IEEE International Conference on Industrial Technology, Hammamet, 2004: 187-192.

[41] Klingshirm E A. High phase order induction motors—Part I: Description and theoretical considerations. IEEE Transactions on Power Apparatus and Systems, 1983, PAS-102(1): 47-53.

[42] Klingshirm E A. High phase order induction motors—Part II: Experimental results. IEEE Transactions on Power Apparatus and Systems, 1983, PAS-102(1): 54-59.

[43] Weh H, Schroder U. Static inverter concepts for multiphase machines with square-wave current-field distribution. Proceedings of European Conference on Power Electronics and Drives Association, Brussels, 1985: 1147-1152.

[44] Toliyat H A, Waikar S P, Lipo T A. Analysis and simulation of five-phase synchronous reluctance machines including third harmonic of airgap MMF. IEEE Transactions on Industry Applications, 1998, 34(2): 332-339.

[45] Hatua K, Ranganathan V T. Direct torque control schemes for split-phase induction machine. IEEE Transactions on Industry Applications, 2005, 41(5): 1243-1254.

[46] Levi E, Bojoi R, Profumo F, et al. Multiphase induction motor drives—A technology status review. IET Electric Power Applications, 2007, 1(4): 489-490.

[47] Kelly J W, Strangas E G, Miller J M. Multi-phase inverter analysis. IEEE International Electric Machines & Drives Conference, Cambridge, 2001: 147-155.

[48] Iqbal A, Levi E, Jones M, et al. A PWM scheme for a five-phase VSI supplying a five-phase two-motor drive. Conference of the IEEE Industrial Electronics Society, Paris, 2006: 2575-2580.

[49] Toliyat H A, Shi R, Xu H. A DSP-based vector control of five-phase synchronous reluctance motor. Industry Applications Conference, Rome, 2000: 1759-1765.

[50] Dujic D, Iqbal A, Levi E. A space vector PWM technique for symmetrical six-phase voltage source inverters. Journal of the European Power Electronics and Drives Association, 2007, 17(1): 24-32.

[51] Dahono P A. Analysis and minimization of output current ripple of five-phase PWM inverter. Proceedings of the International Conference on Electric Machine, Chania, 2006: 3-5.

[52] Dahono P A. Analysis and minimization of output current ripple of multiphase PWM inverters. Proceedings of the IEEE Power Electronics Specialist Conference, Jeju Island, 2006: 3024-3029.

[53] Mantero S, Monti A, Spreafico S. DC-bus voltage control for double star asynchronous fed drive under fault conditions. Proceedings of the IEEE Power Electronics Specialist Conference, Galway, 2000: 533-538.

[54] 张敬南. 船舶电力推进六相同步电动机控制系统研究[博士学位论文]. 哈尔滨: 哈尔滨工程大学, 2009.

[55] 齐歆. 双三相永磁同步电动机交互饱和模型与特性研究[博士学位论文]. 武汉: 华中科技大学, 2010.

[56] 郭燚. 船舶电力推进双三相永磁同步电机驱动控制研究[博士学位论文]. 大连: 大连海事大学, 2006.

[57] 杨金波, 杨贵杰, 李铁才. 双三相永磁同步电机的建模与矢量控制. 电机与控制学报, 2010, 14(6): 1-7.

[58] Zhang H Q, Lou S J, Yu Y X, et al. Study on series control method for dual three-phase PMSM based on SVPWM. International Journal of Control and Automation, 2015, 8(1): 197-210.

[59] Eguiluz R P, Pietrazk-Daviad M, Fornel B. Observation strategy in a mean control structure for parallel connected dual induction motors in a railway traction drive system. Proceedings of European Conference on Power Electronics and Applications, Graz, 2001: 1-16.

[60] Matsumoto Y, Ozaki S, Kawamura A. A novel vector control of a single-inverter multiple-induction motors drive for Shinkansen traction system. IEEE Applied Power Electronics Conference and Exposition, Anaheim, 2001: 608-614.

[61] Levi E, Jones M, Vukosavic S N, et al. A novel concept of a multiphase, multimotor vector controlled drive system supplied from a single voltage source inverter. IEEE Transactions on Power Electronics, 2004, 19(2): 320-335.

[62] Gataric S. A polyphase Cartesian vector approach to control of polyphase AC machines. Proceedings of IEEE International Conference on Industry Applications, Rome, 2000: 1648-1656.

[63] Levi E, Jones M, Vukosavic S N. Even-phase multi-motor vector controlled drive with single inverter supply and series connection of stator windings. IEE Proceedings—Electric Power Applications, 2003, 150(5): 580-591.

[64] Levi E, Jones M, Vukosavic S N, et al. Operating principles of a novel multiphase multimotor vector-controlled drive. IEEE Transactions on Energy Conversion, 2004, 19(3): 508-517.

[65] Jones M, Levi E. A novel nine-phase four-motor drive system with completely decoupled dynamic control. IEEE Industrial Electronics Society, Virginia, 2003: 637-642.

[66] Levi E, Jones M, Vukosavic S N, et al. Modeling, control and experimental investigation of a five-phase series-connected two-motor drive with single inverter supply. IEEE Transactions on Industrial Electronics, 2007, 54(3): 1504-1516.

[67] Saadeh O S, Dalbah M M. Control of five-phase two-motor series connected single source drive system under balance and unbalance conditions. Journal of Engineering and Applied Sciences, 2017, 12(5): 7098-7103.

[68] Jones M. A five-phase two-motor centre-driven winder with series-connected motors. The 33rd Annual Conference of the IEEE Industrial Electronics Society, Taipei, 2007: 1324-1328.

[69] Levi E, Iqbal A, Vukosavic S N, et al. Modeling and control of a five-phase series-connected two-motor drive. Conference of the IEEE, Roanaoke, 2003: 208-213.

[70] 苗正戈. 基于单逆变器的对称六相永磁同步电动机串联驱动系统的研究[硕士学位论文]. 烟台: 海军航空工程学院, 2011.

[71] Mohapatra K K, Baiju M R, Gopakumar K. Independent speed control of two six-phase induction motors using a single six-phase inverter. Journal of the European Power Electronics and Drives Association, 2004, 14(3): 49-62.

[72] Levi E, Vukosavic S N, Jones M. Vector control schemes for series-connected six-phase two-motor drive systems. IEE Proceedings—Electric Power Applications, 2005, 152(2): 226-238.

[73] Levi E, Jones M, Vukosavic S N. A series-connected two-motor six-phase drive with induction and permanent magnet machines. IEEE Transactionson Energy Conversion, 2006, 21(1): 121-129.

[74] 周扬忠, 黄志坡. 单逆变器供电六相串联三相双永磁同步电动机直接转矩控制. 中国电机工程学报, 2017, 37(19): 5785-5795.

[75] Andriamalala R N, Baghli L, Razafinjaka J N, et al. Advanced digital control of a six-phase series-connected two-induction machine drive. International Review of Electrical Engineering, 2011, 6(4): 1607-1619.

[76] Jones M, Vukosavic S N, Levi E. Experimental performance evaluation of six-phase series-connected two-motor drive systems. European Conference on Power Electronics and Applications, Dresden, 2005: 7-12.

[77] Mohapatra K K, Kanchan R S, Baiju M R, et al. Independent field-oriented control of two split-phase induction motors from a single six-phase inverter. IEEE Transactions on Industrial Electronics, 2005, 52(5): 1372-1381.

[78] Soltani J, Abjadi N R, Askari J, et al. Direct torque control of a two five-phase series-connected induction machine drive using a three-level five-phase space vector PWM inverter. IEEE International Conference on Industrial Technology, Chengdu, 2008: 1-6.

[79] Iqbal A, Levi E. Space vector PWM for a five-phase VSI supplying two five-phase series-connected machines. Proceedings of International Conference on Power Electronics and Motion Control, Portoroz, 2006: 222-227.

[80] Dujic D, Grandi G, Jones M, et al. A space vector PWM scheme for multifrequency output voltage generation with multiphase voltage-source inverters. IEEE Transactions on Industrial Electronics, 2008, 55(5): 1943-1955.

[81] Levi E, Dujic D, Jones M, et al. Analytical determination of DC-bus utilization limits in multiphase VSI supplied AC drives. IEEE Transactions on Energy Conversion, 2008, 23(2): 433-443.

[82] Jones M, Levi E, Vukosavic S N. A parallel-connected vector controlled five-phase two-motor drive. Proceedings of International Conference on Electric Machine, Chania, 2006: 2-9.

[83] Semail E, Levi E, Bouscayrol A, et al. Multi-machine modeling of two series connected 5-phase synchronous machines: Effect of harmonics on control. Power Electronics and Applications, Dresden, 2005: 1-10.

[84] Levi E, Jones M, Vukosavic S N, et al. Stator winding design for multi-phase two-motor drives with single VSI supply. Proceedings of International Conference on Electric Machine, Chania, 2006: 1-2.

[85] 刘陵顺, 张少一, 刘华崧. 两台双 Y 移 PMSM 串联系统解耦运行的谐波效应分析. 电机与控制学报, 2014, 18(7): 72-78.

[86] 刘陵顺, 肖支才, 韩浩鹏. 对称六相和三相 PMSM 串联系统反电势谐波效应补偿控制. 大连理工大学学报, 2015, 55(1): 15-21.

[87] Mengoni M, Tani A, Zarri L. Position control of a multi-motor drive based on series-connected five-phase tubular PM actuators. IEEE Transactions on Industry Applications, 2012, 48(16): 2048-2058.

[88] Mekri F. An efficient control of a series connected two-synchronous motor 5-phase with non sinusoidal EMF supplied by a single 5-leg VSI: Experimental and theoretical investigations. Electric Power Systems Research, 2012, 92: 11-19.

第2章　多相PMSM的数学建模及串联系统理论分析

2.1　引　　言

多相电机相对于三相电机的特色在于绕组分布，它是定义多相电机相数的核心部件。多相电机数学模型的建立是研究多相电机稳态、动态性能以及系统控制的基础，因此本章首先定义多相电机的相数，然后在自然坐标系下建立正弦分布的多相 PMSM 数学模型，最后利用对称分量的概念建立对称分量变换下的数学模型。为了便于系统仿真和实时控制，需要进一步推导推广 Clark 变换下的多相 PMSM 数学模型。在多相 PWM 逆变器驱动多相电机时，由于 PWM 波除了基波外还含有一系列的时间谐波，会引起定子电流的畸变和电磁转矩脉动，增加电机损耗。此外，多相电机气隙中也会存在一定的空间谐波，产生电磁转矩脉动，因此需要分析时空谐波及其对电磁转矩的影响。

如前所述，经过对称分量变换和推广 Clark 变换，多相电机的电压、电流变量可等效到一个与机电能量转换有关的 $\alpha\beta$ 子空间的两相电机和若干个与机电能量转换不相关的广义零序子空间中。任意 n 相电机的控制最终只需要两个电压或电流物理量，一个用来产生磁链，另一个用来产生电磁转矩。而正弦分布的多相电机中其余的自由度分量，还可以用作多台多相电机系统的连接变量。但是，多台电机的串联必须借助一定的定子绕组串联连接相序转换规律，才能实现它们之间互不影响、独立运行。因此，在数学建模的基础上，阐述多相电机串联系统的基本工作原理，研究其串联连接规律是很有必要的。

2.2　多相电机的相数定义

传统的根据出线端子数的相数定义方式无法准确地描述多相绕组的结构特点，进而影响磁势的电磁关系分析。在给定出线端子数 n 的情况下，相带数根据电角度的不同可分为两种，即 $360°/n$ 和 $180°/n$，两种电机的性能也不尽相同。根据相带数，定义电机相数为[1,2]

$$q = 180° / \beta \tag{2-1}$$

其中，β 为电角度表示的绕组相带角。电机的相数可这样明确定义：对于每极相带数为 q 的电机，如果有 $2q$ 个出线端子，则电机相数为 $2q$，称为 $2q$ 相电机；如果出线端子数为 q，则该电机的相数为 q，称为半 $2q$ 相电机。部分多相电机的相数定义如表 2-1 所示。

表 2-1 部分多相电机相数的定义

相带角 β	120°	60°	60°	40°	30°	30°
每极相带数	1.5	3	3	4.5	6	6
出线端子数	3	3	6	9	6	12
连接名	3 相	半 6 相	6 相	9 相	半 12 相	12 相

2.3 多相 PMSM 的数学模型

建立多相 PMSM 数学模型的假设条件分别如下:

(1)定子为 n 相绕组对称分布,忽略空间谐波磁场的影响,气隙磁场为正弦分布;

(2)忽略铁心饱和、磁滞和涡流等影响,磁路为线性;

(3)定子、转子表面光滑,忽略齿槽和端部影响;

(4)永磁材料的电导率为零,磁导率与空气相同;

(5)不考虑转子的阻尼绕组,永磁体磁势恒定。

2.3.1 自然坐标系下的多相 PMSM 数学模型

1)多相 PMSM 在自然坐标系下的定子电压方程

多相 PMSM 在自然坐标系下的定子电压方程为

$$U_s = R_s I_s + \frac{\mathrm{d}\boldsymbol{\Psi}_s}{\mathrm{d}t} \tag{2-2}$$

其中, U_s 为定子电压, $U_s = [u_{1s} \quad u_{2s} \quad \cdots \quad u_{ns}]^\mathrm{T}$; I_s 为定子电流, $I_s = [i_{1s} \quad i_{2s} \quad \cdots \quad i_{ns}]^\mathrm{T}$; $\boldsymbol{\Psi}_s$ 为定子磁链, $\boldsymbol{\Psi}_s = [\psi_{1s} \quad \psi_{2s} \quad \cdots \quad \psi_{ns}]^\mathrm{T}$; R_s 为定子电阻, $R_s = r_s E_{n \times n}$, r_s 为每相绕组电阻, $E_{n \times n}$ 为单位矩阵。

定子磁链方程为

$$\boldsymbol{\Psi}_s = L_s I_s + \boldsymbol{\Psi}_r \tag{2-3}$$

其中, L_s 为定子电感矩阵,对于对称绕组的表面式 PMSM,各电感值均为常值;对于插入式或嵌入式等凸极 PMSM,电感值与转子位置变化有关。 L_s 如下所示:

$$L_s = \begin{bmatrix} L_{11} & L_{12} & \cdots & L_{1n} \\ L_{21} & L_{22} & \cdots & L_{2n} \\ \vdots & \vdots & & \vdots \\ L_{n1} & L_{n2} & \cdots & L_{nn} \end{bmatrix} \tag{2-4}$$

$\boldsymbol{\varPsi}_r$ 为转子永磁体磁场匝链到定子绕组的磁链，它与转子位置有关：

$$\boldsymbol{\varPsi}_r = N_s \varPhi_{sm} \begin{bmatrix} \cos\theta_r \\ \cos\left(\theta_r - \dfrac{2\pi}{n}\right) \\ \vdots \\ \cos\left(\theta_r - \dfrac{2\pi(n-1)}{n}\right) \end{bmatrix} = \varPsi_f \boldsymbol{F}(\theta_r) \tag{2-5}$$

其中，N_s、$\varPhi_{sm}$、$\varPsi_f$、θ_r 分别为定子绕组匝数、永磁体磁路的主磁通、主磁链、转子磁场与定子第一相(A 相)轴线之间的夹角。

由式(2-2)、式(2-3)和式(2-5)可得

$$\boldsymbol{U}_s = \boldsymbol{R}_s \boldsymbol{I}_s + \boldsymbol{L}_s \frac{\mathrm{d}\boldsymbol{I}_s}{\mathrm{d}t} + \frac{\mathrm{d}\boldsymbol{\varPsi}_r}{\mathrm{d}t} \tag{2-6}$$

2)多相 PMSM 在自然坐标系下的转矩方程

根据磁共能求导数的方法来计算电磁转矩，磁路线性的电机磁共能可表示为

$$W_m = p\left(\frac{1}{2}\boldsymbol{I}_s^{\mathrm{T}} \boldsymbol{L}_s \boldsymbol{I}_s + \boldsymbol{I}_s^{\mathrm{T}} \boldsymbol{\varPsi}_r\right) \tag{2-7}$$

其中，p 为转子磁极对数。

则有转矩公式：

$$T_e = \frac{\partial W_m}{\partial \theta_r} = p\boldsymbol{I}_s^{\mathrm{T}} \frac{\partial \boldsymbol{\varPsi}_r}{\partial \theta_r} = p\left(\frac{1}{2}\boldsymbol{I}_s^{\mathrm{T}} \frac{\partial \boldsymbol{L}_s}{\partial \theta_r}\boldsymbol{I}_s + \boldsymbol{I}_s^{\mathrm{T}} \frac{\partial \boldsymbol{\varPsi}_r}{\partial \theta_r}\right) \tag{2-8}$$

3)多相 PMSM 在自然坐标系下的运动方程

多相 PMSM 在自然坐标系下的运动方程为

$$\frac{J}{p}\frac{\mathrm{d}\omega_r}{\mathrm{d}t} = T_e - \frac{B\omega_r}{p} - T_L \tag{2-9}$$

其中，J、B、T_L、ω_r 分别为 PMSM 的转动惯量、阻转矩阻尼系数、外部负载、转子电角速度。

2.3.2　对称分量变换模型

1. 对称分量变换

Fortesue 的对称分量变换是线性复变换，n 维向量 $\boldsymbol{X}^{\mathrm{S}}$ 满足线性复变换[3]：

$$X = \Gamma X^{\mathrm{S}} \qquad (2\text{-}10)$$

其中

$$\Gamma = \sqrt{\frac{1}{n}}\begin{bmatrix} 1 & 1 & 1 & \cdots & 1 & 1 \\ 1 & \delta^{-1} & \delta^{-2} & \cdots & \delta^{-(n-2)} & \delta^{-(n-1)} \\ 1 & \delta^{-2} & \delta^{-4} & \cdots & \delta^{-2(n-2)} & \delta^{-2(n-1)} \\ \vdots & \vdots & \vdots & & \vdots & \vdots \\ 1 & \delta^{-(n-1)} & \delta^{-2(n-1)} & \cdots & \delta^{-(n-1)(n-2)} & \delta^{-(n-1)(n-1)} \end{bmatrix} \qquad (2\text{-}11)$$

$\delta = \mathrm{e}^{\mathrm{j}2\pi/n}$ 为 1 的第 n 个根，$2\pi/n$ 为特征角，位于第 i 行第 k 列的元素为 $\delta^{-(i-1)(k-1)}$；X 为初始向量，$X = [x_0 \quad x_1 \quad x_2 \quad \cdots \quad x_{n-1}]^{\mathrm{T}}$；$X^{\mathrm{S}}$ 为 X 的对称分量向量，$X^{\mathrm{S}} = [x_0^{\mathrm{S}} \quad x_1^{\mathrm{S}} \quad x_2^{\mathrm{S}} \quad \cdots \quad x_{n-1}^{\mathrm{S}}]^{\mathrm{T}}$，$x_0^{\mathrm{S}}$ 为零序分量，x_1^{S} 为正序分量，$x_2^{\mathrm{S}}, \cdots, x_{n-1}^{\mathrm{S}}$ 为广义零序分量。

用原变数表达的反变换为

$$X^{\mathrm{S}} = \Gamma^{-1}X \qquad (2\text{-}12)$$

其中

$$\Gamma^{-1} = \sqrt{\frac{1}{n}}\begin{bmatrix} 1 & 1 & 1 & \cdots & 1 & 1 \\ 1 & \delta^{1} & \delta^{2} & \cdots & \delta^{(n-2)} & \delta^{(n-1)} \\ 1 & \delta^{2} & \delta^{4} & \cdots & \delta^{2(n-2)} & \delta^{2(n-1)} \\ \vdots & \vdots & \vdots & & \vdots & \vdots \\ 1 & \delta^{(n-1)} & \delta^{2(n-1)} & \cdots & \delta^{(n-1)(n-2)} & \delta^{(n-1)(n-1)} \end{bmatrix}$$

对称分量变换矩阵满足：

$$\Gamma = ((\Gamma^{-1})^{\mathrm{T}})^{*} \qquad (2\text{-}13)$$

其中，$((\Gamma^{-1})^{\mathrm{T}})^{*}$ 为 Γ 逆矩阵转置矩阵的共轭矩阵。

如果把绕组中的电压、电流等变量通过傅里叶级数展开，那么正序分量为绕组变量中的第 $kn+1(k=0,1,2,\cdots)$ 次谐波分量，负序分量为第 $kn-1(k=1,2,3,\cdots)$ 次谐波分量，零序分量为第 $kn(k=1,2,3,\cdots)$ 次谐波分量，其他次谐波分量可称为广义零序分量。

X^{S} 矩阵中的元素满足：

$$x_k^{\mathrm{S}} = (x_{n-k}^{\mathrm{S}})^{*} \qquad (2\text{-}14)$$

其中，$k = 1, 2, 3, \cdots, n-1,\ k \neq 0, n/2$。

2. 多相 PMSM 的对称分量数学模型

多相 PMSM 的对称分量变换为[4]

$$I_s = \boldsymbol{\Gamma} I_s^{S} \tag{2-15a}$$

$$U_s = \boldsymbol{\Gamma} U_s^{S} \tag{2-15b}$$

结合式 (2-6) 可得

$$U_s^{S} = \boldsymbol{\Gamma}^{-1} \boldsymbol{R}_s \boldsymbol{\Gamma} + p(\boldsymbol{\Gamma}^{-1} \boldsymbol{L}_s \boldsymbol{\Gamma}) I_s^{S} + p \boldsymbol{\Gamma}^{-1} \boldsymbol{\Psi}_f \boldsymbol{F}(\theta_r) \tag{2-16}$$

其中，$\boldsymbol{R}_s^{S} = \boldsymbol{\Gamma}^{-1} \boldsymbol{R}_s \boldsymbol{\Gamma} = \boldsymbol{\Gamma}^{-1} r_s \boldsymbol{E}_n \boldsymbol{\Gamma} = r_s \boldsymbol{E}_n$。

自然坐标系下的定子电感矩阵具有对称循环的性质，因此通过对称分量变换实现了矩阵的对角化，即

$$\boldsymbol{L}_s^{S} = \boldsymbol{\Gamma}^{-1} \boldsymbol{L}_s \boldsymbol{\Gamma} = \begin{bmatrix} L_{00} & & & & \\ & L_{11} & & & \\ & & L_{22} & & \\ & & & \ddots & \\ & & & & L_{(n-1)(n-1)} \end{bmatrix} \tag{2-17}$$

其中，$L_{00} = \sum_{k=1}^{n} L_{1k}$，$L_{11} = \sum_{k=1}^{n} \alpha^{-(k-1)} L_{1k}$，$L_{22} = \sum_{k=1}^{n} \alpha^{-2(k-1)} L_{1k}$，$\cdots$，$L_{(n-1)(n-1)} = \sum_{k=1}^{n} \delta^{-(n-1)(k-1)} L_{1k}$。

由式 (2-14) 可得

$$L_{ii}^{S} = (L_{(n-i)(n-i)}^{S})^{*}, \quad i = 0, 1, 2, \cdots, n-1 \tag{2-18}$$

上述变换是对变量的瞬时值进行变换，变换后的变量为共轭复数，简化了多相 PMSM 的数学模型，但是不便于仿真和实时的控制，而且只对正弦波电机有效，即气隙磁链和定子电流为正弦分布。

2.3.3 推广 Clark 变换下的数学模型

1. 推广 Clark 变换

如果式 (2-10) 中初始向量 $\boldsymbol{X}$ 中的元素为实数，那么经过对称分量变换后，$\boldsymbol{X}^{S}$ 的元素中 $x_i^{S} + x_{n-i}^{S}$ 是实数，x_0^{S} 和 $x_{n/2}^{S}$ 总是实数，而且只有当相数 n 为偶数时，$x_{n/2}^{S}$

才存在[3]。

采用新的变换矩阵

$$\boldsymbol{B}=\sqrt{\frac{1}{2}}\begin{bmatrix}\sqrt{2} & 0 & 0 & & & & & 0 & 0\\ 0 & 1 & 0 & & & & & 0 & \mathrm{j}\\ & & 1 & & & & & \mathrm{j} & 0\\ & & & 1 & & & \mathrm{j} & & \\ & & & & \ddots & & \ddots & & \\ & & & & \sqrt{2} & & & & \\ & & & & \ddots & & \ddots & & \\ & & & 1 & & & -\mathrm{j} & & \\ 0 & 0 & 1 & & & & & -\mathrm{j} & 0\\ 0 & 1 & 0 & & & & & 0 & -\mathrm{j}\end{bmatrix} \tag{2-19}$$

对 $\boldsymbol{X}^{\mathrm{S}}$ 进行线性变换,即

$$\boldsymbol{X}^{\mathrm{S}}=\boldsymbol{B}\boldsymbol{X}_{\alpha\beta}^{\mathrm{R}} \tag{2-20}$$

$$\boldsymbol{X}_{\alpha\beta}^{\mathrm{R}}=\boldsymbol{B}^{-1}\boldsymbol{X}^{\mathrm{S}} \tag{2-21}$$

则可以将 $\boldsymbol{X}^{\mathrm{S}}$ 中的复数变量变换为独立的实数变量,即实向量 $\boldsymbol{X}_{\alpha\beta}^{\mathrm{R}}=[x_0 \quad x_{\alpha1} \quad x_{\alpha2} \quad \cdots \quad x_{n/2} \quad \cdots \quad x_{\beta2} \quad x_{\beta1}]^{\mathrm{T}}$。其中位于式(2-19)矩阵中心的元素 $\sqrt{2}$ 只当矩阵为偶数阶时才存在。

变换矩阵 $\boldsymbol{B}$ 满足:

$$\boldsymbol{B}^{-1}=(\boldsymbol{B}^*)^{\mathrm{T}} \tag{2-22}$$

结合式(2-10)和式(2-12)可得

$$\boldsymbol{X}=\boldsymbol{\Gamma}\boldsymbol{B}\boldsymbol{X}_{\alpha\beta}^{\mathrm{R}}=\boldsymbol{T}^{-1}\boldsymbol{X}_{\alpha\beta}^{\mathrm{R}} \tag{2-23}$$

或者

$$\boldsymbol{X}_{\alpha\beta}^{\mathrm{R}}=\boldsymbol{B}^{-1}\boldsymbol{\Gamma}^{-1}\boldsymbol{X}=\boldsymbol{T}\boldsymbol{X} \tag{2-24}$$

这样,PMSM 的 n 相绕组变量就由自然坐标系下的初始向量转换为实分量向量。

为简化书写,令 c=cos,s=sin,则偶数相和奇数相下的推广 Clark 变换矩阵可以分别整理为

$$T = (\Gamma B)^{-1}$$

$$= \sqrt{\frac{2}{n}}
\begin{bmatrix}
1 & c\alpha & c2\alpha & c3\alpha & \cdots & c2\alpha & c\alpha \\
0 & s\alpha & s2\alpha & s3\alpha & \cdots & -s2\alpha & -s\alpha \\
1 & c2\alpha & c4\alpha & c6\alpha & \cdots & c4\alpha & c2\alpha \\
0 & s2\alpha & s4\alpha & s6\alpha & \cdots & -s4\alpha & -s2\alpha \\
\vdots & \vdots & \vdots & \vdots & & \vdots & \vdots \\
1 & c(n/2-1)\alpha & c2(n/2-1)\alpha & c3(n/2-1)\alpha & \cdots & c2(n/2-1)\alpha & c(n/2-1)\alpha \\
0 & s(n/2-1)\alpha & s2(n/2-1)\alpha & s3(n/2-1)\alpha & \cdots & -s2(n/2-1)\alpha & -s(n/2-1)\alpha \\
1/\sqrt{2} & 1/\sqrt{2} & 1/\sqrt{2} & 1/\sqrt{2} & \cdots & 1/\sqrt{2} & 1/\sqrt{2} \\
1/\sqrt{2} & -1/\sqrt{2} & 1/\sqrt{2} & -1/\sqrt{2} & \cdots & 1/\sqrt{2} & -1/\sqrt{2}
\end{bmatrix}$$

$$\text{(2-25a)}$$

其中，n 为偶数。

$$T = \sqrt{\frac{2}{n}}
\begin{bmatrix}
1 & c\alpha & c2\alpha & c3\alpha & \cdots & c3\alpha & c2\alpha & c\alpha \\
0 & s\alpha & s2\alpha & s3\alpha & \cdots & -s3\alpha & -s2\alpha & -s\alpha \\
1 & c2\alpha & c4\alpha & c6\alpha & \cdots & c6\alpha & c4\alpha & c2\alpha \\
0 & s2\alpha & s4\alpha & s6\alpha & \cdots & -s6\alpha & -s4\alpha & -s2\alpha \\
\vdots & \vdots & \vdots & \vdots & & \vdots & \vdots & \vdots \\
1 & c\left(\frac{n-1}{2}\right)\alpha & c2\left(\frac{n-1}{2}\right)\alpha & c3\left(\frac{n-1}{2}\right)\alpha & \cdots & c3\left(\frac{n-1}{2}\right)\alpha & c2\left(\frac{n-1}{2}\right)\alpha & c\left(\frac{n-1}{2}\right)\alpha \\
0 & s\left(\frac{n-1}{2}\right)\alpha & s2\left(\frac{n-1}{2}\right)\alpha & s3\left(\frac{n-1}{2}\right)\alpha & \cdots & -s3\left(\frac{n-1}{2}\right)\alpha & -s2\left(\frac{n-1}{2}\right)\alpha & -s\left(\frac{n-1}{2}\right)\alpha \\
1/\sqrt{2} & 1/\sqrt{2} & 1/\sqrt{2} & 1/\sqrt{2} & \cdots & 1/\sqrt{2} & 1/\sqrt{2} & 1/\sqrt{2}
\end{bmatrix}$$

$$\text{(2-25b)}$$

其中，n 为奇数。

对应地，有 $\boldsymbol{X}_{\alpha\beta}^{\mathrm{R}} = [x_{\alpha 1} \quad x_{\beta 1} \quad \cdots \quad x_{\alpha k} \quad x_{\beta k} \quad x_0 \quad x_{n/2}]^{\mathrm{T}}$，其中，$\alpha = 2\pi/n$，$k = \mathrm{INT}[(n-1)/2]$。

该变换将变量中的 $\pm(kn\pm 1)(k=0,1,2,\cdots)$ 次谐波映射到 $\alpha_1\beta_1$ 子空间，参与完成电机的机电能量转换，其他次数的谐波分量映射到其余的 $(m-3)/2$（相数为奇数）或者 $(m-4)/2$ 个（相数为偶数）正交的子空间中。如果绕组为正弦分布，则它们不参与机电能量转换，因此电机的控制只需要将被控量变换到 $\alpha_1\beta_1$ 子空间进行即可。

2. 推广 Clark 变换下的多相 PMSM 数学模型

采用 Clark 变换矩阵将自然坐标系下的电流量、电压量变换到两相静止坐标系下，有

$$\boldsymbol{I}_{\alpha\beta zs} = \boldsymbol{T}\boldsymbol{I}_s \tag{2-26}$$

$$U_{\alpha\beta zs} = TU_s \qquad (2\text{-}27)$$

因此，有

$$U_{\alpha\beta zs} = T^{-1}R_sT + p(T^{-1}L_sT)I_s + pT^{-1}\Psi_f F(\theta_r) \qquad (2\text{-}28)$$

其中

$$R_s = T^{-1}R_sT = T^{-1}r_sE_nT = r_sE_n, \quad L_{\alpha\beta zs} = T^{-1}L_sT = \mathrm{diag}(L_{\alpha1}, L_{\beta1}, \cdots, L_0)$$

$$L_{\alpha1} = \sum_{k=1}^{n} \delta^{-(k-1)}L_{1k}, \quad L_{\beta1} = \sum_{k=1}^{n} \delta^{-(n-1)(k-1)}L_{1k}, \quad L_0 = \sum_{k=1}^{n} L_{1k}$$

2.4　多相 PMSM 的谐波及其效应分析

多相逆变器的输出波形中除了基波外，还含有大量的谐波，它们在电机中形成谐波磁势，进而形成谐波磁通，加剧电机内部的铜耗、铁耗和温升，并影响电机运行的效率，这些谐波成分也将产生转矩脉动和振荡现象。定子绕组空间非正弦分布产生的空间谐波与 PWM 逆变器输出的电压时间谐波在定子绕组上产生的电流时间谐波相互作用，产生的时空谐波必将对电磁转矩产生影响。

2.4.1　多相电机时空谐波分析

定子绕组电流通过傅里叶变换分解成基波电流和一系列高次谐波电流，根据 2.3 节的推广 Clark 变换可知，只有 $\alpha\beta$ 子空间的基波和高次谐波参与机电能量转换，这些正弦波形的时间谐波才产生相应的空间谐波，形成时空谐波，引起转矩及其脉动。而其他子空间的谐波只在定子绕组中形成谐波电流，不参与机电能量转换，因而对转矩没有影响。

根据式(2-25)，$\alpha\beta$ 子空间的基可写为[5]

$$\boldsymbol{\alpha}: [1 \quad \cos\alpha \quad \cos(2\alpha) \quad \cdots \quad \cos((n-1)\alpha)]^{\mathrm{T}}$$

$$\boldsymbol{\beta}: [0 \quad \sin\alpha \quad \sin(2\alpha) \quad \cdots \quad \sin((n-1)\alpha)]^{\mathrm{T}}$$

对于 $2q$ 相对称绕组的电机，因为 $\alpha = 2\pi/n$，对 $\boldsymbol{\alpha}^{\mathrm{T}}$ 的第 i 个元素（$i = 0,1,2,\cdots,n-1$）有

$$\cos((nk\pm1)i\alpha) = \cos((nk\pm1)i2\pi/n) = \cos(i2\pi/n) = \cos(i\alpha)$$

因此，$nk\pm1$ 次时间谐波（$k = 0,1,2,\cdots,n-1$）共存于 $\alpha\beta$ 子空间。

对于半 $2q$ 相电机，$\alpha = \pi/n$，对 $\boldsymbol{\alpha}^{\mathrm{T}}$ 的第 i 个元素（$i = 0,1,2,\cdots,n-1$）有

$$\cos((2nk\pm1)i\alpha) = \cos((2nk\pm1)i\pi/n) = \cos(i\pi/n) = \cos(i\alpha)$$

因此，$2nk \pm 1$ 次时间谐波（$k = 0, 1, 2, \cdots, n-1$）共存于 $\alpha\beta$ 子空间。

如果 $2q$ 相对称绕组电机的 PWM 波形在各载波周期内对称，则其输出波形中偶次谐波自然消失。

考虑到半 $2q$ 相电机从电机内部看也是 $2q$ 相对称绕组，如果定义二者有相同的 n，则对于 n 相电机，$\alpha\beta$ 子空间共存的谐波次数为 $nk \pm 1$（$k = 0, 1, 2, \cdots, n-1$）。

各次时间谐波产生的空间谐波如下所述：

n 相对称绕组的电机通以 μ 次谐波电流，每相绕组产生的 v 次磁势谐波为

$$F_{\mu k} = \frac{2}{\pi v p} k_{wv} N i_{\mu k} \cos\left(v\left[\theta - (k-1)\frac{2\pi}{n} \right] \right) \tag{2-29}$$

其中，$v = 1, 2, \cdots$ 为磁势谐波次数；N 为每相绕组串联匝数；k_{wv} 为 v 次磁势谐波对应的绕组系数；$i_{\mu k}$ 为流经第 k 相的 μ 次谐波电流瞬时值；θ 为气隙圆周的空间坐标；p 为极对数。

每相电流在时间相位上互差 $2\pi / n$，因此

$$i_{\mu k} = \frac{\sqrt{2}I}{\mu} \sin\left(\mu\left[\omega t - (k-1)\frac{2\pi}{n} \right] \right) \tag{2-30}$$

因此，v 次空间谐波与 μ 次时间谐波相互作用产生 (μ, v) 次时空谐波，将式 (2-30) 代入式 (2-29) 可得 μ 次谐波电流流经 n 相对称绕组所产生的 (μ, v) 次谐波为

$$\begin{aligned}
F_{\mu v} &= \sum_{k=1}^{n} \frac{2\sqrt{2}}{\pi \mu v p} k_{wv} N I \sin\left(\mu\left[\omega t - (k-1)\frac{2\pi}{n} \right] \right) \cos\left(v\left[\theta - (k-1)\frac{2\pi}{n} \right] \right) \\
&= \frac{\sqrt{2}}{\pi \mu v p} k_{wv} N I [n k_{\mu v+} \sin(\omega t - v\theta) + n k_{\mu v-} \sin(\omega t + v\theta)] \\
&= F_{\mu v+} + F_{\mu v-}
\end{aligned} \tag{2-31}$$

其中，$k_{\mu v+} = \dfrac{\sin((v-\mu)\pi)}{n \sin\left(\dfrac{v-\mu}{n}\pi\right)}$，$k_{\mu v-} = \dfrac{\sin((v+\mu)\pi)}{n \sin\left(\dfrac{v+\mu}{n}\pi\right)}$。

所以，气隙合成磁势中的时空谐波次数为

$$v = \pm(nm \pm \mu), \quad m = 0, \pm 1, \pm 2, \cdots \tag{2-32}$$

同时取 "+" 或同时取 "−"，若求得的结果为正值，则该次谐波的转向与基波的转向相同，反之，与基波的转向相反。

对于双 Y 移 30° PMSM，相数 $n=12$，则其时空谐波次数为

$$v = \pm(12m \pm \mu), \quad m = 0, \pm1, \pm2, \cdots \tag{2-33}$$

由此可得：时间基波电流 $\mu = 1$ 产生的高次空间磁势谐波次数为 11、13、23、25 等，其中 11、13 次磁势谐波幅值最大，并会引起附加转矩。

对于对称六相 PMSM，相数 $n=6$，则其时空谐波次数为

$$v = \pm(6m \pm \mu), \quad m = 0, \pm1, \pm2, \cdots \tag{2-34}$$

时间基波电流 $\mu = 1$ 产生的高次空间谐波磁势次数为 5、7、11、13 等，其中 5、7 次磁势谐波幅值最大，产生附加转矩。

2.4.2　多相电机时空谐波对电磁转矩的影响

在 $\alpha\beta$ 子空间内，基波电压和高次谐波电压并存，在气隙中产生谐波和旋转磁场，如果这些旋转磁场的转速相异，那么它们相互作用所形成的平均电磁转矩为零，但由于各自不同的瞬时值引起电磁转矩的脉动，给电机的运行带来噪声和低速不稳定等后果，其中基波电压形成的基波磁场与高次谐波电压形成的基波磁场相互作用产生的转矩脉动最大，这两种基波为[5]

$$F_1 = F_{1n} \cos(\theta - \omega t - \phi_1) \tag{2-35}$$

$$F_i = F_{in} \cos(\theta \pm i\omega t - \phi_i) \tag{2-36}$$

其中，$F_{in} = \dfrac{n}{2} \times 0.9 \dfrac{N k_{wi}}{p} I_{ni}$，$I_{ni}$ 为谐波有效电流，k_{wi} 为 i 次谐波绕组系数。它们相互作用产生的瞬时转矩为

$$T_i \propto p F_1 F_i \lambda \sin((1 \pm i)\omega t - \phi_1 - \phi_i) \tag{2-37}$$

则总的瞬时电磁转矩表达式为

$$T = \sum_i T_i \propto \sum (p F_1 F_i \lambda \sin((1 \pm i)\omega t - \phi_1 - \phi_i)) \tag{2-38}$$

因此，总的电磁转矩与谐波磁势 F_i 的大小成正比，如果角速度 ω 不大，低次谐波电压会引起较大的电磁转矩脉动，从而影响转速的平稳性。最低转矩脉动频率次数为

$$f_n = 1 \pm i \tag{2-39}$$

其中，i 是空间磁场谐波的最低谐波次数。

最低空间谐波次数随相数的增加而增大，谐波电流幅值和转矩脉动随相数的增加而减小。

2.5　单逆变器供电多相电机串联系统的基本原理

对于一台多相电机的控制，只需要一对定子 $\alpha\beta$ 电流分量分别用以磁通和转矩的控制，这样，就有可能利用剩余的定子电流分量控制与之相串联的电机，其中任意一台电机控制转矩与磁通的电流分量在其他电机中不会产生转矩与磁通，这样对于奇数相电机，就可串联 $(n-1)/2$ 台电机；而对于大于 4 的偶数相电机，就可串联 $(n-2)/2$ 台电机，实现了在一台逆变器供电的多台多相串联电机的独立控制。

2.5.1　多相电机定子绕组的串联规则

图 2-1 为单逆变器驱动多相电机串联系统结构图[5]，方框中的数字代表电机的定子绕组序号，所有电机的绕组都是 Y 形连接。相序转换规则即电机定子绕组的连接方式。

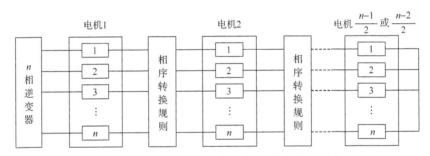

图 2-1　单逆变器驱动多相电机串联系统结构图

串联系统的每台电机均需要一对电流分量控制，设有 k 台电机被串联，则由式 (2-25) 可知，当相数 n 为奇数时，有

$$n = 2k + 1 \qquad (2\text{-}40)$$

当相数 n 为偶数时，有

$$n = 2k + 2 \qquad (2\text{-}41)$$

下面以偶数相对称定子绕组的多相电机为例，矩阵 (2-25a) 中最上面的两行表示能够产生电机基波磁通和转矩的电流分量，即 $\alpha\beta$ 电流分量，可以用以驱动第一台串联电机。矩阵 (2-25a) 中最下面的两行为两个 o_1o_2 零序分量，对于没有中线的 Y 形多相电机，这对 o_1o_2 分量是不存在的。矩阵 (2-25a) 中间的 $n-4$ 行电流为 $(n-4)/2$ 对 z_1z_2 电流分量，对于正弦磁通分布的多相电机，这些电流分量不

会产生基波磁通和转矩，在这 $(n-4)/2$ 对 z_1z_2 电流分量中，任意一对都与其他对电流分量完全解耦，因此可以用该台电机中间的 $(n-4)/2$ 对多余的自由度分量，分别控制与第一台电机串联的 $(n-4)/2$ 台电机，实现单逆变器多电机解耦运行。

多相电机的串联转换规则总结如表 2-2 所示[6]。

表 2-2　多相电机的串联转换规则

	A	B	C	D	E	F	G	H	I	...
M_1	a	b	c	d	e	f	g	h	i	...
M_2	a	b+1	c+2	d+3	e+4	f+5	g+6	h+7	i+8	...
M_3	a	b+2	c+4	d+6	e+8	f+10	g+12	h+14	i+16	...
M_4	a	b+3	c+6	d+9	e+12	f+15	g+18	h+21	i+24	...
M_5	a	b+4	c+8	d+12	e+16	f+20	g+24	h+28	i+32	...
M_6	a	b+5	c+10	d+15	e+20	f+25	g+30	h+35	i+40	...
M_7	a	b+6	c+12	d+18	e+24	f+30	g+36	h+42	i+48	...
...	...	...	...	...	...	...	...	...	...	...

根据式 (2-25a) 可以分析出各台电机的串联规律：所有电机的第一相绕组可直接串联，这是因为式 (2-25a) 的第一列 $\alpha\beta$ 分量、z_1z_2 分量的对应步长均为 0，所以相邻电机的相序转换角为 0°。第一台电机的相 2 与第二台电机的相 3、第三台电机的相 4 串联，依此类推，这是因为式 (2-25a) 的第二列中 $\alpha\beta$ 分量、z_1z_2 分量的对应角差值均为 α，表示一台电机与其串联的下一台电机的相序转换步长为 1。同理，第一台电机的相 3 与第二台电机的相 5、第三台电机的相 7 串联，依此类推，这是因为式 (2-25a) 矩阵的第三列中 $\alpha\beta$ 分量、z_1z_2 分量的对应角差值均为 2α，表示该电机与其串联的下一台电机的相序转换步长为 2。第一台电机的相 4 与第二台电机的相 7、第三台电机的相 10 串联，依此类推，这是因为式 (2-25a) 的第四列中 $\alpha\beta$ 分量、各 z_1z_2 分量的对应角差值为 3α，表示一台电机与其串联的下一台电机的相序转换步长为 3。

对于奇数相多相电机的串联规则，可根据式 (2-25b) 同理推出。

2.5.2　几种典型的相序转换规则分析

根据多相电机相序转换规则表 2-2，可以针对不同相数的电机方便地找到合适的串联方式，但是有些特殊情况并不能照搬此表，下面对相数为奇数时几种典型情况进行分析[6,7]。

当 $n=7$ 时，相序转换规则如表 2-3 所示。

表 2-3　七相电机串联系统相序转换规则表

	A	B	C	D	E	F	G
M_1	1	2	3	4	5	6	7
M_2	1	3	5	7	2	4	6
M_3	1	4	7	3	6	2	5

根据此表可得七相三电机串联系统结构图如图 2-2 所示。

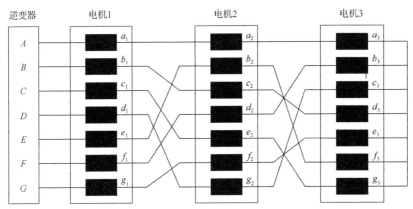

图 2-2　七相三电机串联系统结构图

当 $n=9$ 时，相序转换规则如表 2-4 所示。

表 2-4　九相电机相序转换规则表

	A	B	C	D	E	F	G	H	I
M_1	1	2	3	4	5	6	7	8	9
M_2	1	3	5	7	9	2	4	6	8
M_3	1	4	7	1	4	7	1	4	7
M_4	1	5	9	4	8	3	7	2	6

图 2-3 为九相四电机串联系统结构图。根据表 2-4，表中的第三行为按照电机相数求余后得到的实际串联相，虚线标注的电机 3 只有"1"、"4"、"7"三相得到了利用，这三相之间夹角均为 120°，也就是说电机 3 实际上是一台三相电机。

需要注意的是，尽管在表 2-4 中三相电机应是串联系统的第三台电机，但在实际连接时，必须把它放在三台九相电机的后面，这是因为每台电机的九相电流分成三组流入三相电机的某一相，每组的三个电流相位互差 120°，在进入三相电机前就相加为零了，如把三相电机放在第三位，任意时刻第四台电机中将不会有电流流过，相当于闲置，这显然是不允许的。所以，对含不同相数的电机串联，必须重新确定串联的次序，按相数递减的规律连接，即先连相数最高的电机，最后连相数最低的电机。

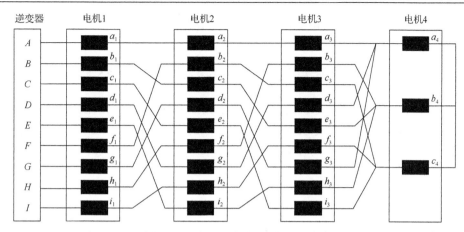

图 2-3　九相四电机串联系统结构图

图 2-3 的连接方式也会带来一个好处,就是三相电机将不会受任何串联的影响,不会带来额外的损耗,同样的情况适用于一台对称六相电机和一台三相电机串联。

当 n=15 时,相序转换规则如表 2-5 所示。

表 2-5　十五相电机相序转换规则表

	A	B	C	D	E	F	G	H	I	J	K	L	M	N	O
M_1	1	2	3	4	5	6	7	8	9	10	11	12	13	14	15
M_2	1	3	5	7	9	11	13	15	2	4	6	8	10	12	14
M_3	1	4	7	10	13	1	4	7	10	13	1	4	7	10	13
M_4	1	5	9	13	2	6	10	14	3	7	11	15	4	8	12
M_5	1	6	11	1	6	11	1	6	11	1	6	11	1	6	11
M_6	1	7	13	4	10	1	7	13	4	10	1	7	13	4	10
M_7	1	8	15	7	14	6	13	5	12	4	11	3	10	2	9

表中用虚线标出来的两台电机 M_3 和 M_6 只有五个相被利用到,每相夹角为 72°,是两台五相电机;用实线标出来的 M_5 只有三个相被利用到,每相夹角为 120°,是一台三相电机。按照九相四电机串联系统的分析结果,七台电机应该按相数从高到低连接,即先是四台十五相电机串联,然后连两台五相电机,最后连三相电机。但是这样连实际上是行不通的,因为五相电机的定子绕组连接到三绕组上,由于相数不对称,必然会造成至少三相绕组短路,这和九相四电机的情况不一样,九相四电机串联系统流入三相电机每一相的电流是对称的,相加为零,不会造成短路。因此,十五相电机串联系统有两种可能连接,即四台十五相电机和两台五相电机串联,或者四台十五相电机和一台三相电机串联。

以上分析的七相电机、九相电机、十五相电机是奇数相电机串联系统最典型的三种情况，其他相数的电机串联情况与之类似。

2.6　多相电机串联系统的串联电机数量

多相电机串联系统中电机的相数取决于相数 n 的性质，而所能串联的电机数量也各不相同，研究串联电机的数量对于合理选择串联方案、最大化利用单逆变器驱动多相电机串联系统具有重要意义。本节分别讨论奇数相和偶数相电机的最大串联数量。

2.6.1　奇数相多相电机系统串联电机数量

2.5 节研究的三种典型相数电机实际上代表了奇数相电机的三种情况，由于相数的性质不同，所能串联的电机数量也有着不同的规律[6-9]。

1. n 为质数的情况

五相电机和七相电机都属于这种情况。n 为质数时，可直接由相序转换规则表得到各电机的串联方式，且每台参与串联的电机都是 n 相，$\alpha\beta$ 电流分量和所有的 z_1z_2 电流分量都被利用到。因此，可串联的电机数量为

$$k = (n-1)/2 \tag{2-42}$$

属于此类的电机相数有

$$n = 5,7,11,13,17,19,23,29,31,37,41,\cdots \tag{2-43}$$

2. n 不为质数的情况

类似于 2.5 节分析的九相电机，但满足条件：

$$n = 3^m, \quad m = 2,3,4,\cdots \tag{2-44}$$

由于相数对称，可串联的电机数量是 $(n-1)/2$，但串联系统中不是所有的电机都为 n 相。例如，对于九相电机 $k=4$，四台电机中有三台九相电机、一台三相电机；对二十七相电机 $k=13$，13 台电机中有九台二十七相电机、三台九相电机、一台三相电机。可串联的电机相数都是 3 的整数倍，对任意 $m \geqslant 2$，可得串联电机的相数为

$$n, \frac{n}{3}, \frac{n}{3^2}, \cdots, \frac{n}{3^{m-1}} \tag{2-45}$$

即

$$3^m, 3^{m-1}, \cdots, 3 \tag{2-46}$$

对应每种相数，可串联的电机数为

$$3^{m-1}, 3^{m-2}, \cdots, 1 \tag{2-47}$$

如一个八十一相电机串联系统中，有四十台电机，其中包括二十七台八十一相电机、九台二十七相电机、三台九相电机、一台三相电机。与 n 为质数时的规律相同，各台电机按照相序转换规则按相数从高到低排列。该规律可推广，n 仅需满足：

$$n = l^m, \quad m = 2, 3, 4, \cdots \tag{2-48}$$

其中，l 为质数，且 $l > 3$。

总的可串联电机数仍为 $(n-1)/2$，参与串联的电机相数为

$$n, l^{m-1}, l^{m-2}, \cdots, l \tag{2-49}$$

但对应每相的电机数就比较复杂了，可以采用以下方法确定。

在运用表 2-2 寻找串联的电机时，由于倍数关系甚至幂关系的存在，电机的相数会不断循环，例如，表 2-5 中十五相电机的相序转换规则表，M_3 是一台五相电机，M_6 是一台五相电机，M_5 是一台三相电机。通过分析可以发现，小于 n 的相数都可以整除 n，出现这种情况的根本原因是表 2-2 的每一列和每一行都是等差数列，由于计算相数需要求余运算，所以出现第一次计算值超出相数 n 而需要求余，就是循环的开始。设表 2-2 的行数为 i，串联系统中相数小于 n 的某电机为 n_1 相，则必有

$$i n_1 = x n, \quad x = 1, 2, 3, \cdots \tag{2-50}$$

可见当 $i n_1 = n$ 时会在第 i 行出现第一次相数循环，例如，表 2-5 在第三行出现五相电机，n_1 越大出现得越早，相应的该相数电机在串联系统中的数量也越多。但是，计算时可能出现冲突的情况，即在 i 相同的情况下，出现两个数 n_1 和 n_2 都符合，那么要选择较小的那个数。例如，在二十七相电机相序转换规则表中，当 $i=9$ 时会有

$$\begin{cases} 3 \times 9 = 27 \\ 9 \times 9 = 3 \times 27 \end{cases}$$

　　三相电机和九相电机都符合，那么选择三相，因此计算电机数时应先计算相数最小的电机数量，然后计算相数次小的电机数量，最后计算相数最大的电机数量。当然，这种方法只在计算串联系统中某相电机数量时使用，如果有完整的变换规则表，则不必进行此步骤。

　　对 $n = l^m$ 相电机，用"[ ]"来表示对一个数的取整运算，则串联系统中相数为 l 的电机数量为

$$k_1 = \left[\frac{n-1}{2l^{m-1}}\right] = \left[\frac{l^{m-1}}{2l^{m-1}}\right] = \left[\frac{1}{2}\left(l - \frac{1}{l^{m-1}}\right)\right] \tag{2-51}$$

由于 l 为质数，$\dfrac{1}{l^{m-1}} < 1$，所以

$$k_1 = \frac{l-1}{2} \tag{2-52}$$

相数为 l^2 的电机数量为

$$k_{l^2} = \left[\frac{l^m - 1}{2l^{m-2}}\right] - \frac{l-1}{2} = \frac{l^2 - 1}{2} - \frac{l-1}{2} = \frac{l^2 - l}{2} \tag{2-53}$$

相数为 l^3 的电机数量为

$$\begin{aligned} k_{l^3} &= \left[\frac{l^m - 1}{2l^{m-3}}\right] - \left(\frac{l^2 - 1}{2} - \frac{l-1}{2}\right) - \frac{l-1}{2} \\ &= \frac{l^3 - 1}{2} - \frac{l^2 - 1}{2} \end{aligned} \tag{2-54}$$

　　由于各相有相互抵消的成分，可推知对任意 $c \leqslant m$，n 相电机串联系统中 l^c 相电机数量为

$$k_{l^c} = \frac{l^c - 1}{2} - \frac{l^{c-1} - 1}{2} = \frac{l^c - l^{c-1}}{2} \tag{2-55}$$

　　由于 l^c 相的电机总共可以串联的电机数量就是 $(l^c - 1)/2$，所以 n 相电机的串联驱动系统可以看成由一个子系统和若干相数较高的电机组成。

　　3. n 既不是质数，也不等于 l^m，但是 n 可以被两个或多个质数相除的情况

　　典型的如十五相电机，这种情况下，可串联的电机数量满足：

$$k < \frac{n-1}{2} \tag{2-56}$$

这样的 n 可表示为

$$n = n_1 n_2 n_3 \cdots n_j n_q \tag{2-57}$$

其中，n_1、n_2、n_3 代表不同的质数，$n_q = l^m$，$l \geqslant 1$。

当 $l=1$ 时，n 为不同质数相乘，相数为 n_p $(1 \leqslant n_p \leqslant j)$ 的电机数量为

$$k_{np} = \left[\frac{n_p(n-1)}{2n} \right] \tag{2-58}$$

n 相电机的数量为

$$k_n = \frac{n-1}{2} - \sum_{i=1}^{j} k_{ni} \tag{2-59}$$

n_q 相电机串联系统可以看成一个子系统，包含了 $l, l^2, l^3, \cdots, l^m$ 相的电机，其相数已分析过，不再赘述。

需要注意的是，正如对十五相电机的分析所得出的结论，不同的质数相电机不能连接在一起，那样会造成终端短路，因此这种情况下可能的连接情况只能是 n 相电机和某一质数相电机串联，或者是 n 相电机和 n_p 相电机子系统串联。

任意奇数相对称多相电机串联系统相序转换规则和可串联的电机数量都可由以上的几种情况采用子系统的思想分析得到，只要将 n 分解成不同质数的乘积即可。

综上，可以得到一个 n 为奇数时的电机串联规律表，如表 2-6 所示[6]。

表 2-6　奇数相多相电机串联系统串联规律表

相数 n 的性质	典型示例	最多可串联的电机数量	能够串联的电机相数	各串联电机的数量
n 为质数	$n=5,7,11,13,\cdots$	$k=(n-1)/2$	n	$(n-1)/2$
	$n=l^m, m=2,3,4,\cdots$	$k=(n-1)/2$	$n, l^{m-1}, l^{m-2}, \cdots, l$	$k_{l^c} = \dfrac{l^c - l^{c-1}}{2}$
n 不为质数	$n = n_1 n_2 n_3 \cdots n_j$	$k<(n-1)/2$	n, n_1 或 n, n_2 或 $\cdots n, n_j$	$k_{np} = \left[\dfrac{n_p(n-1)}{2n} \right]$
	$n = n_1 n_2 n_3 \cdots n_j l^m$	$k<(n-1)/2$	n, n_j 或 $n, l^{m-1}, l^{m-2}, \cdots, l$	——

2.6.2 偶数相多相电机系统串联电机数量

偶数相多相电机(一般指相数大于等于 6 的电机)串联系统分析方法与前面分析的奇数相电机是一致的，根据相数的特征也可分为三种情况来分析[6,7]。

1. $n/2$ 是大于 2 的质数

这种情况下，多相电机系统可串联的电机数量为

$$k = \frac{n-2}{2} \tag{2-60}$$

这样的 n 有 6、10、14、22、26、34 等。串联系统中包括 $k/2$ 台 n 相电机、$k/2$ 台 $n/2$ 相电机。例如，对称的六相电机串联系统总共有两台电机，一台是六相电机，一台是三相电机。此种类型的电机在连接时也要按照相数高的电机在前面，相数低的电机在后面的原则。

2. $n/2$ 不是质数

这种情况下，电机的相数满足：

$$n = 2^m, \quad m = 3, 4, 5, \cdots \tag{2-61}$$

此时可串联的电机相数为

$$n, \frac{n}{2}, \frac{n}{4}, \cdots, \frac{n}{2^{m-2}} \tag{2-62}$$

根据式(2-54)，可求得串联系统中相数为 2^c 的电机的数量为

$$k_{2^c} = \frac{2^c - 2^{c-1}}{2} = 2^{c-2} \tag{2-63}$$

例如，在十六相电机串联系统中，有一台四相电机、两台八相电机和四台十六相电机。

3. 其他情况

n 的表达式可写为

$$n = n_1 n_2 \cdots n_j l^m 2^q \tag{2-64}$$

其中，$n_1, n_2, \cdots, n_j$ 均为质数，这时可以采用子系统的思想去分析，具有相同性质的

相数如式中的 l^m 或 2^q 相，组成一个子系统，子系统的分析方法和前面一致，每个子系统又可以和 n 组成一个完整的 n 相电机串联系统。其可串联的电机总数也是小于 $(n-2)/2$ 的，因为相数不成比例的电机连在一起会造成终端短路。偶数相电机的串联规律用表 2-7 来概括[7]。

表 2-7　偶数相多相电机串联系统串联规律表

相数 n 的性质	典型示例	最多串联电机数量	串联电机相数	每相电机数量
$n/2$ 为质数	$n=6,10,14,\cdots$	$k=(n-2)/2$	$k=n/2,n$	$k/2,k/2$
$n/2$ 不为质数	$n=2^m$	$k=(n-2)/2$	$2,4,8,\cdots,n$	2^{c-1}
	$n=n_1 n_2 \cdots n_j l^m 2^q$	$k<(n-2)/2$	—	—

需要说明的是，表 2-6 和表 2-7 只是列出了基本的典型情况，并未展示出所有相数的具体数据，例如

$$n = n_1 n_2 n_3^y n_4^z n_5^x \tag{2-65}$$

这种情况非常复杂，由于分析方法已经包含在本节中，都可以按照子相数从高到低的顺序，用子系统的思想去处理，所以没有一一列出。

在多相电机制造和控制技术成熟后，设计串联系统时，可以选取最佳解决方案，在满足工作要求的条件下，最大量节省逆变器桥臂，提升系统的性价比。

参 考 文 献

[1] Klingshirn E A. High phase order induction motors. Part I: Description and theoretical considerations. IEEE Transactions on Power Apparatus and Systems, 1983, 102(1): 47-53.

[2] Klingshirn E A. High phase order induction motors. Part II: Experimental results. IEEE Transactions on Power Apparatus and Systems, 1983, 3(1): 54-59.

[3] White D C, Woodson H H. Electromechanical Energy Conversion. New York: Wiley, 1959.

[4] 薛山. 多相永磁同步电机驱动技术研究[博士学位论文]. 北京: 中国科学院电工研究所, 2005.

[5] 欧阳红林. 多相永磁同步电动机调速系统控制方法研究[博士学位论文]. 长沙: 湖南大学, 2005.

[6] Levi E, Jones M. A novel concept of a multiphase multimotor vector controlled drive system supplied from a single voltage source inverter. IEEE Transactions on Power Electronics, 2004, 19(2): 320-335.

[7] Levi E. Even-phase multi-motor vector controlled driver with single inverter supply and series connection of stator windings. IEE Proceedings—Electric Power Applications, 2003, 150(5): 580-591.

[8] Levi E, Jones M, Toliyat H A. Operating principles of a novel multiphase multimotor vector-controlled drive. IEEE Transactions on Energy Conversion, 2004, 19(3): 508-517.

[9] 张春晓. 单逆变器驱动双永磁同步电机串联系统研究[硕士学位论文]. 威海: 哈尔滨工业大学, 2012.

第 3 章　双 Y 移 30° PMSM 串联系统的原理分析

3.1　引　　言

定子绕组对称分布的多相电机通过一定的相序转换规则可以实现单逆变器供电的多相电机串联系统,其原因在于冗余自由度的存在。本章首先分析传统的双Y 移 30° PMSM 双电机串联系统的结构与工作原理,随后提出几种新的双 Y 移 30°双电机串联系统的相序转换规则,并给出两种双 Y 移 30° PMSM 和两相 PMSM 的串联系统。

考虑到该串联系统对多相电机的基本要求是气隙磁场必须为正弦波,而电机的实际气隙磁场通常不可能完全实现正弦化,包含的谐波分别对串联系统的解耦控制以及电机的电磁转矩有何影响需要做进一步的分析,从而为电机的优化设计提供理论依据。本章最后利用绕组函数的概念,对所给串联系统中定子集中绕组中不同类别高次谐波对另一台串联电机电磁转矩的影响规律进行研究,揭示该串联系统多相 PMSM 定子绕组必须为正弦分布的根本原因,提出串联系统中多相电机的优化设计要求。

3.2　双 Y 移 30° PMSM 串联系统的结构与原理分析

3.2.1　双 Y 移 30° PMSM 的绕组结构及变换矩阵

双 Y 移 30° PMSM 的绕组结构如图 3-1 所示[1]。

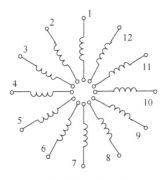
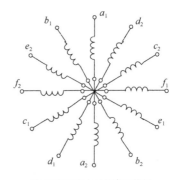

(a) 十二相对称定子绕组　　　　　　(b) 改接后的十二相定子绕组

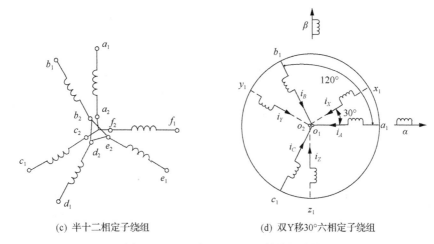

(c) 半十二相定子绕组　　　　　　　(d) 双 Y 移 30°六相定子绕组

图 3-1　双 Y 移 30° PMSM 的绕组结构

如图 3-1(a)所示[1]，双 Y 移 30° PMSM 是将传统的三相电机 60°相带绕组等分为两个相带，形成两套之间的电角度为 30°的三相绕组，中点互不连接，它的定子绕组是由十二相对称的绕组变换接法而得到的。

这种连接方式的双 Y 移 30°不对称六相绕组将不存在偶序分量,也不存在 a_2、b_2、c_2、d_2、e_2、f_2 对应的变换，从式(3-1)中可得十二相绕组的模态阵 $\boldsymbol{\varGamma}_{s12}$，消除偶序列以及 a_2、b_2、c_2、d_2、e_2、f_2 对应的行，得到双 Y 移 30°六相绕组的模态阵 $\boldsymbol{\varGamma}_{s12}$，并将系数改为 $\sqrt{1/6}$，保持变换前后功率不变：

$$\boldsymbol{\varGamma}_{s12} = \sqrt{\frac{1}{6}}\begin{bmatrix} 1 & 1 & 1 & 1 & 1 & 1 \\ \delta^{-1} & \delta^{-3} & \delta^{-5} & \delta^{-7} & \delta^{-9} & \delta^{-11} \\ \delta^{-4\times1} & \delta^{-4\times3} & \delta^{-4\times5} & \delta^{-4\times7} & \delta^{-4\times9} & \delta^{-4\times11} \\ \delta^{-5\times1} & \delta^{-5\times3} & \delta^{-5\times5} & \delta^{-5\times7} & \delta^{-5\times9} & \delta^{-5\times11} \\ \delta^{-8\times1} & \delta^{-8\times3} & \delta^{-8\times5} & \delta^{-8\times7} & \delta^{-8\times9} & \delta^{-8\times11} \\ \delta^{-9\times1} & \delta^{-9\times3} & \delta^{-9\times5} & \delta^{-9\times7} & \delta^{-9\times9} & \delta^{-9\times11} \end{bmatrix} \tag{3-1}$$

消除式(2-19)对应的零序分量的行和全零的列，可得

$$\boldsymbol{B}_{s12} = \sqrt{\frac{1}{2}}\begin{bmatrix} 1 & 0 & 0 & 0 & 0 & j \\ 0 & 1 & 0 & 0 & j & 0 \\ 0 & 0 & 1 & j & 0 & 0 \\ 0 & 0 & 1 & -j & 0 & 0 \\ 0 & 1 & 0 & 0 & -j & 0 \\ 1 & 0 & 0 & 0 & 0 & -j \end{bmatrix} \tag{3-2}$$

经运算并进行相应的行列式变换，可得到两相实变换矩阵为

$$T = (\boldsymbol{\Gamma}_{s12}\boldsymbol{B}_{s12})^{-1} = \sqrt{\dfrac{1}{3}}\begin{bmatrix} 1 & \cos4\alpha & \cos8\alpha & \cos\alpha & \cos5\alpha & \cos9\alpha \\ 0 & \sin4\alpha & \sin8\alpha & \sin\alpha & \sin5\alpha & \sin9\alpha \\ 1 & \cos8\alpha & \cos4\alpha & \cos5\alpha & \cos\alpha & \cos9\alpha \\ 0 & \sin8\alpha & \sin4\alpha & \sin5\alpha & \sin\alpha & \sin9\alpha \\ 1 & 1 & 1 & 0 & 0 & 0 \\ 0 & 0 & 0 & 1 & 1 & 1 \end{bmatrix} \tag{3-3}$$

其中，$\alpha = 30°$。为了便于后面串联问题的分析，将图 3-1(c)半十二相定子绕组改变为图 3-1(d)的形式，其中，$a_1b_1c_1$ 与 $x_1y_1z_1$ 的相位差 30°电角度，这两套绕组的中点不连接。

变换矩阵 T 可分解为三套正交基，即

$$\begin{cases} e_\alpha = [1 & \cos4\alpha & \cos8\alpha & \cos\alpha & \cos5\alpha & \cos9\alpha] \\ e_\beta = [0 & \sin4\alpha & \sin8\alpha & \sin\alpha & \sin5\alpha & \sin9\alpha] \end{cases} \tag{3-4}$$

$$\begin{cases} e_{z1} = [1 & \cos8\alpha & \cos4\alpha & \cos5\alpha & \cos\alpha & \cos9\alpha] \\ e_{z2} = [0 & \sin8\alpha & \sin4\alpha & \sin5\alpha & \sin\alpha & \sin9\alpha] \end{cases} \tag{3-5}$$

$$\begin{cases} e_{o1} = [1 & 1 & 1 & 0 & 0 & 0] \\ e_{o2} = [0 & 0 & 0 & 1 & 1 & 1] \end{cases} \tag{3-6}$$

它们可以构建为三个相互正交的子空间，分别为：$\alpha\beta$ 子空间 $V_1 = \mathrm{span}\{e_\alpha, e_\beta\}$；$z_1z_2$ 子空间（相当于后续对称六相电机中的 xy 子空间）$V_2 = \mathrm{span}\{e_{z1}, e_{z2}\}$；$o_1o_2$ 子空间 $V_3 = \mathrm{span}\{e_{o1}, e_{o2}\}$。

这样，就可将 abc 坐标系下双 Y 移 30° PMSM 的 u、i、ψ 等物理量通过式(3-3)变换为

$$[x_\alpha \quad x_\beta \quad x_{z1} \quad x_{z2} \quad x_{o1} \quad x_{o2}]^\mathrm{T} = T[x_1 \quad x_2 \quad x_3 \quad x_4 \quad x_5 \quad x_6]^\mathrm{T} \tag{3-7}$$

abc 坐标系下的电压、电流矩阵记为

$$\begin{cases} \boldsymbol{U}_s = [u_A & u_B & u_C & u_X & u_Y & u_Z]^\mathrm{T} \\ \boldsymbol{I}_s = [i_A & i_B & i_C & i_X & i_Y & i_Z]^\mathrm{T} \end{cases} \tag{3-8}$$

根据双 Y 移 30° PMSM 的空间变换矩阵，PMSM 的 MMF 分布在 $\alpha\beta$ 子空间，且令 α 轴定位在 a 相绕组轴线上，β 轴超前于 α 轴 90°。设双三相 VSI 的 $\boldsymbol{I}_s = [i_A \ i_B \ i_C \ i_X \ i_Y \ i_Z]^T$ 与定子绕组的关系如图 3-1(d)所示，则其 MMF 表达式可表示为

$$
\begin{aligned}
f_s &= (i_A + i_B\cos 4\alpha + i_C\cos 8\alpha + i_X\cos\alpha + i_Y\cos 5\alpha + i_Z\cos 9\alpha)N_s \\
&\quad + j(i_B\sin 4\alpha + i_C\sin 8\alpha + i_X\sin\alpha + i_Y\sin 5\alpha + i_Z\sin 9\alpha)N_s \qquad (3\text{-}9)\\
&= \sqrt{3}i_\alpha N_s + j\sqrt{3}i_\beta N_s
\end{aligned}
$$

其中，N_s 为定子绕组的匝数。因此，六相 PMSM 的定子绕组完全可用 $\alpha\beta$ 的两相绕组等效，等效后的匝数为 $\sqrt{3}N_s$。并且有 $6k\pm1$（$k=0,2,4,\cdots$）次基波和谐波映射到 $\alpha\beta$ 子空间的 i_α、i_β 用来控制 PMSM 的 MMF，它们在 z_1z_2 子空间和 o_1o_2 子空间的分量不存在，$6k\pm1$（$k=1,3,5,\cdots$）次谐波转换到 z_1z_2 子空间上，它们对 MMF 无影响，不参与机电能量转换，$6k$ 次谐波分量均转换到坐标原点上，也不参与机电能量转换[2,3]。

3.2.2　两台双 Y 移 30° PMSM 定子绕组串联相序转换关系

双 Y 移 30° PMSM 定子绕组串联关系如图 3-2 所示[4]。

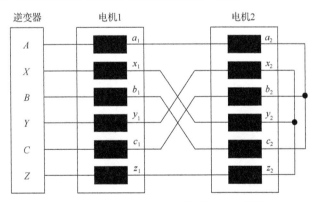

图 3-2　双 Y 移 30° PMSM 定子绕组串联关系

首先利用式(3-3)，两台双 Y 移 30° PMSM 定子绕组串联连接规则讨论如下。

两台串联 PMSM 的 $a_1b_1c_1$ 绕组与 $a_2b_2c_2$ 绕组之间的连接规律分析如下：在式(3-3)变换矩阵的第一列中，$\alpha_1\beta_1$ 分量与 z_1z_2 分量的对应步长为零，表示两台 PMSM 的 a 相不用相转换，因此第一台 PMSM 的 a_1 相与第二台 PMSM 的 a_2 相可对应相连；在式(3-3)变换矩阵的第二列中，$\alpha_1\beta_1$ 分量与 z_1z_2 分量的对应步长为 $8\alpha - 4\alpha = 4\alpha = 120°$，因此第一台 PMSM 的 b_1 相与第二台 PMSM 的 c_2 相

对应相连；在式(3-3)变换矩阵的第三列中，$\alpha_1\beta_1$ 分量与 z_1z_2 分量的对应步长为 $4\alpha-8\alpha=-4\alpha=-120°$，因此第一台 PMSM 的 c_1 相与第二台 PMSM 的 b_2 相对应相连。

两台串联 PMSM 的 $x_1y_1z_1$ 绕组与 $x_2y_2z_2$ 绕组之间的连接规律分析如下：第一台 PMSM 的 x_1 相与第二台 PMSM 的 y_2 相连接，这是因为在式(3-3)的第四列中，$\alpha_1\beta_1$ 分量与 z_1z_2 分量的对应步长为 $5\alpha-\alpha=4\alpha=120°$；第一台 PMSM 的 y_1 相与第二台 PMSM 的 x_2 相连接，这是因为在式(3-3)的第五列中，$\alpha_1\beta_1$ 分量与 z_1z_2 分量的对应步长为 $4\alpha-8\alpha=-4\alpha=-120°$；第一台 PMSM 的 z_1 相与第二台 PMSM 的 z_2 相连接，这是因为在式(3-3)的第六列中，$\alpha_1\beta_1$ 分量与 z_1z_2 分量的对应步长为 $9\alpha-9\alpha=0$。

3.2.3　双电机串联独立运行原理

设两台电机按图 3-2 的方式连接，由一台逆变器供电，电压、电流等变量都可被理想地控制，根据电机学知识，稳态运行时若要产生理想的圆形旋转磁场，需要通入与定子绕组空间分布相对应的时间相位上对称的电流，则对两台定子绕组正弦分布的双 Y 移 30° PMSM 只考虑基波时，所需要的参考电流可表示为式(3-10)和式(3-11)。

电机 1 的参考电流为

$$
\boldsymbol{I}_1^* =
\begin{bmatrix}
i_{a1}^* \\
i_{b1}^* \\
i_{c1}^* \\
i_{x1}^* \\
i_{y1}^* \\
i_{z1}^*
\end{bmatrix}
=
\begin{bmatrix}
I_{m1}\cos\omega_1 t \\
I_{m1}\cos(\omega_1 t - 4\alpha) \\
I_{m1}\cos(\omega_1 t - 8\alpha) \\
I_{m1}\cos(\omega_1 t - \alpha) \\
I_{m1}\cos(\omega_1 t - 5\alpha) \\
I_{m1}\cos(\omega_1 t - 9\alpha)
\end{bmatrix}
\tag{3-10}
$$

电机 2 的参考电流为

$$
\boldsymbol{I}_2^* =
\begin{bmatrix}
i_{a2}^* \\
i_{b2}^* \\
i_{c2}^* \\
i_{x2}^* \\
i_{y2}^* \\
i_{z2}^*
\end{bmatrix}
=
\begin{bmatrix}
I_{m2}\cos\omega_2 t \\
I_{m2}\cos(\omega_2 t - 4\alpha) \\
I_{m2}\cos(\omega_2 t - 8\alpha) \\
I_{m2}\cos(\omega_2 t - \alpha) \\
I_{m2}\cos(\omega_2 t - 5\alpha) \\
I_{m2}\cos(\omega_2 t - 9\alpha)
\end{bmatrix}
\tag{3-11}
$$

因为两台电机串联连接且由同一逆变器供电,根据两台电机的相序转换规则,需要逆变器产生的参考电流为

$$\begin{cases} i_A^* = i_{a1}^* + i_{a2}^*, & i_B^* = i_{b1}^* + i_{c2}^* \\ i_C^* = i_{c1}^* + i_{b2}^*, & i_X^* = i_{x1}^* + i_{y2}^* \\ i_Y^* = i_{y1}^* + i_{x2}^*, & i_Z^* = i_{z1}^* + i_{z2}^* \end{cases} \tag{3-12}$$

如果能对电流进行理想控制,则实际电流能够跟踪参考电流,根据式(3-12)和图3-2,流过两台电机的实际电流为

$$\boldsymbol{I}_1 = \begin{bmatrix} i_{a1} \\ i_{b1} \\ i_{c1} \\ i_{x1} \\ i_{y1} \\ i_{z1} \end{bmatrix} = \begin{bmatrix} i_A^* \\ i_B^* \\ i_C^* \\ i_X^* \\ i_Y^* \\ i_Z^* \end{bmatrix}, \quad \boldsymbol{I}_2 = \begin{bmatrix} i_{a2} \\ i_{b2} \\ i_{c2} \\ i_{x2} \\ i_{y2} \\ i_{z2} \end{bmatrix} = \begin{bmatrix} i_A^* \\ i_C^* \\ i_B^* \\ i_Y^* \\ i_X^* \\ i_Z^* \end{bmatrix} \tag{3-13}$$

用矢量空间解耦矩阵 $\boldsymbol{T}$ 对电流变量进行解耦变换,得到 $\alpha\beta$ 坐标系下的电流表达式。

对电机 1 有

$$\begin{bmatrix} i_\alpha^{M1} \\ i_\beta^{M1} \\ i_{z1}^{M1} \\ i_{z2}^{M1} \\ i_{o1}^{M1} \\ i_{o2}^{M1} \end{bmatrix} = \boldsymbol{T}\boldsymbol{I}_1 = \begin{bmatrix} \sqrt{3}\cos\omega_1 t \\ \sqrt{3}\sin\omega_1 t \\ \sqrt{3}\cos\omega_2 t \\ \sqrt{3}\sin\omega_2 t \\ 0 \\ 0 \end{bmatrix} \tag{3-14}$$

由式(3-14)可见,解耦后电机 1 的 $\alpha\beta$ 电流分量中,只含角频率为 ω_1 的变量,角频率为 ω_2 的变量被解耦到 $z_1 z_2$ 子空间上,由于电机的机电能量转换只和 $\alpha\beta$ 电流分量有关,与 $z_1 z_2$ 电流分量无关,逆变器电流中的电机 2 参考电流分量不会对电机 1 的磁通和转矩产生影响。

对电机 2 有

$$\begin{bmatrix} i_\alpha^{\text{M2}} \\ i_\beta^{\text{M2}} \\ i_{z1}^{\text{M2}} \\ i_{z2}^{\text{M2}} \\ i_{o1}^{\text{M2}} \\ i_{o2}^{\text{M2}} \end{bmatrix} = \boldsymbol{TI}_2 = \begin{bmatrix} \sqrt{3}\cos\omega_2 t \\ \sqrt{3}\sin\omega_2 t \\ \sqrt{3}\cos\omega_1 t \\ \sqrt{3}\sin\omega_1 t \\ 0 \\ 0 \end{bmatrix} \tag{3-15}$$

通过对式(3-15)分析也能得到相同的结论。总之,由于特定的连接方式,每一台电机的基波电流在另一台电机中的作用都相当于 $z_1 z_2$ 电流分量,不会对电机的运行产生影响,只产生谐波损耗,两台电机能实现独立运行。

需要特别说明的是,此处所说的"相当于 $z_1 z_2$ 电流分量",是指其对电机机电能量转换的影响,并非矢量空间解耦理论中实际电机变量中的 $6k\pm1$ 次谐波分量,单逆变器驱动的多相电机串联系统还是以产生两个不同频率的基波电流/电压分量为控制目标的。

3.3　串联系统磁势分析方法

本节首先分析双 Y 移 30° PMSM 中的谐波,然后研究单逆变器供电的双电机串联系统中各电机的磁势并推导新的相序转换规则。

3.3.1　双 Y 移 30° PMSM 的谐波分析

研究对象的定子绕组结构如图 3-1 所示。在电压源逆变器供电系统中,逆变器输出电压会不可避免地含有谐波,一般可用傅里叶分析将其分解成基波和一系列高次谐波。

若要产生理想的旋转 MMF,电机中需通入基波电流的时间相位与各相定子绕组的空间相位相对应。设基波频率为 ω ,电机中流过的电流次数为 $\mu(\mu = 1,5,7,11,\cdots)$,所产生的气隙次数为 ν ,选取 A 相绕组为时间和位置基准,则电机中各相的磁势可表为式(3-16)。

每一相都是脉振,其幅值为 $F_{\mu\text{-}\nu}$,表示 μ 次电流在电机中产生的 ν 次谐波,其表达式为式(3-17)。

电机总的 MMF 即六相合成 MMF 可通过将各相分别相加得到,与三相电机一样,每相可通过三角函数积化和差分解为转向相反的两个分量,在计算总MMF 时,将转向相同的 MMF 分别叠加,可得到总 MMF 的表达式,如式(3-18)

所示：

$$
\begin{cases}
f_A = F_{\mu\text{-}v}\cos v\theta \cos \mu\omega t \\[2mm]
f_B = F_{\mu\text{-}v}\cos v\left(\theta-\dfrac{2\pi}{3}\right)\cos \mu\left(\omega t-\dfrac{2\pi}{3}\right) \\[2mm]
f_C = F_{\mu\text{-}v}\cos v\left(\theta-\dfrac{4\pi}{3}\right)\cos \mu\left(\omega t-\dfrac{4\pi}{3}\right) \\[2mm]
f_X = F_{\mu\text{-}v}\cos v\left(\theta-\dfrac{\pi}{6}\right)\cos \mu\left(\omega t-\dfrac{\pi}{6}\right) \\[2mm]
f_Y = F_{\mu\text{-}v}\cos v\left(\theta-\dfrac{5\pi}{6}\right)\cos \mu\left(\omega t-\dfrac{5\pi}{6}\right) \\[2mm]
f_Z = F_{\mu\text{-}v}\cos v\left(\theta-\dfrac{3\pi}{2}\right)\cos \mu\left(\omega t-\dfrac{3\pi}{2}\right)
\end{cases}
\tag{3-16}
$$

$$
F_{\mu\text{-}v} = \frac{2}{\pi}\frac{Nk_{wv}}{vp}I_\mu
\tag{3-17}
$$

其中，I_μ 为 μ 次谐波电流最大值(A)；p 为电机极对数；N 为每相串联总匝数；θ 为空间某处距 A 相绕组轴线的电角度(rad)；k_{wv} 为绕组系数。

$$
f = \sum_{n=0,1,4,5,8,9}\frac{1}{2}F_{\mu\text{-}v}\cos\left[v\theta-\mu\omega t+(\mu-v)\frac{n\pi}{6}\right] + \sum_{n=0,1,4,5,8,9}\frac{1}{2}F_{\mu\text{-}v}\cos\left[v\theta+\mu\omega t-(\mu+v)\frac{n\pi}{6}\right]
\tag{3-18}
$$

总磁势幅值为

$$
F = 3F_{\mu\text{-}v}
\tag{3-19}
$$

基波电流产生的磁势对电机运行影响最大，因此需重点分析双 Y 移 30° PMSM 中基波电流产生的磁势。

在式(3-18)中，令 $\mu=1$，$v=1$，可得电机的基波磁势为

$$
f = F_{1\text{-}1}\cos(\theta-\omega t)
\tag{3-20}
$$

由式(3-20)可知，基波电流产生的基波磁势为旋转磁势，与三相电机基波磁势相同，负号表示旋转方向，这里取其为正向。

基波电流产生的其他高次谐波磁势可通过改变 v 的值得出。通过计算，得到当 $v=5$ 和 $v=7$ 时总磁势为零，当 $v=11$ 和 $v=13$ 时总磁势为

$$f = F_{1\text{-}11}\cos(11\theta + \omega t) \tag{3-21}$$

$$f = F_{1\text{-}13}\cos(13\theta - \omega t) \tag{3-22}$$

通过深入分析，得到定子基波电流在电机中产生的旋转磁势次数为 $v = 12k+1$ $(k = 0,\pm1,\pm2,\pm3,\cdots)$，$v$ 为正表示磁势正向旋转，为负表示磁势反向旋转。由此可知，双 Y 移 30°六相 PMSM 基波电流产生的磁势中，除基波磁势外，只有 11、13、23 等次谐波磁势，而不包含对电机影响最大的 5、7 次谐波磁势。

对于双 Y 移 30°电机定子绕组通入 $\mu = 6n\pm1(n = 0,1,2,3,\cdots)$ 次谐波电流时，相应地会在电机中产生 $v = 12k+\mu(k = 0,\pm1,\pm2,\pm3,\cdots)$ 次谐波磁势[5]。

用相同的方法分析对称六相电机谐波磁势，可以发现基波电流除产生基波磁势外，还会产生 5、7、11、13 次谐波磁势。尽管可以通过合适的 PWM 调制方案消除 5、7 次谐波磁势，但要浪费额外的资源，实用性远不如双 Y 移 30°六相电机。

3.3.2 双电机串联系统的 MMF 分析

当两台双 Y 移 30° PMSM 按图 3-2 的方式串联连接时，各电机及逆变器电流满足式(3-10)～式(3-13)的关系，故逆变器电流也就是流过两台电机的实际电流，可分解为电机 1 的基波电流分量和电机 2 的基波电流分量，因此单台电机总磁势可看成两组电流分量产生的磁势叠加。

电机 1 基波电流分量在电机 1 中产生的各相磁势为

$$\begin{cases} f_{a1} = F_{11}\cos\theta\cos\omega_1 t \\[2mm] f_{x1} = F_{11}\cos\left(\theta - \dfrac{\pi}{6}\right)\cos\left(\omega_1 t - \dfrac{\pi}{6}\right) \\[2mm] f_{b1} = F_{11}\cos\left(\theta - \dfrac{2\pi}{3}\right)\cos\left(\omega_1 t - \dfrac{2\pi}{3}\right) \\[2mm] f_{y1} = F_{11}\cos\left(\theta - \dfrac{5\pi}{6}\right)\cos\left(\omega_1 t - \dfrac{5\pi}{6}\right) \\[2mm] f_{c1} = F_{11}\cos\left(\theta - \dfrac{4\pi}{3}\right)\cos\left(\omega_1 t - \dfrac{4\pi}{3}\right) \\[2mm] f_{z1} = F_{11}\cos\left(\theta - \dfrac{3\pi}{2}\right)\cos\left(\omega_1 t - \dfrac{3\pi}{2}\right) \end{cases} \tag{3-23}$$

电机 2 基波电流分量在电机 1 中产生的各相磁势为

$$\begin{cases} f'_{a1} = F_{21} \cos\theta \cos\omega_2 t \\[2mm] f'_{x1} = F_{21} \cos\left(\theta - \dfrac{\pi}{6}\right) \cos\left(\omega_2 t - \dfrac{5\pi}{6}\right) \\[2mm] f'_{b1} = F_{21} \cos\left(\theta - \dfrac{2\pi}{3}\right) \cos\left(\omega_2 t - \dfrac{4\pi}{3}\right) \\[2mm] f'_{y1} = F_{21} \cos\left(\theta - \dfrac{5\pi}{6}\right) \cos\left(\omega_2 t - \dfrac{\pi}{6}\right) \\[2mm] f'_{c1} = F_{21} \cos\left(\theta - \dfrac{4\pi}{3}\right) \cos\left(\omega_2 t - \dfrac{2\pi}{3}\right) \\[2mm] f'_{z1} = F_{21} \cos\left(\theta - \dfrac{3\pi}{2}\right) \cos\left(\omega_2 t - \dfrac{3\pi}{2}\right) \end{cases} \tag{3-24}$$

F_{11} 和 F_{21} 分别为两组脉振磁势的幅值，其表达式为

$$F_{11} = \frac{2Nk_1}{\pi p} I_{m1} \tag{3-25}$$

$$F_{21} = \frac{2Nk_1}{\pi p} I_{m2} \tag{3-26}$$

则两台电机的基波电流分量在电机 1 中产生的总磁势分别为

$$F_1 = f_{a1} + f_{b1} + f_{c1} + f_{x1} + f_{y1} + f_{z1} = 3F_{11}\cos(\omega_1 t - \theta) \tag{3-27}$$

$$\begin{aligned} F_2 &= f'_{a1} + f'_{b1} + f'_{c1} + f'_{x1} + f'_{y1} + f'_{z1} \\ &= F_{21}\left[\cos\left(\omega_2 t - \theta - \frac{2\pi}{3}\right) + \cos\left(\omega_2 t - \theta + \frac{2\pi}{3}\right) + \cos(\omega_2 t - \theta) \right. \\ &\quad \left. + \frac{3}{2}\cos(\omega_2 t + \theta) + \frac{3}{2}\cos(\omega_2 t + \theta - \pi) \right] \\ &= 0 \end{aligned} \tag{3-28}$$

可见，电机 2 的基波电流分量在电机 1 中并不产生旋转 MMF，因此电机 1 中的基波旋转 MMF 实际就是电机 1 基波电流分量产生的旋转 MMF。同理，电机 1 的基波电流在电机 2 中也不产生 MMF，所以两台电机可以独立运行，互不影响。

事实上，根据电机学理论，对于交流电机，空间对称的绕组通入与之对应的时间上对称的电流会产生圆形旋转磁场，通入不对称的电流会产生脉振磁场或椭圆形磁场。六相 PMSM 定子绕组由两套对称二相绕组组成，也具有这个规律。电机总的 MMF 可以分解成一个正转分量和一个反转分量，正常运行的电机，如果其正转分量或反转分量有一个为零，那么它的气隙磁场就是一个圆形旋转磁场，如果两个

都不为零,那么就会产生椭圆形旋转磁场或脉振磁场。多相电机由于相数冗余,为气隙 MMF 提供了另外一种可能,即正转分量和反转分量都为零,那么气隙中就不会有旋转 MMF。在上面分析的例子中,假设逆时针方向为正向,则 F_1 只含正转分量,反转分量相互抵消,而 F_2 的正转分量和反转分量分别相互抵消,故其值为零。

在单逆变器供电的多相电机串联系统中,各台电机定子绕组通过一定的相序转换规则串联在一起。对某台电机来说,相序转换规则使得逆变器电流中其他电机的参考电流分量在流过此电机时不产生任何磁势,因此电机的磁通和转矩不受串联带来的任何影响,各电机可独立运行。本书前面采用的解耦矩阵分析方法在本质上和磁势分析法是一致的,因为解耦矩阵对应于 $\alpha\beta$ 分量的行,各元素是按照定子绕组空间分布的相位差排序的,矩阵对应于 z_1z_2 分量的各行与前两行解耦,电流按照这些行的相位差流入此电机时,不会产生旋转,也就是前面说的与机电能量转换无关。

尽管双 Y 移 30° PMSM 矢量空间解耦矩阵只有一组 z_1z_2 分量,但其相序转换规则并不是唯一的,按照磁势分析法可推得其他五种相序转换规则分别如图 3-3～图 3-7 所示[3]。

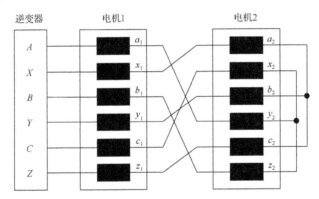

图 3-3　第二种相序转换规则

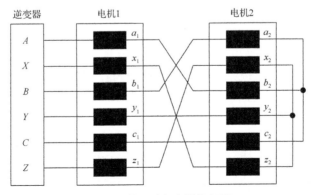

图 3-4　第三种相序转换规则

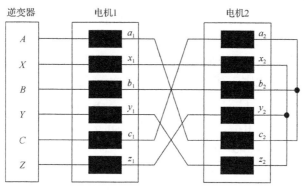

图 3-5　第四种相序转换规则

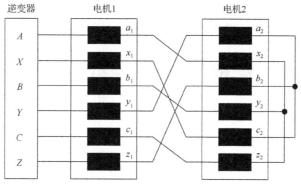

图 3-6　第五种相序转换规则

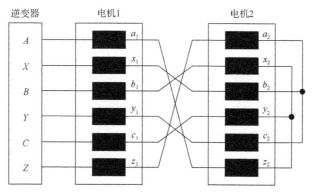

图 3-7　第六种相序转换规则

第二种相序转换规则已由 Levi 等在 2005 年提出[6]。两台双 Y 移 30°电机按每种相序转换规则连接都可达到独立运行的效果。值得一提的是，双 Y 移 30°电机定子绕组由两套对称的三相绕组组成，所以相序转换规则必须保证电机 1 的一套三相绕组与电机 2 的一套三相绕组连接，以共用同一个中性点。假如电机 1 中某套三相绕组各相分别连到了电机 2 的两套绕组上，例如，电机 1 的 A 相、B 相连到了电机 2 的 A 相、B 相上，而 C 相连到了电机 2 的 X 相上，那么流到中性点的电流由于相位不对称将不为零，电机不能正常运行。另外，串联系统各电机采用新的五种相序转换规则连接时，若采用矢量控制，其坐标变换矩阵需要根据各相连接方式作出调整，即 z_1z_2 分量对应的行中各元素要按照相位差重新排序。例如，针对第二种相序转换规则，其对应的坐标变换矩阵为

$$T = \frac{1}{\sqrt{3}} \begin{bmatrix} 1 & \cos 4\alpha & \cos 8\alpha & \cos\alpha & \cos 5\alpha & \cos 9\alpha \\ 0 & \sin 4\alpha & \sin 8\alpha & \sin\alpha & \sin 5\alpha & \sin 9\alpha \\ \cos 5\alpha & \cos 9\alpha & \cos\alpha & 1 & \cos 4\alpha & \cos 8\alpha \\ \sin 5\alpha & \sin 9\alpha & \sin\alpha & 0 & \sin 4\alpha & \sin 8\alpha \\ 1 & 1 & 1 & 0 & 0 & 0 \\ 0 & 0 & 0 & 1 & 1 & 1 \end{bmatrix} \tag{3-29}$$

其他相序转换规则对应的变换矩阵可按相位对应关系推导出来，这里不再赘述。

3.4 双 Y 移 30° PMSM 和两相电机的串联系统

单逆变器供电双 Y 移 30° PMSM 的串联系统，除了两台双 Y 移 30° PMSM 串联在一起，也可以是一台双 Y 移 30°电机和一台两相电机串联[7,8]。将双 Y 移 30° PMSM 的一组三相绕组与两相 PMSM 的一相绕组相连，另一组三相绕组与两相 PMSM 的另一相绕组相连，如图 3-8(a)所示。相当于双 Y 移 30°电机的两个中性点分别与两相电机的两相绕组相连，两个中性点处的电压值分别为 $(u_a+u_b+u_c)/3$ 和 $(u_x+u_y+u_z)/3$。由于两相电机的两相电流和电压相位均相差 90°，采用 Y 形接法时，并不能像三相电机或其他多相电机那样，在中性点处相加为零，因此常在逆变器侧增加一组桥臂，将中性点连接到这组桥臂的中点[3]。需要注意的是，这组桥臂上开关器件的占空比需要控制为 50%，才能使得两相电机中性点处的电压和电流为零，将这种方法应用到双 Y 移 30°和两相 PMSM 双电机串联系统中，构成七相 VSI 供电的串联系统，如图 3-8(b)所示。除了增加逆变器桥臂之外，还有一种方法是在直流母线侧串联两个相同的电容，将 N 连接到两电容的中点。

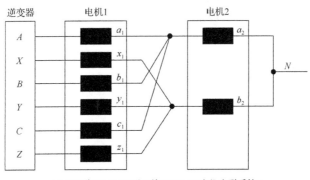

(a) 双Y移30° PMSM和两相PMSM双电机串联系统1

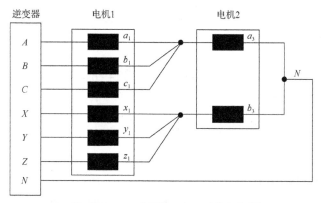

(b) 双Y移30° PMSM和两相PMSM双电机串联系统2

图 3-8 双 Y 移 30° PMSM 和两相 PMSM 串联系统结构图

两相电机的两相空间相差 90°电角度，逆变器和各电机都满足理想假设，电机 1 的参考电流为式(3-10)，电机 2 的参考电流为

$$\begin{cases} i_{a3}^* = I_{m2} \sin \omega_2 t \\ i_{b3}^* = I_{m2} \sin\left(\omega_2 t - \dfrac{\pi}{2}\right) = -I_{m2} \cos \omega_2 t \end{cases} \tag{3-30}$$

逆变器的参考电流为

$$\begin{cases} i_A^* = i_{a1}^* + \dfrac{1}{3} i_{a3}^*, \ \ i_B^* = i_{b1}^* + \dfrac{1}{3} i_{a3}^*, \ \ i_C^* = i_{c1}^* + \dfrac{1}{3} i_{a3}^* \\ i_X^* = i_{x1}^* + \dfrac{1}{3} i_{b3}^*, \ \ i_Y^* = i_{y1}^* + \dfrac{1}{3} i_{b3}^*, \ \ i_Z^* = i_{z1}^* + \dfrac{1}{3} i_{b3}^* \end{cases} \tag{3-31}$$

系数 1/3 是由于各相电阻负载平衡，根据基尔霍夫电流定律得到的。

利用 3.3 节的分析法，可得逆变器中的电机 2 参考电流分量在电机 1 中产生的各相磁势为

$$\begin{cases} f_{a1}' = F_{21} \cos \theta \sin \omega_2 t \\ f_{b1}' = F_{21} \cos\left(\theta - \dfrac{2\pi}{3}\right) \sin \omega_2 t \\ f_{c1}' = F_{21} \cos\left(\theta - \dfrac{4\pi}{3}\right) \sin \omega_2 t \\ f_{x1}' = -F_{21} \cos\left(\theta - \dfrac{\pi}{6}\right) \cos \omega_2 t \\ f_{y1}' = -F_{21} \cos\left(\theta - \dfrac{5\pi}{6}\right) \cos \omega_2 t \\ f_{z1}' = -F_{21} \cos\left(\theta - \dfrac{3\pi}{2}\right) \cos \omega_2 t \end{cases} \tag{3-32}$$

电机 2 参考电流分量在电机 1 中产生的总磁势为

$$F_2 = f'_{a1} + f'_{b1} + f'_{c1} + f'_{x1} + f'_{y1} + f'_{z1}$$

$$= F_{21}\left[\sin\omega_2 t\left(\cos\theta + \cos\left(\theta - \frac{2\pi}{3}\right) + \cos\left(\theta - \frac{4\pi}{3}\right)\right)\right.$$

$$\left. -\cos\omega_2 t\left(\cos\left(\theta - \frac{\pi}{6}\right) + \cos\left(\theta - \frac{5\pi}{6}\right) + \cos\left(\theta - \frac{3\pi}{2}\right)\right)\right]$$

$$= 0$$

(3-33)

因此，电机 2 不会对电机 1 的运行产生影响，电机 1 也不会对电机 2 的运行产生影响，因为电机 2 的每一相连接的都是电机 1 的一套对称三相绕组，由于相位对称，它们的电流相加为零，也就是说电机 1 的电流甚至不会流过电机 2，也就不会对电机 2 产生任何影响。两台电机可以实现独立解耦运行。

单逆变器供电的双 Y 移 30° PMSM 串联两相 PMSM 系统，由于两相电机中不会有六相电机的电流流过，所以其定子绕组损耗大大减小，效率得到提高，但因为相数的减少，电机的功率也会相应减小，所以这种系统适用于一台大功率电机和一台小功率电机同时工作的场合。

双 Y 移 30° PMSM 既可以与另一台双 Y 移 30° PMSM 串联，又可以与一台两相 PMSM 串联，因此在双 Y 移 30° PMSM 冗余自由度允许的条件下，将其与另一台双 Y 移 30° PMSM 和两相 PMSM 串联，得到另一种新型的拓扑结构，也就是第三种串联系统。两相 PMSM 中性点的连接方式同第二种串联系统，同样也由一台七相 VSI 驱动，如图 3-9 所示[9]。

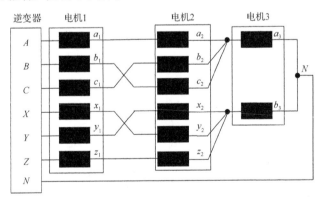

图 3-9　双 Y 移 30° PMSM 和两相 PMSM 三电机串联系统

3.5　双 Y 移 30° PMSM 串联系统高次谐波的影响分析

多相电机串联系统建立的理论基础是要求被串联电机的气隙磁场必须是正

弦波，这是电机优化设计需要重点解决的问题。但是，实际上电机的气隙磁场不可能完全实现正弦化，必然存在着一系列的高次谐波。在双 Y 移 30° PMSM 中，存在的高次谐波主要有 $12k\pm1(k=1,2,3,\cdots)$ 次以及 $6k\pm1(k=1,3,5,\cdots)$ 次两大类，另外，如果绕组分布不对称，还会产生偶次谐波。这些谐波分别对串联系统的解耦控制以及电机的电磁转矩有何影响需要做进一步分析，为电机的优化设计提供理论依据。

根据图 3-2 中双 Y 移 30° PMSM 串联系统的连接关系，不失一般性，假设两台电机的磁通、转矩产生电流的初始相位为零，则可得逆变器输出电流与两台串联电机电流的关系为[10-12]

$$
\begin{cases}
i_A = I_{1m} \cos \omega_1 t + I_{2m} \cos \omega_2 t \\
i_B = I_{1m} \cos(\omega_1 t - 2\pi/3) + I_{2m} \cos(\omega_2 t - 4\pi/3) \\
i_C = I_{1m} \cos(\omega_1 t - 4\pi/3) + I_{2m} \cos(\omega_2 t - 2\pi/3) \\
i_X = I_{1m} \cos(\omega_1 t - \pi/6) + I_{2m} \cos(\omega_2 t - 5\pi/6) \\
i_Y = I_{1m} \cos(\omega_1 t - 5\pi/6) + I_{2m} \cos(\omega_2 t - \pi/6) \\
i_Z = I_{1m} \cos(\omega_1 t - 3\pi/2) + I_{2m} \cos(\omega_2 t - 3\pi/2)
\end{cases}
\tag{3-34}
$$

其中，I_{1m}、I_{2m} 分别为两台电机磁通、转矩产生电流的幅值；ω_1、ω_2 分别为两台电机磁通、转矩产生电流的角频率。

下面以电机 2 的磁通、转矩产生电流与电机 1 的高次空间谐波耦合关系为例，分析高次谐波的影响，这里假设第一台电机 1 中所有的高次谐波均存在。采用绕组函数的方法分析电机 1 在气隙磁场非正弦情况下高次谐波的影响规律，其短距集中绕组下 a 相的绕组函数波形如图 3-10 所示。

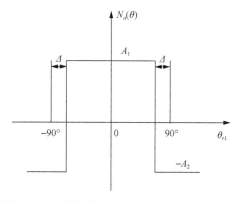

图 3-10　短距集中绕组下 a 相的绕组函数波形

设每相绕组总的有效匝数为 A_1+A_2，$\varDelta$ 为短距角。各相绕组函数关系为

$$
\begin{cases}
N_a(\theta_{r1}) = N_a(\theta_{r1}) \\
N_b(\theta_{r1}) = N_a(\theta_{r1} - 2\pi/3) \\
N_c(\theta_{r1}) = N_a(\theta_{r1} - 4\pi/3) \\
N_x(\theta_{r1}) = N_a(\theta_{r1} - \pi/6) \\
N_y(\theta_{r1}) = N_a(\theta_{r1} - 5\pi/6) \\
N_z(\theta_{r1}) = N_a(\theta_{r1} - 3\pi/2)
\end{cases}
\tag{3-35}
$$

所以电机 1 定子绕组的傅里叶函数为

$$
\begin{cases}
N_a(\theta_{r1}) = \sum_{j=1}^{\infty} \dfrac{2(A_1 + A_2)}{j\pi} \sin[j(\pi/2 - \Delta)] \cos(j\theta_{r1}) \\[2mm]
N_b(\theta_{r1}) = \sum_{j=1}^{\infty} \dfrac{2(A_1 + A_2)}{j\pi} \sin[j(\pi/2 - \Delta)] \cos[j(\theta_{r1} - 2\pi/3)] \\[2mm]
N_c(\theta_{r1}) = \sum_{j=1}^{\infty} \dfrac{2(A_1 + A_2)}{j\pi} \sin[j(\pi/2 - \Delta)] \cos[j(\theta_{r1} - 4\pi/3)] \\[2mm]
N_x(\theta_{r1}) = \sum_{j=1}^{\infty} \dfrac{2(A_1 + A_2)}{j\pi} \sin[j(\pi/2 - \Delta)] \cos[j(\theta_{r1} - \pi/6)] \\[2mm]
N_y(\theta_{r1}) = \sum_{j=1}^{\infty} \dfrac{2(A_1 + A_2)}{j\pi} \sin[j(\pi/2 - \Delta)] \cos[j(\theta_{r1} - 5\pi/6)] \\[2mm]
N_z(\theta_{r1}) = \sum_{j=1}^{\infty} \dfrac{2(A_1 + A_2)}{j\pi} \sin[j(\pi/2 - \Delta)] \cos[j(\theta_{r1} - 3\pi/2)]
\end{cases}
\tag{3-36}
$$

利用式(3-34)中电机 2 的磁通、转矩产生电流以及式(3-36)，可得电机 1 中的第 j 次谐波与电机 2 的基波产生的 MMF 表达式为

$$
\begin{aligned}
F_j &= F_{ja} + F_{jb} + F_{jc} + F_{jx} + F_{jy} + F_{jz} \\[2mm]
&= \frac{2(A_1 + A_2)}{j\pi} I_m \sin[j(\pi/2 - \Delta)]
\begin{bmatrix}
\cos(\omega_2 t)\cos(j\theta_{r1}) \\
+\cos(\omega_2 t - 2\pi/3)\cos[j(\theta_{r1} - 4\pi/3)] \\
+\cos(\omega_2 t - 4\pi/3)\cos[j(\theta_{r1} - 2\pi/3)] \\
+\cos(\omega_2 t - \pi/6)\cos[j(\theta_{r1} - 5\pi/6)] \\
+\cos(\omega_2 t - 5\pi/6)\cos[j(\theta_{r1} - \pi/6)] \\
+\cos(\omega_2 t - 3\pi/2)\cos[j(\theta_{r1} - 3\pi/2)]
\end{bmatrix}
\end{aligned}
\tag{3-37}
$$

通过式(3-37)可以推出电机 1 气隙磁场中各种类别的奇次谐波和偶次谐波与电机 2 的耦合作用，具体讨论如下：

$$F_{6i\pm4} = \frac{2(A_1 + A_2)}{(6i \pm 4)\pi} I_m \sin\left[(6i \pm 4)\left(\frac{\pi}{2} - \Delta\right)\right] \left\{\frac{3\sqrt{2}}{2}\cos\left[\omega_2 t \pm (6i \pm 4)\theta_{r1} - \frac{\pi}{4}\right]\right\} \quad (3-38)$$

其中，$i=1,3,5,\cdots$，分析结果如下。

电机 1 的偶次谐波 $6i\pm4(i=1,3,5,\cdots)$ 将会与电机 2 的基波电流分量耦合在电机 1 内产生旋转磁场。其中，$6i+4$ 次谐波 $(10,22,34,\cdots)$ 将产生反向旋转的磁场；$6i-4$ 次谐波 $(2,14,26,\cdots)$ 将产生正向旋转的磁场。

$$F_{6i\pm2} = \frac{2(A_1 + A_2)}{(6i \pm 2)\pi} I_m \sin\left[(6i \pm 2)\left(\frac{\pi}{2} - \Delta\right)\right] \left\{\frac{3\sqrt{2}}{2}\cos\left[\omega_2 t \mp (6i \pm 2)\theta_{r1} + \frac{\pi}{4}\right]\right\} \quad (3-39)$$

其中，$i=1,3,5,\cdots$，分析结果如下。

电机 1 的偶次谐波 $6i\pm2(i=1,3,5,\cdots)$ 将会与电机 2 的基波电流分量耦合在电机 1 内产生旋转磁场。其中，$6i+2$ 次谐波 $(8,20,32,\cdots)$ 将产生正向旋转的磁场；$6i-2$ 次谐波 $(4,16,28,\cdots)$ 将产生反向旋转的磁场。

此外，电机 1 的 $6i$ 次谐波 $(6,12,18,24)$ 将不会与电机 2 的基波电流产生耦合，因而其产生的旋转磁动势为零。

同理，对于电机 1 中的奇次谐波与电机 2 的基波电流相互耦合的效果分析如下。

$$F_{6i\pm1} = \frac{2(A_1 + A_2)}{(6i \pm 1)\pi} I_m \sin\left[(6i \pm 1)\left(\frac{\pi}{2} - \Delta\right)\right] \left\{3\cos[\omega_2 t \pm (6i \pm 1)\theta_{r1}]\right\} \quad (3-40)$$

其中，$i=1,3,5,\cdots$，分析结果如下：

$6i\pm1$ 次奇次谐波，$i=1,3,5,\cdots$，将会与电机 2 的基波电流耦合，在电机 1 内产生旋转磁场。其中，$6i+1$ 次奇次谐波 $(7,19,31,\cdots)$，将产生反向旋转的磁场； $6i-1$ 次奇次谐波 $(5,17,29,\cdots)$，将产生正向旋转的磁场。

$12i\pm1$ 次奇次谐波 $(11,13,23,25,\cdots)$ 以及 3 的倍数次谐波，将不会与第二台 PMSM 的基波电流产生耦合，因而其产生的旋转磁动势为零。

注意，上述磁场的正向旋转或反向旋转是相对于电机 2 的基波磁场旋转方向的。

通过上面串联连接系统的推导可以得出相同的结论：电机 2 的磁通、转矩产生分量与电机 1 的某些高次谐波互相耦合，将在电机 1 中产生旋转 MMF，而且这些 MMF 的旋转速度由两台串联电机的同步转速 ω_1 和 ω_2 共同控制，通常情况下 ω_2 与 ω_1 不相等，将会在电机 1 中产生电磁转矩脉动而不是平均转矩，从而影响电机 1 的正常工作。因此，在该串联系统中，务必要求两台电机的磁场分布尽量接近于正弦波，从而消除各偶次谐波以及 $6i\pm1$ 次奇次谐波，$i=1,3,5,\cdots$。另外，尽管电机 1 中的 $12i \pm 1$ 次奇次谐波不会与电机 2 的基波电流耦合产生 MMF，但是这些谐波将会与自身的基波电流分量作用产生高次转矩纹波，这也同样要求电机气隙磁场为正弦分布。

<h1 style="text-align:center">参 考 文 献</h1>

[1] 李山. 多相感应电机控制技术的研究[博士学位论文]. 重庆: 重庆大学, 2009.

[2] 史贤俊. 广义零序谐波分量驱动的双 Y 移 30° 六相永磁同步电动机串联系统研究[博士学位论文]. 烟台: 海军航空工程学院, 2012.

[3] 张春晓. 单逆变器驱动双永磁同步电机串联系统研究[硕士学位论文]. 威海: 哈尔滨工业大学, 2012.

[4] Levi E, Jones M. A novel concept of a multiphase multimotor vector controlled drive system supplied from a single voltage source inverter. IEEE Transactions on Power Electronics, 2004, 19(2): 320-335.

[5] 吴新振, 王祥珩, 罗成. 多相异步电机谐波电流与谐波的对应关系. 清华大学学报, 2005, 45(7): 865-868.

[6] Levi E, Vukosavic S N. Vector control schemes for series-connected six-phase two-motor drive systems. IEE Proceedings—Electric Power Applications, 2005, 152(2): 226-238.

[7] Jones M, Levi E. Series connected quasi-six-phase two-motor drives with independent control. Mathematics and Computers in Simulation, 2006, 71(4-6): 415-424.

[8] 张华强, 鲁晓彤, 赵建平, 等. 双三相和两相永磁同步电机串联系统方法研究. 微特电机, 2015, 43(7): 57-62.

[9] 鲁晓彤. 非对称六相永磁同步电机串联解耦控制方法研究[硕士学位论文]. 威海: 哈尔滨工业大学, 2016.

[10] Levi E, Jones M, Vukosavic S N, et al. Stator winding design for multi-phase two-motor drives with single VSI supply. Proceedings of International Conference on Electric Machine, Chania, 2006: 1-2.

[11] 刘陵顺, 张少一, 刘华崧. 两台双 Y 移 PMSM 串联系统解耦运行的谐波效应分析. 电机与控制学报, 2014, 18(7): 72-77.

[12] 刘陵顺. 单逆变器驱动对称六相永磁同步电机双电机串联系统研究[博士后出站报告]. 烟台: 海军航空工程学院, 2013.

第4章 双Y移30° PMSM串联系统的数学建模

根据电机学相关理论，PMSM气隙磁势的波形取决于永磁体产生的气隙磁密分布和定子绕组的空间分布。电机通常采用绕组短距式分布，且通过改进永磁体磁极形状，使得永磁体径向励磁磁密也尽可能正弦分布。然而，由于材料、设计、制作工艺、误差、开槽等因素，永磁电机的绕组无法做到理想正弦对称分布，电机中多种空间谐波客观存在。在单逆变器供电的多相电机串联系统中，某些低次谐波可能导致电机运行的电磁耦合，使各台电机的运行状态互相影响。因此，有必要研究：

(1) 考虑电机内部低次空间谐波的串联系统数学模型；

(2) 电机内部低次空间谐波的分布规律及其对串联系统解耦性的影响；

(3) 考虑空间谐波效应的串联系统解耦控制。

针对双Y移30° PMSM串联系统，不失一般性，本章采用绕组函数法和倒气隙函数法，在考虑电机转子励磁磁密非正弦且定子绕组分布非正弦的前提下，首先推导串联系统的两台电机为嵌入式或内装式等凸极转子结构时的数学模型，并分析是否能实现解耦运行。在此基础上，进一步推导并分析当电机分别为凸极式或隐极式转子结构以及定子绕组是否正弦分布、永磁体励磁磁密是否正弦分布等不同情况时串联系统的数学模型及耦合运行情况。

4.1 定子绕组电感的计算

先作如下假设：

(1) 不考虑铁心饱和问题；

(2) 仅考虑相绕组自漏感，忽略相绕组互漏感；

(3) 转子永磁体的导磁及导电特性与空气相同；

(4) 忽略电机的端部和齿槽效应。

4.1.1 绕组函数

为量化表示电机的绕组电感和转子永磁体励磁磁密在绕组上的交链，并最终求取永磁同步电动机的数学模型，分别采用绕组函数和倒气隙函数对电机绕组的物理分布和凸极效应问题进行描述。图4-1为一对极凸极式转子结构的永磁同步电动机剖面示意图(图中仅画出了A相绕组)。转子位置θ_r以A相绕组的轴线位置为参考位置，且$\theta_r \in [0, 2\pi)$。

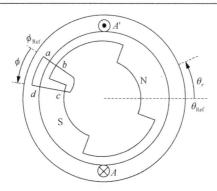

图 4-1　一对极凸极式转子结构永磁同步电动机剖面示意图

对于图 4-1 中的路径 $abcda$，由安培定律可知

$$\oint_{abcda} H \mathrm{d}l = \int_S J \mathrm{d}S \tag{4-1}$$

其中，H 为磁场强度；J 为电流密度；S 为路径 $abcda$ 所包围的面积。

由于封闭路径内包含的所有线圈中通过的电流同为 i，方程简化为

$$\oint_{abcda} H \mathrm{d}l = N(\phi, \theta_r) i \tag{4-2}$$

其中，ϕ 为沿气隙空间角，以电角度表示，规定初始位置为转子第一相轴线位置；$N(\phi, \theta_r)$ 为绕组的匝数函数，简称匝函数，表示路径 $abcda$ 内的绕组匝数。

如图 4-2 所示，以电机第一相绕组（A 相）的轴线位置为参考位置，取正方向为逆时针方向，即可得到各相绕组的轴线位置及其与第一相绕组轴线位置间的夹角。双 Y 移 30° PMSM 各相绕组轴线位置角可以记为

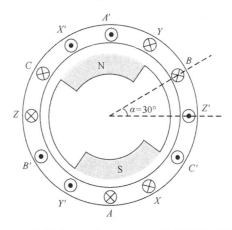

图 4-2　凸极式双 Y 移 30° PMSM 绕组位置示意图

$$[\ 0 \quad \alpha \quad 4\alpha \quad 5\alpha \quad 8\alpha \quad 9\alpha]^{\mathrm{T}}$$

其中，$\alpha = \dfrac{\pi}{6}$。

串联系统两台电机绕组连接方式如图 4-3 所示。

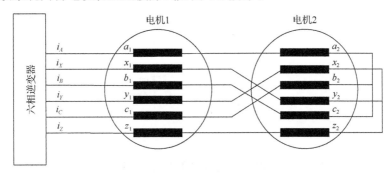

图 4-3　正常相序绕组位置及连接示意图

第一台电机以 a_1 相绕组的轴相位置为起始位置，将第一台电机第一相绕组至第六相绕组的轴线位置角记为

$$\boldsymbol{a}_1 = [\alpha_{11} \quad \alpha_{12} \quad \alpha_{13} \quad \alpha_{14} \quad \alpha_{15} \quad \alpha_{16}]^{\mathrm{T}} = [\ 0 \quad \alpha \quad 4\alpha \quad 5\alpha \quad 8\alpha \quad 9\alpha]^{\mathrm{T}} \quad (4\text{-}3)$$

根据两台电机的串联特点及电机与逆变器的连接关系，逆变器与第一台电机直接相连，因此分析逆变器供电特点时以第一台电机的绕组位置为基准。假设逆变器输出的六相交流电的相位角满足式(4-3)，根据两台电机的绕组连接关系，第二台电机的 a_2 绕组与第一台电机的 a_1 绕组相连，则第二台电机 a_2 绕组上流过的电流就是第一台电机 a_1 绕组上的电流，因此第二台电机 a_2 绕组上流过电流的初相角为 0°。第二台电机的 x_2 绕组与第一台电机的 y_1 绕组相连，绕组上电流的初相角为 5α，其余各相同理。最终得到第二台电机各相绕组上流过电流的初相角为

$$\boldsymbol{a}_2 = [\alpha_{21} \quad \alpha_{22} \quad \alpha_{23} \quad \alpha_{24} \quad \alpha_{25} \quad \alpha_{26}]^{\mathrm{T}} = [\ 0 \quad 5\alpha \quad 8\alpha \quad \alpha \quad 4\alpha \quad 9\alpha]^{\mathrm{T}} \quad (4\text{-}4)$$

引入下标 δ，且 $\delta \in \{1,2\}$。$\delta = 1$ 表示第一台电机的相关量，$\delta = 2$ 表示第二台电机的相关量。设 $i \in \{1,2,3,4,5,6\}$，分别对应六相电机的第一相绕组至第六相绕组，则串联系统中某六相电机任意相绕组上流过电流的初相角可用符号 $\alpha_{\delta i}$ 表示。例如，α_{11} 表示第一台电机第一相(a_1 相)绕组上的电流初相角，α_{26} 表示第二台电机第六相(z_2 相)绕组上的电流初相角。

在数学模型的求取过程中，假设两台电机中的各次空间谐波均存在，定子采

用短距集中绕组，其相绕组函数波形如图 4-4 所示。

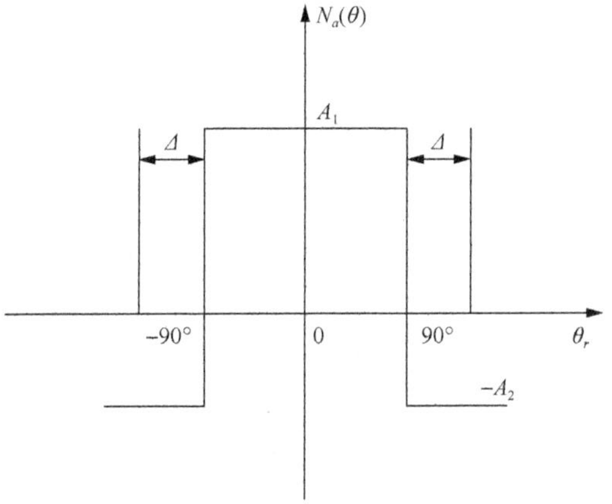

图 4-4　短距集中绕组条件下电机相绕组函数波形

图 4-4 中，$N=A_1+A_2$ 代表双 Y 移 30° PMSM 每相定子绕组的总有效匝数；Δ 代表定子绕组短距对应的电角度。

对于双 Y 移 30° PMSM 串联系统，绕组因非正弦分布而含有 k 次谐波时，其绕组函数可表示为[1-3]

$$N_{\delta i}(\phi) = N_{\delta 1} \cos[(p_\delta \phi - \alpha_{\delta i})] + N_{\delta k} \cos[k(p_\delta \phi - \alpha_{\delta i})] \tag{4-5}$$

其中，$N_{\delta 1}$、$N_{\delta k}$ 分别表示对应电机的基波、k 次谐波等效绕组匝数；p_δ 表示对应电机的极对数。值得注意的是，当电机的定子绕组理想正弦分布时，有 $N_{\delta k} = 0$。

4.1.2　倒气隙函数

通常，PMSM 按转子结构可分为隐极式和凸极式两种类型。隐极式 PMSM 的转子为表面式，又称面贴型或面装型，这类电机的气隙均匀，大小为常数。凸极式 PMSM 的转子为嵌入型，又称内嵌型或内装型，这类电机的气隙大小沿气隙圆周呈现出周期性的变化规律。本质上，隐极式电机是凸极式电机的一种特殊情况。不失一般性，本节首先以凸极式转子结构 PMSM 两电机串联系统为例进行数学模型的推导。

图 4-5 是一对极凸极式 PMSM 沿气隙圆周的剖面示意图。以转子位置 $\theta_r = 0$ 为参考初始位置时，气隙大小由位置角 ϕ 决定。用函数 $g(\phi, \theta_r)$ 来表示电机转动（θ_r 变化）过程中，沿气隙圆周上任意处气隙的大小[4]。倒气隙函数 $g^{-1}(\phi, \theta_r)$ 为气隙函数 $g(\phi, \theta_r)$ 的倒数。

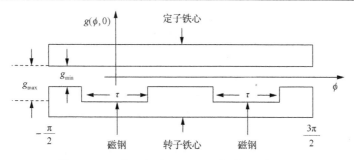

图 4-5　一对极凸极式 PMSM 沿气隙圆周剖面图

图 4-5 中，$g^{-1}(\phi,\theta_r)$ 是周期 $T = \pi$ 的周期函数。当 $\theta_r = 0$，$\phi \in \left[-\dfrac{\pi}{2}, \dfrac{\pi}{2}\right)$，有

$$g^{-1}(\phi,0) = \begin{cases} \dfrac{1}{g_{\min}}, & \phi \in \left[-\dfrac{\pi}{2}, -\dfrac{\tau}{2}\right) \\[2mm] \dfrac{1}{g_{\max}}, & \phi \in \left[-\dfrac{\tau}{2}, +\dfrac{\tau}{2}\right) \\[2mm] \dfrac{1}{g_{\min}}, & \phi \in \left[+\dfrac{\tau}{2}, +\dfrac{\pi}{2}\right) \end{cases} \tag{4-6}$$

其中，τ 为磁钢宽度对应的圆周角。

由于倒气隙函数 $g^{-1}(\phi,0)$ 在 $\phi \in \left[-\dfrac{\pi}{2}, +\dfrac{\pi}{2}\right)$ 上满足 Dirichlet 条件，按傅里叶级数展开可得

$$g^{-1}(\phi,0) = a_0 + \sum_{n=1}^{\infty}[a_n \cos(n\omega\phi) + b_n \sin(n\omega\phi)], \quad n = 1,2,3,\cdots \tag{4-7}$$

由于一对极时，倒气隙函数周期 $T = \pi$，故式中 $\omega = \dfrac{2\pi}{T} = 2$。

其中

$$a_0 = \frac{1}{T}\int_{-T/2}^{T/2} g^{-1}(\phi,0)\mathrm{d}\phi = \frac{1}{g_{\min}} - \frac{\tau}{\pi}\left(\frac{1}{g_{\min}} - \frac{1}{g_{\max}}\right)$$

$$a_n = \frac{2}{T}\int_{-T/2}^{T/2} g^{-1}(\phi,0)\cos(n\omega\phi)\mathrm{d}\phi = -\frac{2}{n\pi}\left(\frac{1}{g_{\min}} - \frac{1}{g_{\max}}\right)\sin(n\tau)$$

由于奇函数在关于原点对称的区间上的积分为零，所以

$$b_n = \frac{2}{T} \int\limits_{-T/2}^{T/2} g^{-1}(\phi,0)\sin(n\omega\phi)\mathrm{d}\phi = 0$$

令 $a = \frac{1}{2}\left(\frac{1}{g_{\min}} + \frac{1}{g_{\max}}\right)$，$b = \frac{2}{\pi}\left(\frac{1}{g_{\min}} - \frac{1}{g_{\max}}\right)$，则有

$$a_0 = \frac{1}{g_{\min}} - \frac{\tau}{\pi}\left(\frac{1}{g_{\min}} - \frac{1}{g_{\max}}\right) = \left(a + \frac{\pi-2\tau}{4}b\right)$$

$$a_n = -\frac{2}{n\pi}\left(\frac{1}{g_{\min}} - \frac{1}{g_{\max}}\right)\sin(n\tau) = -\frac{b}{n}\sin(n\tau)$$

则倒气隙函数的傅里叶级数展开式为

$$g^{-1}(\phi,0) = \left(a + \frac{\pi-2\tau}{4}b\right) - \sum_{n=1}^{\infty}\frac{b}{n}\sin(n\tau)\cos(2n\phi)$$

考虑转子位置 θ_r 时，倒气隙函数的傅里叶级数展开式为

$$g^{-1}(\phi,\theta_r) = \left(a + \frac{\pi-2\tau}{4}b\right) - \sum_{n=1}^{\infty}\frac{b}{n}\sin(n\tau)\cos[2n(\phi-\theta_r)] \tag{4-8}$$

综上，p 对凸极式 PMSM 倒气隙函数的傅里叶级数展开式为

$$
\begin{aligned}
g^{-1}(\phi,\theta_r) &= \left(a + \frac{\pi-2\tau}{4}b\right) - \sum_{n=1}^{\infty}\frac{b}{n}\sin(n\tau)\cos[2n(p\phi-\theta_r)] \\
&= \left(a + \frac{\pi-2\tau}{4}b\right) - b\sin\tau\cos[2(p\phi-\theta_r)] - \frac{b}{2}\sin(2\tau)\cos[4(p\phi-\theta_r)] \\
&\quad - \frac{b}{3}\sin(3\tau)\cos[6(p\phi-\theta_r)] - \cdots - \frac{b}{n}\sin(n\tau)\cos[2n(p\phi-\theta_r)]
\end{aligned}
\tag{4-9}
$$

特别地，认为隐极式 PMSM 的倒气隙函数为常数，与转子位置无关。

$$g^{-1}(\phi,\theta_r) = a = \frac{1}{g_{\min}} = \frac{1}{g_{\max}}$$

4.1.3　电感矩阵和永磁体磁链矩阵

1. 电感矩阵

通常互感 $M_{AB}=M_{BA}$ 成立。不失一般性，设考虑了定子绕组非正弦分布而含有

k 次谐波的 PMSM，其绕组函数表示为

$$N_{\delta i}(\phi) = N_{\delta 1}\cos[(p_\delta\phi - \alpha_{\delta i})] + N_{\delta k}\cos[k(p_\delta\phi - \alpha_{\delta i})] \tag{4-10}$$

则电机第 i 相和第 j 相绕组间的互感为

$$L_{\delta\_ij} = \mu_0 r_\delta l_\delta \int_0^{2\pi} [g^{-1}(\phi,\theta_{r\delta})N_{\delta i}(\phi)N_{\delta j}(\phi)]\mathrm{d}\phi \tag{4-11}$$

其中，$i,j \in \{1,2,3,4,5,6\}$，r_δ、l_δ 分别是该电机定子铁心内半径和轴向有效长度。注意到，当 $i=j$ 时，式(4-11)为定子绕组自感。当 $\tau = \pi/2$ 时，$g^{-1}(\phi,\theta_{r\delta})$ 展开式中，n 为偶数的相关项值为 0。

由于材料、制作工艺、误差等因素，双 Y 移 30° PMSM 内部可能含有多种低次空间谐波。以绕组含有 5 次谐波的自感、互感表达式推导为例，由推导可知，当 $n>5$ 时，积分项值为 0。

推导得到串联系统中任意一台电机中任意两相绕组间的(自)互感表达式为

$$L_{\delta\_ij} = \mu_0 r_\delta l_\delta \left\{ \begin{array}{l} \left(a_\delta + \dfrac{\pi - 2\tau_\delta}{4}\right)\pi N_{\delta 1}^2 \cos(\alpha_{\delta i} - \alpha_{\delta j}) \\[2mm] -b_\delta \sin\tau_\delta \dfrac{\pi}{2} N_{\delta 1}^2 \cos[2\theta_{r\delta} - (\alpha_{\delta i} + \alpha_{\delta j})] \\[2mm] +\left(a_\delta + \dfrac{\pi - 2\tau_\delta}{4}\right)\pi N_{\delta 5}^2 \cos 5(\alpha_{\delta i} - \alpha_{\delta j}) \\[2mm] -\dfrac{b_\delta}{2}\sin 2\tau_\delta \dfrac{\pi}{2} N_{\delta 1}N_{\delta 5}\cos[4\theta_{r\delta} - (5\alpha_{\delta j} - \alpha_{\delta i})] \\[2mm] -\dfrac{b_\delta}{2}\sin 2\tau_\delta \dfrac{\pi}{2} N_{\delta 5}N_{\delta 1}\cos[4\theta_{r\delta} - (5\alpha_{\delta i} - \alpha_{\delta j})] \\[2mm] -\dfrac{b_\delta}{3}\sin 3\tau_\delta \dfrac{\pi}{2} N_{\delta 1}N_{\delta 5}\cos[4\theta_{r\delta} - (\alpha_{\delta i} + 5\alpha_{\delta j})] \\[2mm] -\dfrac{b_\delta}{3}\sin 3\tau_\delta \dfrac{\pi}{2} N_{\delta 5}N_{\delta 1}\cos[4\theta_{r\delta} - (5\alpha_{\delta i} + \alpha_{\delta j})] \\[2mm] -\dfrac{b_\delta}{5}\sin 5\tau_\delta \dfrac{\pi}{2} N_{\delta 5}^2 \cos[10\theta_{r\delta} - 5(\alpha_{\delta i} + \alpha_{\delta j})] \end{array} \right\}$$

以第一台电机的第一相绕组 a_1 与第二相绕组 x_1 间的互感为例，有 $\delta=1$，$i=1$，$j=2$，代入可得

$$L_{1\_12} = \mu_0 r_1 l_1 \left\{ \begin{array}{l} \left(a_1 + \dfrac{\pi - 2\tau_1}{4}\right)\pi N_{11}^2 \cos(\alpha_{11} - \alpha_{12}) - b_1 \sin\tau_1 \dfrac{\pi}{2} N_{11}^2 \cos[2\theta_{r1} - (\alpha_{11} + \alpha_{12})] \\[3mm] + \left(a_1 + \dfrac{\pi - 2\tau_1}{4}\right)\pi N_{15}^2 \cos 5(\alpha_{11} - \alpha_{12}) - \dfrac{b_1}{2} \sin 2\tau_1 \dfrac{\pi}{2} N_{11} N_{15} \cos[4\theta_{r1} \\[3mm] -(5\alpha_{12} - \alpha_{11})] - \dfrac{b_1}{2} \sin 2\tau_1 \dfrac{\pi}{2} N_{11} N_{15} \cos[4\theta_{r1} - (5\alpha_{11} - \alpha_{12})] \\[3mm] -\dfrac{b_1}{3} \sin 3\tau_1 \dfrac{\pi}{2} N_{11} N_{15} \cos[4\theta_{r1} - (\alpha_{11} + 5\alpha_{12})] - \dfrac{b_1}{3} \sin 3\tau_1 \dfrac{\pi}{2} N_{11} N_{15} \cos[4\theta_{r1} \\[3mm] -(5\alpha_{11} + \alpha_{12})] - \dfrac{b_1}{5} \sin 5\tau_1 \dfrac{\pi}{2} N_{15}^2 \cos[10\theta_{r1} - 5(\alpha_{11} + \alpha_{12})] \end{array} \right\}$$

$$(4\text{-}12)$$

对于串联系统的第一台电机，取 $L_{m1} = \left(a_1 + \dfrac{\pi - 2\tau_1}{4}\right)\mu_0 r_1 l_1 \pi N_{11}^2$ 表示仅与绕组基波分量有关的电感矩阵系数，$L_{m5} = \left(a_1 + \dfrac{\pi - 2\tau_1}{4}\right)\mu_0 r_1 l_1 \pi N_{15}^2$ 表示仅与绕组 5 次谐波分量有关的电感矩阵系数。由 L_{m1} 和 L_{m5} 的表达式可知，L_{m1} 和 L_{m5} 的大小不随转子位置发生改变。$L_{m1t} = -b_1 \sin\tau_1 \dfrac{\pi}{2} N_{11}^2$ 表示与绕组基波分量、转子位置均有关的电感矩阵系数，$L_{m5t1} = L_{m5t2} = -\dfrac{b_1}{2} \sin 2\tau_1 \dfrac{\pi}{2} N_{11} N_{15}$ 和 $L_{m5t3} = L_{m5t4} = -\dfrac{b_1}{3} \sin 3\tau_1 \dfrac{\pi}{2} N_{11} N_{15}$ 表示与绕组基波分量、5 次谐波分量和转子位置均有关的电感矩阵系数，$L_{m5t} = -\dfrac{b_1}{5} \sin 5\tau_1 \dfrac{\pi}{2} N_{15}^2$ 表示与绕组 5 次谐波分量、转子位置有关的电感矩阵系数。

对于第一台双 Y 移 30° PMSM，可推导得到其自感、互感矩阵为

$$\boldsymbol{L}_m = L_{m1}\boldsymbol{H}_{m1} + L_{m1t}\boldsymbol{H}_{m1t} + L_{m5}\boldsymbol{H}_{m5} + L_{m5t1}(\boldsymbol{H}_{m5t1} + \boldsymbol{H}_{m5t2}) \\ + L_{m5t3}(\boldsymbol{H}_{m5t3} + \boldsymbol{H}_{m5t4}) + L_{m5t}\boldsymbol{H}_{m5t} \tag{4-13}$$

其中（为简化书写，令 c=cos）

$$\boldsymbol{H}_{m1} = \begin{bmatrix} 1 & c\alpha & c4\alpha & c5\alpha & c8\alpha & c9\alpha \\ c\alpha & 1 & c3\alpha & c4\alpha & c7\alpha & c8\alpha \\ c4\alpha & c3\alpha & 1 & c\alpha & c4\alpha & c5\alpha \\ c5\alpha & c4\alpha & c\alpha & 1 & c3\alpha & c4\alpha \\ c8\alpha & c7\alpha & c4\alpha & c3\alpha & 1 & c\alpha \\ c9\alpha & c8\alpha & c5\alpha & c4\alpha & c\alpha & 1 \end{bmatrix}$$

$$\boldsymbol{H}_{m1t}=\begin{bmatrix} \mathrm{c}2\theta_{r1} & \mathrm{c}(2\theta_{r1}-\alpha) & \mathrm{c}(2\theta_{r1}-4\alpha) & \mathrm{c}(2\theta_{r1}-5\alpha) & \mathrm{c}(2\theta_{r1}-8\alpha) & \mathrm{c}(2\theta_{r1}-9\alpha) \\ \mathrm{c}(2\theta_{r1}-\alpha) & \mathrm{c}(2\theta_{r1}-2\alpha) & \mathrm{c}(2\theta_{r1}-5\alpha) & \mathrm{c}(2\theta_{r1}-6\alpha) & \mathrm{c}(2\theta_{r1}-9\alpha) & \mathrm{c}(2\theta_{r1}-10\alpha) \\ \mathrm{c}(2\theta_{r1}-4\alpha) & \mathrm{c}(2\theta_{r1}-5\alpha) & \mathrm{c}(2\theta_{r1}-8\alpha) & \mathrm{c}(2\theta_{r1}-9\alpha) & \mathrm{c}(2\theta_{r1}-12\alpha) & \mathrm{c}(2\theta_{r1}-13\alpha) \\ \mathrm{c}(2\theta_{r1}-5\alpha) & \mathrm{c}(2\theta_{r1}-6\alpha) & \mathrm{c}(2\theta_{r1}-9\alpha) & \mathrm{c}(2\theta_{r1}-10\alpha) & \mathrm{c}(2\theta_{r1}-13\alpha) & \mathrm{c}(2\theta_{r1}-14\alpha) \\ \mathrm{c}(2\theta_{r1}-8\alpha) & \mathrm{c}(2\theta_{r1}-9\alpha) & \mathrm{c}(2\theta_{r1}-12\alpha) & \mathrm{c}(2\theta_{r1}-13\alpha) & \mathrm{c}(2\theta_{r1}-16\alpha) & \mathrm{c}(2\theta_{r1}-17\alpha) \\ \mathrm{c}(2\theta_{r1}-9\alpha) & \mathrm{c}(2\theta_{r1}-10\alpha) & \mathrm{c}(2\theta_{r1}-13\alpha) & \mathrm{c}(2\theta_{r1}-14\alpha) & \mathrm{c}(2\theta_{r1}-17\alpha) & \mathrm{c}(2\theta_{r1}-18\alpha) \end{bmatrix}$$

$$\boldsymbol{H}_{m5}=\begin{bmatrix} 1 & \mathrm{c}5\alpha & \mathrm{c}20\alpha & \mathrm{c}25\alpha & \mathrm{c}40\alpha & \mathrm{c}45\alpha \\ \mathrm{c}5\alpha & 1 & \mathrm{c}15\alpha & \mathrm{c}20\alpha & \mathrm{c}35\alpha & \mathrm{c}40\alpha \\ \mathrm{c}20\alpha & \mathrm{c}15\alpha & 1 & \mathrm{c}5\alpha & \mathrm{c}20\alpha & \mathrm{c}25\alpha \\ \mathrm{c}25\alpha & \mathrm{c}20\alpha & \mathrm{c}5\alpha & 1 & \mathrm{c}15\alpha & \mathrm{c}20\alpha \\ \mathrm{c}40\alpha & \mathrm{c}35\alpha & \mathrm{c}20\alpha & \mathrm{c}15\alpha & 1 & \mathrm{c}5\alpha \\ \mathrm{c}45\alpha & \mathrm{c}40\alpha & \mathrm{c}25\alpha & \mathrm{c}20\alpha & \mathrm{c}5\alpha & 1 \end{bmatrix}$$

$$\boldsymbol{H}_{m5t1}=\begin{bmatrix} \mathrm{c}4\theta_{r1} & \mathrm{c}(4\theta_{r1}-5\alpha) & \mathrm{c}(4\theta_{r1}-20\alpha) & \mathrm{c}(4\theta_{r1}-25\alpha) & \mathrm{c}(4\theta_{r1}-40\alpha) & \mathrm{c}(4\theta_{r1}-45\alpha) \\ \mathrm{c}(4\theta_{r1}+\alpha) & \mathrm{c}(4\theta_{r1}-4\alpha) & \mathrm{c}(4\theta_{r1}-19\alpha) & \mathrm{c}(4\theta_{r1}-24\alpha) & \mathrm{c}(4\theta_{r1}-39\alpha) & \mathrm{c}(4\theta_{r1}-44\alpha) \\ \mathrm{c}(4\theta_{r1}+4\alpha) & \mathrm{c}(4\theta_{r1}-\alpha) & \mathrm{c}(4\theta_{r1}-16\alpha) & \mathrm{c}(4\theta_{r1}-21\alpha) & \mathrm{c}(4\theta_{r1}-36\alpha) & \mathrm{c}(4\theta_{r1}-41\alpha) \\ \mathrm{c}(4\theta_{r1}+5\alpha) & \mathrm{c}4\theta_{r1} & \mathrm{c}(4\theta_{r1}-15\alpha) & \mathrm{c}(4\theta_{r1}-20\alpha) & \mathrm{c}(4\theta_{r1}-35\alpha) & \mathrm{c}(4\theta_{r1}-40\alpha) \\ \mathrm{c}(4\theta_{r1}+8\alpha) & \mathrm{c}(4\theta_{r1}+3\alpha) & \mathrm{c}(4\theta_{r1}-12\alpha) & \mathrm{c}(4\theta_{r1}-17\alpha) & \mathrm{c}(4\theta_{r1}-32\alpha) & \mathrm{c}(4\theta_{r1}-37\alpha) \\ \mathrm{c}(4\theta_{r1}+9\alpha) & \mathrm{c}(4\theta_{r1}+4\alpha) & \mathrm{c}(4\theta_{r1}-11\alpha) & \mathrm{c}(4\theta_{r1}-16\alpha) & \mathrm{c}(4\theta_{r1}-31\alpha) & \mathrm{c}(4\theta_{r1}-36\alpha) \end{bmatrix}$$

$$\boldsymbol{H}_{m5t3}=\begin{bmatrix} \mathrm{c}6\theta_{r1} & \mathrm{c}(6\theta_{r1}-5\alpha) & \mathrm{c}(6\theta_{r1}-20\alpha) & \mathrm{c}(6\theta_{r1}-25\alpha) & \mathrm{c}(6\theta_{r1}-40\alpha) & \mathrm{c}(6\theta_{r1}-45\alpha) \\ \mathrm{c}(6\theta_{r1}-\alpha) & \mathrm{c}(6\theta_{r1}-6\alpha) & \mathrm{c}(6\theta_{r1}-21\alpha) & \mathrm{c}(6\theta_{r1}-26\alpha) & \mathrm{c}(6\theta_{r1}-41\alpha) & \mathrm{c}(6\theta_{r1}-46\alpha) \\ \mathrm{c}(6\theta_{r1}-4\alpha) & \mathrm{c}(6\theta_{r1}-9\alpha) & \mathrm{c}(6\theta_{r1}-24\alpha) & \mathrm{c}(6\theta_{r1}-29\alpha) & \mathrm{c}(6\theta_{r1}-44\alpha) & \mathrm{c}(6\theta_{r1}-49\alpha) \\ \mathrm{c}(6\theta_{r1}-5\alpha) & \mathrm{c}(6\theta_{r1}-10\alpha) & \mathrm{c}(6\theta_{r1}-25\alpha) & \mathrm{c}(6\theta_{r1}-30\alpha) & \mathrm{c}(6\theta_{r1}-45\alpha) & \mathrm{c}(6\theta_{r1}-50\alpha) \\ \mathrm{c}(6\theta_{r1}-8\alpha) & \mathrm{c}(6\theta_{r1}-13\alpha) & \mathrm{c}(6\theta_{r1}-28\alpha) & \mathrm{c}(6\theta_{r1}-33\alpha) & \mathrm{c}(6\theta_{r1}-48\alpha) & \mathrm{c}(6\theta_{r1}-53\alpha) \\ \mathrm{c}(6\theta_{r1}-9\alpha) & \mathrm{c}(6\theta_{r1}-14\alpha) & \mathrm{c}(6\theta_{r1}-29\alpha) & \mathrm{c}(6\theta_{r1}-34\alpha) & \mathrm{c}(6\theta_{r1}-49\alpha) & \mathrm{c}(6\theta_{r1}-54\alpha) \end{bmatrix}$$

$$\boldsymbol{H}_{m5t}=\begin{bmatrix} \mathrm{c}10\theta_{r1} & \mathrm{c}(10\theta_{r1}-5\alpha) & \mathrm{c}(10\theta_{r1}-20\alpha) & \mathrm{c}(10\theta_{r1}-25\alpha) & \mathrm{c}(10\theta_{r1}-40\alpha) & \mathrm{c}(10\theta_{r1}-45\alpha) \\ \mathrm{c}(10\theta_{r1}-5\alpha) & \mathrm{c}(10\theta_{r1}-10\alpha) & \mathrm{c}(10\theta_{r1}-25\alpha) & \mathrm{c}(10\theta_{r1}-30\alpha) & \mathrm{c}(10\theta_{r1}-45\alpha) & \mathrm{c}(10\theta_{r1}-50\alpha) \\ \mathrm{c}(10\theta_{r1}-20\alpha) & \mathrm{c}(10\theta_{r1}-25\alpha) & \mathrm{c}(10\theta_{r1}-40\alpha) & \mathrm{c}(10\theta_{r1}-45\alpha) & \mathrm{c}(10\theta_{r1}-60\alpha) & \mathrm{c}(10\theta_{r1}-65\alpha) \\ \mathrm{c}(10\theta_{r1}-25\alpha) & \mathrm{c}(10\theta_{r1}-30\alpha) & \mathrm{c}(10\theta_{r1}-45\alpha) & \mathrm{c}(10\theta_{r1}-50\alpha) & \mathrm{c}(10\theta_{r1}-65\alpha) & \mathrm{c}(10\theta_{r1}-70\alpha) \\ \mathrm{c}(10\theta_{r1}-40\alpha) & \mathrm{c}(10\theta_{r1}-45\alpha) & \mathrm{c}(10\theta_{r1}-60\alpha) & \mathrm{c}(10\theta_{r1}-65\alpha) & \mathrm{c}(10\theta_{r1}-80\alpha) & \mathrm{c}(10\theta_{r1}-85\alpha) \\ \mathrm{c}(10\theta_{r1}-45\alpha) & \mathrm{c}(10\theta_{r1}-50\alpha) & \mathrm{c}(10\theta_{r1}-65\alpha) & \mathrm{c}(10\theta_{r1}-70\alpha) & \mathrm{c}(10\theta_{r1}-85\alpha) & \mathrm{c}(10\theta_{r1}-90\alpha) \end{bmatrix}$$

$$\boldsymbol{H}_{m5t2}=\boldsymbol{H}_{m5t1}^{\mathrm{T}}, \quad \boldsymbol{H}_{m5t4}=\boldsymbol{H}_{m5t3}^{\mathrm{T}}$$

考虑相绕组自漏感、忽略相绕组之间的互漏感后，第一台六相 PMSM 的电感

矩阵可表示为

$$L_1 = L_{s\sigma 1} E_6 + L_m \tag{4-14}$$

其中，$L_{s\sigma 1}$ 为第一台六相 PMSM 的相绕组自漏感；E_6 为六阶单位阵。

同理，对于第二台电机，将 $\delta = 2$、$i \in \{1,2,3,4,5,6\}$、$j \in \{1,2,3,4,5,6\}$ 代入，可得到其自感、互感矩阵为

$$\begin{aligned} L_n &= L_{n1} H_{n1} + L_{n1t} H_{n1t} + L_{n5} H_{n5} + L_{n5t1}(H_{n5t1} + H_{n5t2}) \\ &\quad + L_{n5t3}(H_{n5t3} + H_{n5t4}) + L_{n5t} H_{n5t} \end{aligned} \tag{4-15}$$

其中，$L_{n1} = \left(a_2 + \dfrac{\pi - 2\tau_2}{4}\right)\mu_0 r_2 l_2 \pi N_{21}^2$ 表示仅与绕组基波分量有关的电感矩阵系数；$L_{n5} = \left(a_2 + \dfrac{\pi - 2\tau_2}{4}\right)\mu_0 r_2 l_2 \pi N_{25}^2$ 表示仅与绕组 5 次谐波分量有关的电感矩阵系数；$L_{n1t} = -b_2 \sin\tau_2 \dfrac{\pi}{2} N_{21}^2$ 表示与绕组基波分量、转子位置均有关的电感矩阵系数；$L_{n5t1} = L_{n5t2} = -\dfrac{b_2}{2}\sin 2\tau_2 \dfrac{\pi}{2} N_{21}N_{25}$ 和 $L_{n5t3} = L_{n5t4} = -\dfrac{b_2}{3}\sin 3\tau_2 \dfrac{\pi}{2} N_{21}N_{25}$ 表示与绕组基波分量、5 次谐波分量和转子位置均有关的电感矩阵系数；$L_{n5t} = -\dfrac{b_2}{5}\sin 5\tau_2 \dfrac{\pi}{2} N_{25}^2$ 表示与绕组 5 次谐波分量、转子位置有关的电感矩阵系数；

$$H_{n1} = \begin{bmatrix} 1 & c5\alpha & c8\alpha & c\alpha & c4\alpha & c9\alpha \\ c5\alpha & 1 & c3\alpha & c4\alpha & c\alpha & c4\alpha \\ c8\alpha & c3\alpha & 1 & c7\alpha & c4\alpha & c\alpha \\ c\alpha & c4\alpha & c7\alpha & 1 & c\alpha & c8\alpha \\ c4\alpha & c\alpha & c4\alpha & c3\alpha & 1 & c5\alpha \\ c9\alpha & c4\alpha & c\alpha & c8\alpha & c5\alpha & 1 \end{bmatrix}$$

$$H_{n1t} = \begin{bmatrix} c2\theta_{r2} & c(2\theta_{r2}-5\alpha) & c(2\theta_{r2}-8\alpha) & c(2\theta_{r2}-\alpha) & c(2\theta_{r2}-4\alpha) & c(2\theta_{r2}-9\alpha) \\ c(2\theta_{r2}-5\alpha) & c(2\theta_{r2}-10\alpha) & c(2\theta_{r2}-13\alpha) & c(2\theta_{r2}-6\alpha) & c(2\theta_{r2}-9\alpha) & c(2\theta_{r2}-14\alpha) \\ c(2\theta_{r2}-8\alpha) & c(2\theta_{r2}-13\alpha) & c(2\theta_{r2}-16\alpha) & c(2\theta_{r2}-9\alpha) & c(2\theta_{r2}-12\alpha) & c(2\theta_{r2}-17\alpha) \\ c(2\theta_{r2}-\alpha) & c(2\theta_{r2}-6\alpha) & c(2\theta_{r2}-9\alpha) & c(2\theta_{r2}-2\alpha) & c(2\theta_{r2}-5\alpha) & c(2\theta_{r2}-10\alpha) \\ c(2\theta_{r2}-4\alpha) & c(2\theta_{r2}-9\alpha) & c(2\theta_{r2}-12\alpha) & c(2\theta_{r2}-5\alpha) & c(2\theta_{r2}-8\alpha) & c(2\theta_{r2}-13\alpha) \\ c(2\theta_{r2}-9\alpha) & c(2\theta_{r2}-14\alpha) & c(2\theta_{r2}-17\alpha) & c(2\theta_{r2}-10\alpha) & c(2\theta_{r2}-13\alpha) & c(2\theta_{r2}-18\alpha) \end{bmatrix}$$

$$
\boldsymbol{H}_{n5} =
\begin{bmatrix}
1 & c25\alpha & c40\alpha & c5\alpha & c20\alpha & c45\alpha \\
c25\alpha & 1 & c15\alpha & c20\alpha & c5\alpha & c20\alpha \\
c40\alpha & c15\alpha & 1 & c35\alpha & c20\alpha & c5\alpha \\
c5\alpha & c20\alpha & c35\alpha & 1 & c15\alpha & c40\alpha \\
c20\alpha & c5\alpha & c20\alpha & c15\alpha & 1 & c25\alpha \\
c45\alpha & c20\alpha & c5\alpha & c40\alpha & c25\alpha & 1
\end{bmatrix}
$$

$$
\boldsymbol{H}_{n5t1} =
\begin{bmatrix}
c4\theta_{r2} & c(4\theta_{r2}-25\alpha) & c(4\theta_{r2}-40\alpha) & c(4\theta_{r2}-5\alpha) & c(4\theta_{r2}-20\alpha) & c(4\theta_{r2}-45\alpha) \\
c(4\theta_{r2}+5\alpha) & c(4\theta_{r2}-20\alpha) & c(4\theta_{r2}-35\alpha) & c4\theta_{r2} & c(4\theta_{r2}-15\alpha) & c(4\theta_{r2}-40\alpha) \\
c(4\theta_{r2}+8\alpha) & c(4\theta_{r2}-17\alpha) & c(4\theta_{r2}-32\alpha) & c(4\theta_{r2}+3\alpha) & c(4\theta_{r2}-12\alpha) & c(4\theta_{r2}-37\alpha) \\
c(4\theta_{r2}+\alpha) & c(4\theta_{r2}-24\alpha) & c(4\theta_{r2}-39\alpha) & c(4\theta_{r2}-4\alpha) & c(4\theta_{r2}-19\alpha) & c(4\theta_{r2}-44\alpha) \\
c(4\theta_{r2}+4\alpha) & c(4\theta_{r2}-21\alpha) & c(4\theta_{r2}-36\alpha) & c(4\theta_{r2}-\alpha) & c(4\theta_{r2}-16\alpha) & c(4\theta_{r2}-41\alpha) \\
c(4\theta_{r2}+9\alpha) & c(4\theta_{r2}-16\alpha) & c(4\theta_{r2}-31\alpha) & c(4\theta_{r2}+4\alpha) & c(4\theta_{r2}-11\alpha) & c(4\theta_{r2}-36\alpha)
\end{bmatrix}
$$

$$
\boldsymbol{H}_{n5t3} =
\begin{bmatrix}
c6\theta_{r2} & c(6\theta_{r2}-25\alpha) & c(6\theta_{r2}-40\alpha) & c(6\theta_{r2}-5\alpha) & c(6\theta_{r2}-20\alpha) & c(6\theta_{r2}-45\alpha) \\
c(6\theta_{r2}+5\alpha) & c(6\theta_{r2}-20\alpha) & c(6\theta_{r2}-35\alpha) & c6\theta_{r2} & c(6\theta_{r2}-15\alpha) & c(6\theta_{r2}-40\alpha) \\
c(6\theta_{r2}+8\alpha) & c(6\theta_{r2}-17\alpha) & c(6\theta_{r2}-32\alpha) & c(6\theta_{r2}+3\alpha) & c(6\theta_{r2}-12\alpha) & c(6\theta_{r2}-37\alpha) \\
c(6\theta_{r2}+\alpha) & c(6\theta_{r2}-24\alpha) & c(6\theta_{r2}-39\alpha) & c(6\theta_{r2}-4\alpha) & c(6\theta_{r2}-19\alpha) & c(6\theta_{r2}-44\alpha) \\
c(6\theta_{r2}+4\alpha) & c(6\theta_{r2}-21\alpha) & c(6\theta_{r2}-36\alpha) & c(6\theta_{r2}-\alpha) & c(6\theta_{r2}-16\alpha) & c(6\theta_{r2}-41\alpha) \\
c(6\theta_{r2}+9\alpha) & c(6\theta_{r2}-16\alpha) & c(6\theta_{r2}-31\alpha) & c(6\theta_{r2}+4\alpha) & c(6\theta_{r2}-11\alpha) & c(6\theta_{r2}-36\alpha)
\end{bmatrix}
$$

$$
\boldsymbol{H}_{n5t} =
\begin{bmatrix}
c10\theta_{r2} & c(10\theta_{r2}-25\alpha) & c(10\theta_{r2}-40\alpha) & c(10\theta_{r2}-5\alpha) & c(10\theta_{r2}-20\alpha) & c(10\theta_{r2}-45\alpha) \\
c(10\theta_{r2}-25\alpha) & c(10\theta_{r2}-50\alpha) & c(10\theta_{r2}-65\alpha) & c(10\theta_{r2}-30\alpha) & c(10\theta_{r2}-45\alpha) & c(10\theta_{r2}-70\alpha) \\
c(10\theta_{r2}-40\alpha) & c(10\theta_{r2}-65\alpha) & c(10\theta_{r2}-80\alpha) & c(10\theta_{r2}-45\alpha) & c(10\theta_{r2}-60\alpha) & c(10\theta_{r2}-85\alpha) \\
c(10\theta_{r2}-5\alpha) & c(10\theta_{r2}-30\alpha) & c(10\theta_{r2}-45\alpha) & c(10\theta_{r2}-10\alpha) & c(10\theta_{r2}-25\alpha) & c(10\theta_{r2}-50\alpha) \\
c(10\theta_{r2}-20\alpha) & c(10\theta_{r2}-45\alpha) & c(10\theta_{r2}-60\alpha) & c(10\theta_{r2}-25\alpha) & c(10\theta_{r2}-40\alpha) & c(10\theta_{r2}-65\alpha) \\
c(10\theta_{r2}-45\alpha) & c(10\theta_{r2}-70\alpha) & c(10\theta_{r2}-80\alpha) & c(10\theta_{r2}-50\alpha) & c(10\theta_{r2}-65\alpha) & c(10\theta_{r2}-90\alpha)
\end{bmatrix}
$$

$$
\boldsymbol{H}_{n5t2} = \boldsymbol{H}_{n5t1}^{\mathrm{T}}, \quad \boldsymbol{H}_{n5t4} = \boldsymbol{H}_{n5t3}^{\mathrm{T}}
$$

同理，忽略相绕组互漏感后，第二台六相 PMSM 的电感矩阵可表示为

$$
\boldsymbol{L}_2 = L_{s\sigma2}\boldsymbol{E}_6 + \boldsymbol{L}_n \tag{4-16}
$$

其中，$L_{s\sigma2}$ 为第二台六相 PMSM 的相绕组自漏感。

2. 永磁体磁链矩阵

设永磁同步电动机中转子永磁体产生的气隙磁密含有 k 次谐波（$k \neq 1$）时，气隙磁密表达式为

$$
B_\delta(\phi, \theta_{r\delta}) = B_{\delta1}\cos p_\delta(\phi - \theta_{r\delta}) + B_{\delta k}\cos kp_\delta(\phi - \theta_{r\delta}) \tag{4-17}
$$

则永磁体产生的气隙磁密交链到定子绕组上的磁链表达式为

$$\Psi_{r\delta} = \int_0^{2\pi} \left\{ \left[\sum_{n=1}^{\infty} N_{\delta n} \cos np_{\delta}(\phi - \alpha_{\delta i}) \right] B_{\delta}(\phi, \theta_{r\delta}) \right\} r_{\delta} l_{\delta} \mathrm{d}\phi \tag{4-18}$$
$$= r_{\delta} l_{\delta} N_{\delta 1} B_{\delta 1} \pi \cos(\theta_{r\delta} - \alpha_{\delta i}) + r_{\delta} l_{\delta} N_{\delta k} B_{\delta k} \pi \cos k(\theta_{r\delta} - \alpha_{\delta i})$$

记 $\psi_{f\delta 1} = r_{\delta} l_{\delta} N_{\delta 1} B_{\delta 1} \pi$，$\psi_{f\delta k} = r_{\delta} l_{\delta} N_{\delta k} B_{\delta k} \pi$。

推导发现，仅 $N_{\delta 1} B_{\delta 1}$ 项和 $N_{\delta k} B_{\delta k}$ 项积分值不为 0，其余各项积分值均为 0。物理意义为：当且仅当 PMSM 的定子绕组和气隙磁密同时含有相同次空间谐波时，转子永磁体交链到定子绕组上的谐波磁链才存在。

假设某电机定子绕组及永磁体气隙磁密中均含有 5 次空间谐波，即有 $k=5$，得到任意相定子绕组上的磁链表达式为

$$\Psi_{r\delta i} = r_{\delta} l_{\delta} N_{\delta 1} B_{\delta 1} \pi \cos(\theta_{r\delta} - \alpha_{\delta i}) + r_{\delta} l_{\delta} N_{\delta 5} B_{\delta 5} \pi \cos 5(\theta_{r\delta} - \alpha_{\delta i}) \tag{4-19}$$

对于第一台六相 PMSM，将 $\delta = 1$、$i \in \{1,2,3,4,5,6\}$ 代入式(4-19)，得到其定子绕组上永磁体交链矩阵为

$$\boldsymbol{\Psi}_{r1} = \psi_{f11} \begin{bmatrix} \cos\theta_{r1} \\ \cos(\theta_{r1} - \alpha) \\ \cos(\theta_{r1} - 4\alpha) \\ \cos(\theta_{r1} - 5\alpha) \\ \cos(\theta_{r1} - 8\alpha) \\ \cos(\theta_{r1} - 9\alpha) \end{bmatrix} + \psi_{f15} \begin{bmatrix} \cos 5\theta_{r1} \\ \cos 5(\theta_{r1} - \alpha) \\ \cos 5(\theta_{r1} - 4\alpha) \\ \cos 5(\theta_{r1} - 5\alpha) \\ \cos 5(\theta_{r1} - 8\alpha) \\ \cos 5(\theta_{r1} - 9\alpha) \end{bmatrix} = \psi_{f11} \boldsymbol{F}_{11} + \psi_{f15} \boldsymbol{F}_{15} \tag{4-20}$$

其中，ψ_{f11}、ψ_{f15} 分别表示串联系统中第一台电机转子永磁体交链到定子绕组上的基波、5 次谐波磁链幅值；$\boldsymbol{F}_{11}$、$\boldsymbol{F}_{15}$ 为对应的矩阵。

同理，令 $\delta = 2$，考虑空间 5 次谐波时，第二台电机转子永磁体交链到定子绕组上的磁链矩阵为

$$\boldsymbol{\Psi}_{r2} = \psi_{f21} \begin{bmatrix} \cos\theta_{r2} \\ \cos(\theta_{r2} - 5\alpha) \\ \cos(\theta_{r2} - 8\alpha) \\ \cos(\theta_{r2} - \alpha) \\ \cos(\theta_{r2} - 4\alpha) \\ \cos(\theta_{r2} - 9\alpha) \end{bmatrix} + \psi_{f25} \begin{bmatrix} \cos 5\theta_{r2} \\ \cos 5(\theta_{r2} - 5\alpha) \\ \cos 5(\theta_{r2} - 8\alpha) \\ \cos 5(\theta_{r2} - \alpha) \\ \cos 5(\theta_{r2} - 4\alpha) \\ \cos 5(\theta_{r2} - 9\alpha) \end{bmatrix} = \psi_{f21} \boldsymbol{F}_{21} + \psi_{f25} \boldsymbol{F}_{25} \tag{4-21}$$

其中，ψ_{f21}、ψ_{f25} 分别表示串联系统中第二台电机转子永磁体交链到定子绕组上

的基波、5 次谐波磁链幅值；$\boldsymbol{F}_{21}$、$\boldsymbol{F}_{25}$ 为对应的矩阵。

4.2　串联系统的数学建模及耦合数学机理分析

为了分析两台串联电机的解耦运行条件，不失一般性，对于单逆变器供电的 p 对极双 Y 移 30° PMSM 两电机串联系统，考虑转子结构(凸极式或隐极式)、定子绕组分布(正弦或非正弦)以及永磁体气隙磁密分布(正弦或非正弦)的情况，以非正弦分布时存在 5 次空间谐波为例，可以划分为八种情况来讨论，如表 4-1 和表 4-2 所示。

表 4-1　凸极式转子结构的情况

定子绕组分布	永磁体气隙磁密	
	非正弦	正弦
非正弦	情况 1	情况 2
正弦	情况 3	情况 4

表 4-2　隐极式转子结构的情况

定子绕组分布	永磁体气隙磁密	
	非正弦	正弦
非正弦	情况 5	情况 6
正弦	情况 7	情况 8

隐极式转子结构是凸极式转子结构的一种特例，而当绕组或永磁体气隙磁密呈正弦分布时，与情况 1 中串联系统的数学模型相比，相关非正弦项将不复存在。由此可知，情况 2 至情况 8 均为情况 1 的特例。可先对情况 1 中串联系统数学模型进行详细推导，然后将相应项置 0 即可得到其他七种情况下串联系统的数学模型和两台电机的耦合情况。

4.2.1　自然坐标系下的数学模型

1. 磁链方程

考虑凸极式转子结构、定子绕组非正弦分布且含有 5 次空间谐波，串联系统第一台电机在自然坐标系下的定子全磁链方程为

$$\boldsymbol{\varPsi}_1 = \boldsymbol{\varPsi}_{s1} + \boldsymbol{\varPsi}_{r1} = \boldsymbol{L}_1 \boldsymbol{I}_s + \boldsymbol{\varPsi}_{r1} \tag{4-22}$$

其中，$\boldsymbol{I}_s = [i_A \quad i_X \quad i_B \quad i_Y \quad i_C \quad i_Z]^{\mathrm{T}}$ 为六相逆变器输出的电流；$\boldsymbol{\varPsi}_{s1}$ 为电流流过第一台电机绕组产生的磁链；$\boldsymbol{\varPsi}_{r1}$ 为第一台电机永磁体气隙磁密在其定子绕组上

的交链。

　　同理，考虑凸极式转子结构、定子绕组非正弦分布且含有 5 次空间谐波，第二台电机在自然坐标系下的定子全磁链方程为

$$\boldsymbol{\Psi}_2 = \boldsymbol{\Psi}_{s2} + \boldsymbol{\Psi}_{r2} = L_2 \boldsymbol{I}_s + \boldsymbol{\Psi}_{r2} \tag{4-23}$$

2. 定子电压方程

两台电机在自然坐标系下的定子绕组电压方程可表示为

$$\boldsymbol{U}_{s1} = r_{s1} \boldsymbol{E}_6 \boldsymbol{I}_s + \frac{\mathrm{d}}{\mathrm{d}t} \boldsymbol{\Psi}_1 \tag{4-24}$$

$$\boldsymbol{U}_{s2} = r_{s2} \boldsymbol{E}_6 \boldsymbol{I}_s + \frac{\mathrm{d}}{\mathrm{d}t} \boldsymbol{\Psi}_2 \tag{4-25}$$

根据图 4-3 中的串联关系，逆变器的输出电压 $\boldsymbol{U}_s$ 可表示为

$$\boldsymbol{U}_s = \boldsymbol{U}_{s1} + \boldsymbol{U}_{s2} = (r_{s1} + r_{s2}) \boldsymbol{E}_6 \boldsymbol{I}_s + \frac{\mathrm{d}}{\mathrm{d}t} (\boldsymbol{\Psi}_1 + \boldsymbol{\Psi}_2) \tag{4-26}$$

4.2.2　两相静止坐标系下的数学模型

1. 磁链方程

将串联系统自然坐标系下的数学模型变换到两相静止坐标系下的变换矩阵[5,6]为

$$\boldsymbol{T} = \sqrt{\frac{1}{3}} \begin{bmatrix} 1 & \cos\alpha & \cos4\alpha & \cos5\alpha & \cos8\alpha & \cos9\alpha \\ 0 & \sin\alpha & \sin4\alpha & \sin5\alpha & \sin8\alpha & \sin9\alpha \\ 1 & \cos5\alpha & \cos8\alpha & \cos\alpha & \cos4\alpha & \cos9\alpha \\ 0 & \sin5\alpha & \sin8\alpha & \sin\alpha & \sin4\alpha & \sin9\alpha \\ 1 & 0 & 1 & 0 & 1 & 0 \\ 0 & 1 & 0 & 1 & 0 & 1 \end{bmatrix} \tag{4-27}$$

　　由变换矩阵的特点可知，$\boldsymbol{T}$ 矩阵将逆变器输出的六相物理量(电流、电压、磁链)转换到相互正交的三个子空间：$\alpha\beta$ 子空间、z_1z_2 子空间和 o_1o_2 子空间。其中，$\alpha\beta$ 子空间为第一台电机机电能量转换的子空间；z_1z_2 子空间为第二台电机机电能量转换的子空间；o_1o_2 子空间为零序子空间。

　　第一台电机的磁链方程经变换矩阵 $\boldsymbol{T}$ 变换得到

$$[\Psi_{1s\alpha}\quad \Psi_{1s\beta}\quad \Psi_{1sz1}\quad \Psi_{1sz2}\quad \Psi_{1so1}\quad \Psi_{1so2}]^{\mathrm{T}}$$
$$= T\Psi_1$$
$$= T(L_1 I_s + \Psi_{r1})$$
$$= TL_1 T^{-1} I_{\alpha\beta} + T\Psi_{r1}$$

同理，对第二台电机的磁链方程进行变换得到

$$[\Psi_{2s\alpha}\quad \Psi_{2s\beta}\quad \Psi_{2sz1}\quad \Psi_{2sz2}\quad \Psi_{2so1}\quad \Psi_{2so2}]^{\mathrm{T}}$$
$$= T\Psi_2$$
$$= T(L_2 I_s + \Psi_{r2})$$
$$= TL_2 T^{-1} I_{\alpha\beta} + T\Psi_{r2}$$

整理可得，在 $\alpha\beta$ 子空间内

$$\begin{bmatrix}\Psi_{s\alpha}\\\Psi_{s\beta}\end{bmatrix}=\left\{\begin{array}{l}(L_{s\sigma1}+3L_{m1})\begin{bmatrix}1&\\&1\end{bmatrix}+3L_{m1t}\begin{bmatrix}\cos2\theta_{r1}&\sin2\theta_{r1}\\\sin2\theta_{r1}&-\cos2\theta_{r1}\end{bmatrix}\\+3L_{m5t1}\begin{bmatrix}\cos4\theta_{r1}&-\sin4\theta_{r1}\\\sin4\theta_{r1}&\cos4\theta_{r1}\end{bmatrix}+3L_{m5t2}\begin{bmatrix}\cos6\theta_{r1}&\sin6\theta_{r1}\\\sin6\theta_{r1}&-\cos6\theta_{r1}\end{bmatrix}\\+(L_{s\sigma2}+3L_{n5})\begin{bmatrix}1&\\&1\end{bmatrix}+3L_{n5t1}\begin{bmatrix}\cos4\theta_{r2}&\sin4\theta_{r2}\\-\sin4\theta_{r2}&\cos4\theta_{r2}\end{bmatrix}\\+3L_{n5t2}\begin{bmatrix}\cos6\theta_{r2}&\sin6\theta_{r2}\\\sin6\theta_{r2}&-\cos6\theta_{r2}\end{bmatrix}+3L_{n5t}\begin{bmatrix}\cos10\theta_{r2}&\sin10\theta_{r2}\\\sin10\theta_{r2}&-\cos10\theta_{r2}\end{bmatrix}\end{array}\right\}\begin{bmatrix}i_\alpha\\i_\beta\end{bmatrix}$$
$$+\sqrt{3}\psi_{f11}\begin{bmatrix}\cos\theta_{r1}\\\sin\theta_{r1}\end{bmatrix}+\sqrt{3}\psi_{f25}\begin{bmatrix}\cos5\theta_{r2}\\\sin5\theta_{r2}\end{bmatrix}\tag{4-28}$$

在 $z_1 z_2$ 子空间内

$$\begin{bmatrix}\Psi_{sz1}\\\Psi_{sz2}\end{bmatrix}=\left\{\begin{array}{l}(L_{s\sigma1}+3L_{n1})\begin{bmatrix}1&\\&1\end{bmatrix}+3L_{n1t}\begin{bmatrix}\cos2\theta_{r2}&\sin2\theta_{r2}\\\sin2\theta_{r2}&-\cos2\theta_{r2}\end{bmatrix}\\+3L_{n5t1}\begin{bmatrix}\cos4\theta_{r2}&-\sin4\theta_{r2}\\\sin4\theta_{r2}&\cos4\theta_{r2}\end{bmatrix}+3L_{n5t2}\begin{bmatrix}\cos6\theta_{r2}&\sin6\theta_{r2}\\\sin6\theta_{r2}&-\cos6\theta_{r2}\end{bmatrix}\\+(L_{s\sigma2}+3L_{m5})\begin{bmatrix}1&\\&1\end{bmatrix}+3L_{m5t1}\begin{bmatrix}\cos4\theta_{r1}&\sin4\theta_{r1}\\-\sin4\theta_{r1}&\cos4\theta_{r1}\end{bmatrix}\\+3L_{m5t2}\begin{bmatrix}\cos6\theta_{r1}&\sin6\theta_{r1}\\\sin6\theta_{r1}&-\cos6\theta_{r1}\end{bmatrix}+3L_{m5t}\begin{bmatrix}\cos10\theta_{r1}&\sin10\theta_{r1}\\\sin10\theta_{r1}&-\cos10\theta_{r1}\end{bmatrix}\end{array}\right\}\begin{bmatrix}i_{z1}\\i_{z2}\end{bmatrix}$$
$$+\sqrt{3}\psi_{f21}\begin{bmatrix}\cos\theta_{r2}\\\sin\theta_{r2}\end{bmatrix}+\sqrt{3}\psi_{f15}\begin{bmatrix}\cos5\theta_{r1}\\\sin5\theta_{r1}\end{bmatrix}\tag{4-29}$$

在 $o_1 o_2$ 子空间内

$$\begin{bmatrix} \Psi_{so1} \\ \Psi_{so2} \end{bmatrix} = (L_{s\sigma1} + L_{s\sigma2}) \begin{bmatrix} i_{o1} \\ i_{o2} \end{bmatrix} \tag{4-30}$$

2. 电压方程

$$
\begin{aligned}
\boldsymbol{U}_{\alpha\beta} = \boldsymbol{T}\boldsymbol{U}_s &= \boldsymbol{T}\left[\boldsymbol{R}_{s1}\boldsymbol{I}_s + \frac{\mathrm{d}}{\mathrm{d}t}(\boldsymbol{L}_1\boldsymbol{I}_s + \psi_{f11}\boldsymbol{F}_{11}) + \boldsymbol{R}_{s2}\boldsymbol{I}_s + \frac{\mathrm{d}}{\mathrm{d}t}(\boldsymbol{L}_2\boldsymbol{I}_s + \psi_{f21}\boldsymbol{F}_{21}) \right] \\
&= \boldsymbol{T}\left[\begin{array}{l} \boldsymbol{R}_{s1}\boldsymbol{I}_s + \left(\dfrac{\mathrm{d}}{\mathrm{d}t}\boldsymbol{L}_1\right)\boldsymbol{I}_s + \boldsymbol{L}_1\left(\dfrac{\mathrm{d}}{\mathrm{d}t}\boldsymbol{I}_s\right) + \psi_{f11}\left(\dfrac{\mathrm{d}}{\mathrm{d}t}\boldsymbol{F}_{11}\right) + \boldsymbol{R}_{s2}\boldsymbol{I}_s \\ + \left(\dfrac{\mathrm{d}}{\mathrm{d}t}\boldsymbol{L}_2\right)\boldsymbol{I}_s + \boldsymbol{L}_2\left(\dfrac{\mathrm{d}}{\mathrm{d}t}\boldsymbol{I}_s\right) + \psi_{f21}\left(\dfrac{\mathrm{d}}{\mathrm{d}t}\boldsymbol{F}_{21}\right) \end{array} \right] \\
&= \boldsymbol{T}\boldsymbol{R}_{s1}\boldsymbol{T}^{-1}\boldsymbol{I}_{\alpha\beta} + \boldsymbol{T}\left(\frac{\mathrm{d}}{\mathrm{d}t}\boldsymbol{L}_1\right)\boldsymbol{T}^{-1}\boldsymbol{I}_{\alpha\beta} + \boldsymbol{T}\boldsymbol{L}_1\boldsymbol{T}^{-1}\left(\frac{\mathrm{d}}{\mathrm{d}t}\boldsymbol{I}_{\alpha\beta}\right) + \psi_{f11}\boldsymbol{T}\left(\frac{\mathrm{d}}{\mathrm{d}t}\boldsymbol{F}_{11}\right) \\
&\quad + \boldsymbol{T}\boldsymbol{R}_{s2}\boldsymbol{T}^{-1}\boldsymbol{I}_{\alpha\beta} + \boldsymbol{T}\left(\frac{\mathrm{d}}{\mathrm{d}t}\boldsymbol{L}_2\right)\boldsymbol{T}^{-1}\boldsymbol{I}_{\alpha\beta} + \boldsymbol{T}\boldsymbol{L}_2\boldsymbol{T}^{-1}\left(\frac{\mathrm{d}}{\mathrm{d}t}\boldsymbol{I}_{\alpha\beta}\right) + \psi_{f21}\boldsymbol{T}\left(\frac{\mathrm{d}}{\mathrm{d}t}\boldsymbol{F}_{21}\right)
\end{aligned}
\tag{4-31}
$$

整理得到，在 $\alpha\beta$ 子空间内

$$
\begin{aligned}
\begin{bmatrix} u_\alpha \\ u_\beta \end{bmatrix} =\ & r_{s1}\begin{bmatrix} i_\alpha \\ i_\beta \end{bmatrix} + \left\{ \begin{array}{l} 6\omega_{r1}L_{m1t}\begin{bmatrix} -\sin 2\theta_{r1} & \cos 2\theta_{r1} \\ \cos 2\theta_{r1} & \sin 2\theta_{r1} \end{bmatrix} + 12\omega_{r1}L_{m5t1}\begin{bmatrix} -\sin 4\theta_{r1} & -\cos 4\theta_{r1} \\ \cos 4\theta_{r1} & -\sin 4\theta_{r1} \end{bmatrix} \\ + 18\omega_{r1}L_{m5t2}\begin{bmatrix} -\sin 6\theta_{r1} & \cos 6\theta_{r1} \\ \cos 6\theta_{r1} & \sin 6\theta_{r1} \end{bmatrix} \end{array} \right\}\begin{bmatrix} i_\alpha \\ i_\beta \end{bmatrix} \\
& + \left\{ \begin{array}{l} (L_{s\sigma1}+3L_{m1})\begin{bmatrix} 1 & \\ & 1 \end{bmatrix} + 3L_{m1t}\begin{bmatrix} \cos 2\theta_{r1} & \sin 2\theta_{r1} \\ \sin 2\theta_{r1} & -\cos 2\theta_{r1} \end{bmatrix} \\ + 3L_{m5t1}\begin{bmatrix} \cos 4\theta_{r1} & -\sin 4\theta_{r1} \\ \sin 4\theta_{r1} & \cos 4\theta_{r1} \end{bmatrix} + 3L_{m5t2}\begin{bmatrix} \cos 6\theta_{r1} & \sin 6\theta_{r1} \\ \sin 6\theta_{r1} & -\cos 6\theta_{r1} \end{bmatrix} \end{array} \right\}\frac{\mathrm{d}}{\mathrm{d}t}\begin{bmatrix} i_\alpha \\ i_\beta \end{bmatrix} \\
& + \sqrt{3}\omega_{r1}\psi_{f11}\begin{bmatrix} -\sin\theta_{r1} \\ \cos\theta_{r1} \end{bmatrix} \\
& + r_{s2}\begin{bmatrix} i_\alpha \\ i_\beta \end{bmatrix} + \left\{ \begin{array}{l} 12\omega_{r2}L_{n5t1}\begin{bmatrix} -\sin 4\theta_{r2} & \cos 4\theta_{r2} \\ -\cos 4\theta_{r2} & -\sin 4\theta_{r2} \end{bmatrix} + 18\omega_{r2}L_{n5t2}\begin{bmatrix} -\sin 6\theta_{r2} & \cos 6\theta_{r2} \\ \cos 6\theta_{r2} & \sin 6\theta_{r2} \end{bmatrix} \\ + 30\omega_{r2}L_{n5t}\begin{bmatrix} -\sin 10\theta_{r2} & \cos 10\theta_{r2} \\ \cos 10\theta_{r2} & \sin 10\theta_{r2} \end{bmatrix} \end{array} \right\}\begin{bmatrix} i_\alpha \\ i_\beta \end{bmatrix} \\
& + \left\{ \begin{array}{l} (L_{s\sigma2}+3L_{n5})\begin{bmatrix} 1 & \\ & 1 \end{bmatrix} + 3L_{n5t1}\begin{bmatrix} \cos 4\theta_{r2} & \sin 4\theta_{r2} \\ -\sin 4\theta_{r2} & \cos 4\theta_{r2} \end{bmatrix} \\ + 3L_{n5t2}\begin{bmatrix} \cos 6\theta_{r2} & \sin 6\theta_{r2} \\ \sin 6\theta_{r2} & -\cos 6\theta_{r2} \end{bmatrix} + 3L_{n5t}\begin{bmatrix} \cos 10\theta_{r2} & \sin 10\theta_{r2} \\ \sin 10\theta_{r2} & -\cos 10\theta_{r2} \end{bmatrix} \end{array} \right\}\frac{\mathrm{d}}{\mathrm{d}t}\begin{bmatrix} i_\alpha \\ i_\beta \end{bmatrix} \\
& + 5\sqrt{3}\omega_{r2}\psi_{f25}\begin{bmatrix} -\sin 5\theta_{r2} \\ \cos 5\theta_{r2} \end{bmatrix}
\end{aligned}
\tag{4-32}
$$

在 z_1z_2 子空间内

$$\begin{bmatrix} u_{z1} \\ u_{z2} \end{bmatrix} = r_{s2}\begin{bmatrix} i_{z1} \\ i_{z2} \end{bmatrix} + \left\{ \begin{array}{l} 6\omega_{r2}L_{n1t}\begin{bmatrix} -\sin 2\theta_{r2} & \cos 2\theta_{r2} \\ \cos 2\theta_{r2} & \sin 2\theta_{r2} \end{bmatrix} + 12\omega_{r2}L_{n5t1}\begin{bmatrix} -\sin 4\theta_{r2} & -\cos 4\theta_{r2} \\ \cos 4\theta_{r2} & -\sin 4\theta_{r2} \end{bmatrix} \\ + 18\omega_{r2}L_{n5t2}\begin{bmatrix} -\sin 6\theta_{r2} & \cos 6\theta_{r2} \\ \cos 6\theta_{r2} & \sin 6\theta_{r2} \end{bmatrix} \end{array} \right\}\begin{bmatrix} i_{z1} \\ i_{z2} \end{bmatrix}$$

$$+ \left\{ \begin{array}{l} (L_{s\sigma2}+3L_{n1})\begin{bmatrix} 1 & \\ & 1 \end{bmatrix} + 3L_{n1t}\begin{bmatrix} \cos 2\theta_{r2} & \sin 2\theta_{r2} \\ \sin 2\theta_{r2} & -\cos 2\theta_{r2} \end{bmatrix} \\ + 3L_{n5t1}\begin{bmatrix} \cos 4\theta_{r2} & -\sin 4\theta_{r2} \\ \sin 4\theta_{r2} & \cos 4\theta_{r2} \end{bmatrix} + 3L_{n5t2}\begin{bmatrix} \cos 6\theta_{r2} & \sin 6\theta_{r2} \\ \sin 6\theta_{r2} & -\cos 6\theta_{r2} \end{bmatrix} \end{array} \right\}\frac{\mathrm{d}}{\mathrm{d}t}\begin{bmatrix} i_{z1} \\ i_{z2} \end{bmatrix}$$

$$+ \sqrt{3}\omega_{r2}\psi_{f21}\begin{bmatrix} -\sin\theta_{r2} \\ \cos\theta_{r2} \end{bmatrix}$$

$$+ r_{s1}\begin{bmatrix} i_{z1} \\ i_{z2} \end{bmatrix} + \left\{ \begin{array}{l} 12\omega_{r1}L_{m5t1}\begin{bmatrix} -\sin 4\theta_{r1} & \cos 4\theta_{r1} \\ -\cos 4\theta_{r1} & -\sin 4\theta_{r1} \end{bmatrix} + 18\omega_{r1}L_{m5t2}\begin{bmatrix} -\sin 6\theta_{r1} & \cos 6\theta_{r1} \\ \cos 6\theta_{r1} & \sin 6\theta_{r1} \end{bmatrix} \\ + 30\omega_{r1}L_{m5t}\begin{bmatrix} -\sin 10\theta_{r1} & \cos 10\theta_{r1} \\ \cos 10\theta_{r1} & \sin 10\theta_{r1} \end{bmatrix} \end{array} \right\}\begin{bmatrix} i_{z1} \\ i_{z2} \end{bmatrix}$$

$$+ \left\{ \begin{array}{l} (L_{s\sigma1}+3L_{m5})\begin{bmatrix} 1 & \\ & 1 \end{bmatrix} + 3L_{m5t1}\begin{bmatrix} \cos 4\theta_{r1} & \sin 4\theta_{r1} \\ -\sin 4\theta_{r1} & \cos 4\theta_{r1} \end{bmatrix} \\ + 3L_{m5t2}\begin{bmatrix} \cos 6\theta_{r1} & \sin 6\theta_{r1} \\ \sin 6\theta_{r1} & -\cos 6\theta_{r1} \end{bmatrix} + 3L_{m5t}\begin{bmatrix} \cos 10\theta_{r1} & \sin 10\theta_{r1} \\ \sin 10\theta_{r1} & -\cos 10\theta_{r1} \end{bmatrix} \end{array} \right\}\frac{\mathrm{d}}{\mathrm{d}t}\begin{bmatrix} i_{z1} \\ i_{z2} \end{bmatrix}$$

$$+ 5\sqrt{3}\omega_{r1}\psi_{f15}\begin{bmatrix} -\sin 5\theta_{r1} \\ \cos 5\theta_{r1} \end{bmatrix}$$

$$\tag{4-33}$$

在 o_1o_2 子空间内

$$\begin{bmatrix} u_{o1} \\ u_{o2} \end{bmatrix} = (r_{s1}+r_{s2})\begin{bmatrix} i_{o1} \\ i_{o2} \end{bmatrix} + (L_{s\sigma1}+L_{s\sigma2})\frac{\mathrm{d}}{\mathrm{d}t}\begin{bmatrix} i_{o1} \\ i_{o2} \end{bmatrix} \tag{4-34}$$

3. 转矩方程

对第一台电机的磁共能求关于 θ_{r1} 的偏导，并采用变换矩阵 **T** 对结果进行变换，可得两相静止坐标系下的转矩方程为

$$T_{e1} = \frac{\partial}{\partial \theta_{r1}} \left[p_1 \left(\frac{1}{2} \boldsymbol{I}_s^{\mathrm{T}} \boldsymbol{L}_1 \boldsymbol{I}_s + \boldsymbol{I}_s^{\mathrm{T}} \boldsymbol{\Psi}_{r1} \right) \right]$$

$$= p_1 \left\{ \begin{array}{l} 3L_{m1t}(-i_\alpha^2 \sin 2\theta_{r1} + 2i_\alpha i_\beta \cos 2\theta_{r1} + i_\beta^2 \sin 2\theta_{r1}) \\ +12L_{m5t1}[(i_\alpha i_{z2} - i_\beta i_{z1})\cos 4\theta_{r1} - (i_\alpha i_{z1} + i_\beta i_{z2})\sin 4\theta_{r1}] \\ +18L_{m5t2}[(i_\alpha i_{z2} + i_\beta i_{z1})\cos 6\theta_{r1} - (i_\alpha i_{z1} - i_\beta i_{z2})\sin 6\theta_{r1}] \\ +15L_{m5t}[-i_{z1}^2 \sin 10\theta_{r1} + 2i_{z1}i_{z2}\cos 10\theta_{r1} + i_{z2}^2 \sin 10\theta_{r1}] \\ +\sqrt{3}\psi_{f11}[-i_\alpha \sin\theta_{r1} + i_\beta \cos\theta_{r1}] + 5\sqrt{3}\psi_{f15}[-i_{z1}\sin 5\theta_{r1} + i_{z2}\cos 5\theta_{r1}] \end{array} \right\} \tag{4-35}$$

同理得到第二台电机在两相静止坐标系下的转矩方程为

$$T_{e2} = \frac{\partial}{\partial \theta_{r2}} \left[p_2 \left(\frac{1}{2} \boldsymbol{I}_s^{\mathrm{T}} \boldsymbol{L}_2 \boldsymbol{I}_s + \boldsymbol{I}_s^{\mathrm{T}} \boldsymbol{\Psi}_{r2} \right) \right]$$

$$= p_2 \left\{ \begin{array}{l} 3L_{n1t}(-i_{z1}^2 \sin 2\theta_{r2} + 2i_{z1}i_{z2}\cos 2\theta_{r2} + i_{z2}^2 \sin 2\theta_{r2}) \\ +12L_{n5t1}[(-i_\alpha i_{z2} + i_\beta i_{z1})\cos 4\theta_{r2} - (i_\alpha i_{z1} + i_\beta i_{z2})\sin 4\theta_{r2}] \\ +18L_{n5t2}[(i_\alpha i_{z2} + i_\beta i_{z1})\cos 6\theta_{r2} - (i_\alpha i_{z1} - i_\beta i_{z2})\sin 6\theta_{r2}] \\ +15L_{n5t}(-i_\alpha^2 \sin 10\theta_{r2} + 2i_\alpha i_\beta \cos 10\theta_{r2} + i_\beta^2 \sin 10\theta_{r2}) \\ +\sqrt{3}\psi_{f21}(-i_{z1}\sin\theta_{r2} + i_{z2}\cos\theta_{r2}) + 5\sqrt{3}\psi_{f25}(-i_\alpha \sin 5\theta_{r2} + i_\beta \cos 5\theta_{r2}) \end{array} \right\}$$

$$\tag{4-36}$$

4.2.3 旋转坐标系下的数学模型

取第一台电机由 $\alpha\beta$ 两相静止坐标系向 d_1q_1 旋转坐标系变换的矩阵为

$$\boldsymbol{R}_1 = \begin{bmatrix} \cos\theta_{r1} & \sin\theta_{r1} \\ -\sin\theta_{r1} & \cos\theta_{r1} \end{bmatrix} \tag{4-37}$$

取第二台电机由 z_1z_2 两相静止坐标系向 d_2q_2 旋转坐标系变换的矩阵为

$$\boldsymbol{R}_2 = \begin{bmatrix} \cos\theta_{r2} & \sin\theta_{r2} \\ -\sin\theta_{r2} & \cos\theta_{r2} \end{bmatrix} \tag{4-38}$$

设旋转坐标系下六维串联系统的电压、电流、磁链分别为

$$\boldsymbol{U}_{dq} = [u_{d1} \quad u_{q1} \quad u_{d2} \quad u_{q2} \quad u_{o1} \quad u_{o2}]^{\mathrm{T}} \tag{4-39}$$

$$\boldsymbol{I}_{dq} = [i_{d1} \quad i_{q1} \quad i_{d2} \quad i_{q2} \quad i_{o1} \quad i_{o2}]^{\mathrm{T}} \tag{4-40}$$

$$\boldsymbol{\Psi}_{dq} = [\Psi_{sd1} \quad \Psi_{sq1} \quad \Psi_{sd2} \quad \Psi_{sq2} \quad \Psi_{so1} \quad \Psi_{so2}]^{\mathrm{T}} \tag{4-41}$$

取串联系统两相静止坐标系向同步旋转坐标系的旋转变换矩阵为

$$R = \begin{bmatrix} \cos\theta_{r1} & \sin\theta_{r1} & & & & \\ -\sin\theta_{r1} & \cos\theta_{r1} & & & & \\ & & \cos\theta_{r2} & \sin\theta_{r2} & & \\ & & -\sin\theta_{r2} & \cos\theta_{r2} & & \\ & & & & 1 & \\ & & & & & 1 \end{bmatrix} \tag{4-42}$$

得到串联系统由自然坐标系向旋转坐标系的直接变换矩阵为

$$T_2 = RT \tag{4-43}$$

且有 $T_2^{-1} = T_2^{\mathrm{T}}$ 成立。

以 X_s 表示串联系统在自然坐标系下的电压、电流、磁链矩阵，以 X_{dq} 表示串联系统在旋转坐标系下的电压、电流、磁链矩阵，则有

$$\begin{cases} X_{dq} = T_2 X_s \\ X_s = T_2^{-1} X_{dq} \end{cases} \tag{4-44}$$

1. 磁链方程

整理得到，在 $d_1 q_1$ 子空间内

$$\begin{bmatrix} \Psi_{sd1} \\ \Psi_{sq1} \end{bmatrix} = \left\{ \begin{aligned} & (L_{s\sigma1}+L_{s\sigma2}+3L_{m1}+3L_{n5})\begin{bmatrix}1 & \\ & 1\end{bmatrix} + 3L_{m1t}\begin{bmatrix}1 & \\ & -1\end{bmatrix} \\ & +3L_{m5t1}\begin{bmatrix}\cos(5\theta_{r1}-\theta_{r2}) & -\sin(5\theta_{r1}-\theta_{r2}) \\ \sin(5\theta_{r1}-\theta_{r2}) & \cos(5\theta_{r1}-\theta_{r2})\end{bmatrix} \\ & +3L_{m5t2}\begin{bmatrix}\cos(5\theta_{r1}-\theta_{r2}) & \sin(5\theta_{r1}-\theta_{r2}) \\ \sin(5\theta_{r1}-\theta_{r2}) & -\cos(5\theta_{r1}-\theta_{r2})\end{bmatrix} \\ & +3L_{n5t1}\begin{bmatrix}\cos(\theta_{r1}-5\theta_{r2}) & -\sin(\theta_{r1}-5\theta_{r2}) \\ \sin(\theta_{r1}-5\theta_{r2}) & \cos(\theta_{r1}-5\theta_{r2})\end{bmatrix} \\ & +3L_{n5t2}\begin{bmatrix}\cos(\theta_{r1}-5\theta_{r2}) & -\sin(\theta_{r1}-5\theta_{r2}) \\ -\sin(\theta_{r1}-5\theta_{r2}) & -\cos(\theta_{r1}-5\theta_{r2})\end{bmatrix} \\ & +3L_{n5t}\begin{bmatrix}\cos(2\theta_{r1}-10\theta_{r2}) & -\sin(2\theta_{r1}-10\theta_{r2}) \\ -\sin(2\theta_{r1}-10\theta_{r2}) & -\cos(2\theta_{r1}-10\theta_{r2})\end{bmatrix} \end{aligned} \right\} \begin{bmatrix} i_{d1} \\ i_{q1} \end{bmatrix} \tag{4-45}$$
$$+ \sqrt{3}\psi_{f11}\begin{bmatrix}1\\0\end{bmatrix} + \sqrt{3}\psi_{f25}\begin{bmatrix}\cos(\theta_{r1}-5\theta_{r2})\\-\sin(\theta_{r1}-5\theta_{r2})\end{bmatrix}$$

在 $d_2 q_2$ 子空间内

$$
\begin{bmatrix} \Psi_{sd2} \\ \Psi_{sq2} \end{bmatrix} = \left\{ \begin{array}{l} (L_{s\sigma1}+L_{s\sigma2} + 3L_{n1} + 3L_{m5})\begin{bmatrix} 1 & \\ & 1 \end{bmatrix} + 3L_{n1t}\begin{bmatrix} 1 & \\ & -1 \end{bmatrix} \\[4mm] +3L_{n5t1}\begin{bmatrix} \cos(\theta_{r1} - 5\theta_{r2}) & \sin(\theta_{r1} - 5\theta_{r2}) \\ -\sin(\theta_{r1} - 5\theta_{r2}) & \cos(\theta_{r1} - 5\theta_{r2}) \end{bmatrix} \\[4mm] +3L_{n5t2}\begin{bmatrix} \cos(\theta_{r1} - 5\theta_{r2}) & -\sin(\theta_{r1} - 5\theta_{r2}) \\ -\sin(\theta_{r1} - 5\theta_{r2}) & -\cos(\theta_{r1} - 5\theta_{r2}) \end{bmatrix} \\[4mm] +3L_{m5t1}\begin{bmatrix} \cos(5\theta_{r1} - \theta_{r2}) & \sin(5\theta_{r1} - \theta_{r2}) \\ -\sin(5\theta_{r1} - \theta_{r2}) & \cos(5\theta_{r1} - \theta_{r2}) \end{bmatrix} \\[4mm] +3L_{m5t2}\begin{bmatrix} \cos(5\theta_{r1} - \theta_{r2}) & \sin(5\theta_{r1} - \theta_{r2}) \\ \sin(5\theta_{r1} - \theta_{r2}) & -\cos(5\theta_{r1} - \theta_{r2}) \end{bmatrix} \\[4mm] +3L_{m5t}\begin{bmatrix} \cos(10\theta_{r1} - 2\theta_{r2}) & -\sin(10\theta_{r1} - 2\theta_{r2}) \\ -\sin(10\theta_{r1} - 2\theta_{r2}) & -\cos(10\theta_{r1} - 2\theta_{r2}) \end{bmatrix} \end{array} \right\} \begin{bmatrix} i_{d1} \\ i_{q1} \end{bmatrix}
$$

$$
+ \sqrt{3}\psi_{f21}\begin{bmatrix} 1 \\ 0 \end{bmatrix} + \sqrt{3}\psi_{f15}\begin{bmatrix} \cos(5\theta_{r1} - \theta_{r2}) \\ \sin(5\theta_{r1} - \theta_{r2}) \end{bmatrix} \tag{4-46}
$$

2. 电压方程

$$
\begin{bmatrix} u_{d1} \\ u_{q1} \end{bmatrix} = \left\{ \begin{array}{l} (r_{s1} + r_{s2})\begin{bmatrix} 1 & \\ & 1 \end{bmatrix} + \omega_{r1}(L_{s\sigma1} + L_{s\sigma2} + 3L_{m1} + 3L_{n5})\begin{bmatrix} & -1 \\ 1 & \end{bmatrix} + 3\omega_{r1}L_{m1t}\begin{bmatrix} & 1 \\ 1 & \end{bmatrix} \\[4mm] +15\omega_{r1}L_{m5t1}\begin{bmatrix} -\sin 4\theta_{r1} & -\cos 4\theta_{r1} \\ \cos 4\theta_{r1} & -\sin 4\theta_{r1} \end{bmatrix} + 15\omega_{r1}L_{m5t2}\begin{bmatrix} -\sin 4\theta_{r1} & \cos 4\theta_{r1} \\ \cos 4\theta_{r1} & \sin 4\theta_{r1} \end{bmatrix} \end{array} \right\} \begin{bmatrix} i_{d1} \\ i_{q1} \end{bmatrix}
$$

$$
+ \left\{ \begin{array}{l} (L_{s\sigma1} + L_{s\sigma2} + 3L_{m1} + 3L_{n5})\begin{bmatrix} 1 & \\ & 1 \end{bmatrix} + 3L_{m1t}\begin{bmatrix} 1 & \\ & -1 \end{bmatrix} \\[4mm] +3L_{m5t1}\begin{bmatrix} \cos 4\theta_{r1} & -\sin 4\theta_{r1} \\ \sin 4\theta_{r1} & \cos 4\theta_{r1} \end{bmatrix} + 3L_{m5t2}\begin{bmatrix} \cos 4\theta_{r1} & \sin 4\theta_{r1} \\ \sin 4\theta_{r1} & -\cos 4\theta_{r1} \end{bmatrix} \end{array} \right\} \frac{d}{dt}\begin{bmatrix} i_{d1} \\ i_{q1} \end{bmatrix}
$$

$$
+ \left\{ \begin{array}{l} L_{n5t1}(3\omega_{r1} - 12\omega_{r2})\begin{bmatrix} \sin 4\theta_{r1} & -\cos 4\theta_{r1} \\ \cos 4\theta_{r1} & \sin 4\theta_{r1} \end{bmatrix} \\[4mm] +L_{n5t2}(3\omega_{r1} - 18\omega_{r2})\begin{bmatrix} -\sin(2\theta_{r1} - 6\theta_{r2}) & -\cos(2\theta_{r1} - 6\theta_{r2}) \\ -\cos(2\theta_{r1} - 6\theta_{r2}) & \sin(2\theta_{r1} - 6\theta_{r2}) \end{bmatrix} \\[4mm] +L_{n5t}(3\omega_{r1} - 30\omega_{r2})\begin{bmatrix} -\sin(2\theta_{r1} - 10\theta_{r2}) & -\cos(2\theta_{r1} - 10\theta_{r2}) \\ -\cos(2\theta_{r1} - 10\theta_{r2}) & \sin(2\theta_{r1} - 10\theta_{r2}) \end{bmatrix} \end{array} \right\} \begin{bmatrix} i_{d1} \\ i_{q1} \end{bmatrix}
$$

$$
+ \left\{ \begin{array}{l} 3L_{n5t1}\begin{bmatrix} \cos 4\theta_{r1} & \sin 4\theta_{r1} \\ -\sin 4\theta_{r1} & \cos 4\theta_{r1} \end{bmatrix} + 3L_{n5t2}\begin{bmatrix} \cos(2\theta_{r1} - 6\theta_{r2}) & -\sin(2\theta_{r1} - 6\theta_{r2}) \\ -\sin(2\theta_{r1} - 6\theta_{r2}) & -\cos(2\theta_{r1} - 6\theta_{r2}) \end{bmatrix} \\[4mm] +3L_{n5t}\begin{bmatrix} \cos(2\theta_{r1} - 10\theta_{r2}) & -\sin(2\theta_{r1} - 10\theta_{r2}) \\ -\sin(2\theta_{r1} - 10\theta_{r2}) & -\cos(2\theta_{r1} - 10\theta_{r2}) \end{bmatrix} \end{array} \right\} \frac{d}{dt}\begin{bmatrix} i_{d1} \\ i_{q1} \end{bmatrix}
$$

$$
+ \sqrt{3}\omega_{r1}\psi_{f11}\begin{bmatrix} 0 \\ 1 \end{bmatrix} + 5\sqrt{3}\omega_{r2}\psi_{f25}\begin{bmatrix} \sin(\theta_{r1} - 5\theta_{r2}) \\ \cos(\theta_{r1} - 5\theta_{r2}) \end{bmatrix}
$$

$$
\tag{4-47}
$$

$$
\begin{bmatrix} u_{d2} \\ u_{q2} \end{bmatrix} = \left\{ \begin{aligned} &(r_{s1}+r_{s2})\begin{bmatrix} 1 & \\ & 1 \end{bmatrix} + \omega_{r2}(L_{s\sigma1}+L_{s\sigma2}+3L_{n1}+3L_{m5})\begin{bmatrix} & -1 \\ 1 & \end{bmatrix} + 3\omega_{r2}L_{n2}\begin{bmatrix} & 1 \\ 1 & \end{bmatrix} \\ &+15\omega_{r2}L_{n5t1}\begin{bmatrix} -\sin4\theta_{r2} & -\cos4\theta_{r2} \\ \cos4\theta_{r2} & -\sin4\theta_{r2} \end{bmatrix} + 15\omega_{r2}L_{n5t2}\begin{bmatrix} -\sin4\theta_{r2} & \cos4\theta_{r2} \\ \cos4\theta_{r2} & \sin4\theta_{r2} \end{bmatrix} \end{aligned} \right\} \begin{bmatrix} i_{d2} \\ i_{q2} \end{bmatrix}
$$

$$
+ \left\{ \begin{aligned} &(L_{s\sigma1}+L_{s\sigma2}+3L_{n1}+3L_{m5})\begin{bmatrix} 1 & \\ & 1 \end{bmatrix} + 3L_{n1t}\begin{bmatrix} 1 & \\ & -1 \end{bmatrix} \\ &+3L_{n5t1}\begin{bmatrix} \cos4\theta_{r2} & -\sin4\theta_{r2} \\ \sin4\theta_{r2} & \cos4\theta_{r2} \end{bmatrix} + 3L_{n5t2}\begin{bmatrix} \cos4\theta_{r2} & \sin4\theta_{r2} \\ \sin4\theta_{r2} & -\cos4\theta_{r2} \end{bmatrix} \end{aligned} \right\} \frac{\mathrm{d}}{\mathrm{d}t}\begin{bmatrix} i_{d2} \\ i_{q2} \end{bmatrix}
$$

$$
+ \left\{ \begin{aligned} &L_{m5t1}(3\omega_{r2}-12\omega_{r1})\begin{bmatrix} \sin4\theta_{r2} & -\cos4\theta_{r2} \\ \cos4\theta_{r2} & \sin4\theta_{r2} \end{bmatrix} \\ &+L_{m5t2}(3\omega_{r2}-18\omega_{r1})\begin{bmatrix} \sin(6\theta_{r1}-2\theta_{r2}) & -\cos(6\theta_{r1}-2\theta_{r2}) \\ -\cos(6\theta_{r1}-2\theta_{r2}) & -\sin(6\theta_{r1}-2\theta_{r2}) \end{bmatrix} \\ &+L_{m5t}(3\omega_{r2}-30\omega_{r1})\begin{bmatrix} \sin(10\theta_{r1}-2\theta_{r2}) & -\cos(10\theta_{r1}-2\theta_{r2}) \\ -\cos(10\theta_{r1}-2\theta_{r2}) & -\sin(10\theta_{r1}-2\theta_{r2}) \end{bmatrix} \end{aligned} \right\} \begin{bmatrix} i_{d2} \\ i_{q2} \end{bmatrix}
$$

$$
+ \left\{ \begin{aligned} &3L_{m5t1}\begin{bmatrix} \cos4\theta_{r2} & \sin4\theta_{r2} \\ -\sin4\theta_{r2} & \cos4\theta_{r2} \end{bmatrix} + 3L_{m5t2}\begin{bmatrix} \cos(6\theta_{r1}-2\theta_{r2}) & \sin(6\theta_{r1}-2\theta_{r2}) \\ \sin(6\theta_{r1}-2\theta_{r2}) & -\cos(6\theta_{r1}-2\theta_{r2}) \end{bmatrix} \\ &+3L_{m5t}\begin{bmatrix} \cos(10\theta_{r1}-2\theta_{r2}) & \sin(10\theta_{r1}-2\theta_{r2}) \\ \sin(10\theta_{r1}-2\theta_{r2}) & -\cos(10\theta_{r1}-2\theta_{r2}) \end{bmatrix} \end{aligned} \right\} \frac{\mathrm{d}}{\mathrm{d}t}\begin{bmatrix} i_{d2} \\ i_{q2} \end{bmatrix}
$$

$$
+ \sqrt{3}\omega_{r2}\psi_{f21}\begin{bmatrix} 0 \\ 1 \end{bmatrix} + 5\sqrt{3}\omega_{r1}\psi_{f15}\begin{bmatrix} -\sin(5\theta_{r1}-\theta_{r2}) \\ \cos(5\theta_{r1}-\theta_{r2}) \end{bmatrix}
$$

$$
(4\text{-}48)
$$

3. 转矩方程

$$
T_{e1} = \frac{\partial}{\partial\theta_{r1}}\left[p_1\left(\frac{1}{2}\boldsymbol{I}_s^{\mathrm{T}}\boldsymbol{L}_1\boldsymbol{I}_s + \boldsymbol{I}_s^{\mathrm{T}}\boldsymbol{\Psi}_{r1} \right) \right]
$$

$$
= p_1 \left\{ \begin{aligned} &6L_{m1t}i_{d1}i_{q1} + 12L_{m5t1}[(i_{d1}i_{q2}-i_{d2}i_{q1})\cos(5\theta_{r1}-\theta_{r2}) \\ &-(i_{d1}i_{d2}+i_{q1}i_{q2})\sin(5\theta_{r1}-\theta_{r2})] \\ &+18L_{m5t2}[(i_{d1}i_{q2}+i_{d2}i_{q1})\cos(5\theta_{r1}-\theta_{r2})-(i_{d1}i_{d2}-i_{q1}i_{q2})\sin(5\theta_{r1}-\theta_{r2})] \\ &+15L_{m5t}[-i_{d2}^2\sin(10\theta_{r1}-2\theta_{r2})+2i_{d2}i_{q2}\cos(10\theta_{r1}-2\theta_{r2}) \\ &+i_{q2}^2\sin(10\theta_{r1}-2\theta_{r2})] \\ &+\sqrt{3}\psi_{f11}i_{q1}+5\sqrt{3}\psi_{f15}[-i_{d2}\sin(5\theta_{r1}-\theta_{r2})+i_{q2}\cos(5\theta_{r1}-\theta_{r2})] \end{aligned} \right\}
$$

$$
(4\text{-}49)
$$

$$T_{e2} = \frac{\partial}{\partial \theta_{r2}} \left[p_1 \left(\frac{1}{2} \boldsymbol{I}_s^{\mathrm{T}} \boldsymbol{L}_2 \boldsymbol{I}_s + \boldsymbol{I}_s^{\mathrm{T}} \boldsymbol{\varPsi}_{r2} \right) \right]$$

$$= p_2 \begin{cases} 6L_{n1t} i_{d2} i_{q2} + 12 L_{n5t1} [(-i_{d1} i_{q2} + i_{d2} i_{q1}) \cos(\theta_{r1} - 5\theta_{r2}) \\ + (i_{d1} i_{d2} + i_{q1} i_{q2}) \sin(\theta_{r1} - 5\theta_{r2})] \\ + 18 L_{n5t2} [(i_{d1} i_{q2} + i_{d2} i_{q1}) \cos(\theta_{r1} - 5\theta_{r2}) + (i_{d1} i_{d2} - i_{q1} i_{q2}) \sin(\theta_{r1} - 5\theta_{r2})] \\ + 15 L_{n5t} [i_{d1}^2 \sin(2\theta_{r1} - 10\theta_{r2}) + 2 i_{d1} i_{q1} \cos(2\theta_{r1} - 10\theta_{r2}) \\ - i_{q1}^2 \sin(2\theta_{r1} - 10\theta_{r2})] \\ + \sqrt{3} \psi_{f21} i_{q2} + 5\sqrt{3} \psi_{f25} [i_{d1} \sin(\theta_{r1} - 5\theta_{r2}) + i_{q1} \cos(\theta_{r1} - 5\theta_{r2})] \end{cases}$$

$$(4-50)$$

由上述推导可以看出，当串联系统中两台电机定子绕组和永磁磁密同时为非正弦分布且含有 5 次空间谐波时，串联系统数学模型中的 5 次谐波项互相耦合，串联系统不解耦。以串联系统电机的转矩方程为例：由式(4-49)可见，第一台电机由于绕组非正弦分布引起的 5 次谐波电感分量 L_{m5}、L_{m5t1}、L_{m5t2}、L_{m5t} 四项中，后三项均与第二台电机的电流 i_{d2}、i_{q2} 存在耦合，并在第一台电机转矩上产生了耦合转矩分量，注意到耦合转矩分量中还包含两台电机的转子位置信息，该部分耦合量将表现为特定频率的转矩脉动。特别地，当第二台电机的工作状态发生改变，如加减速、变负载时，i_{d2}、i_{q2}、θ_{r2} 相应发生变化，将导致与 L_{m5t1}、L_{m5t2}、L_{m5t} 项相关的转矩耦合量发生改变，第一台电机的转矩将受到影响。而当第一台电机的转速发生变化时，上述耦合量的频率也发生改变。注意到，L_{m5} 项不产生转矩，且 L_{m5t1}、L_{m5t2}、L_{m5t} 三项的存在均与电机的凸极效应有关。

式(4-49)中，5 次谐波磁链 ψ_{f15} 项的存在同样在第一台电机的转矩中导致耦合转矩分量。该部分耦合量由第一台电机的 5 次谐波磁链幅值、第二台电机的工作状态(转速、负载)和第一台电机的转速共同决定。进一步，根据 ψ_{f15} 的表达式及推导可知，当且仅当第一台电机绕组非正弦分布(含有 5 次谐波)和永磁体气隙磁密非正弦(含有 5 次谐波)时，ψ_{f15} 存在。

对于式(4-50)中第二台电机转矩方程中耦合量的分析在此忽略。

4.3　串联系统在其他情况下的数学建模

1. 情况 2

与情况 1 相比，情况 2 的条件是凸极式转子结构，定子绕组非正弦分布，但永磁体气隙磁密呈正弦分布。根据式(4-18)的推导可知，此时，两台电机永磁体气隙磁密交链到定子绕组上的 5 次谐波项 $\psi_{f15} F_{15}$、$\psi_{f25} F_{25}$ 不复存在，即式(4-20)

和式(4-21)分别改写为

$$\boldsymbol{\Psi}_{r1} = \psi_{f11}\boldsymbol{F}_{11} \tag{4-51}$$

$$\boldsymbol{\Psi}_{r2} = \psi_{f21}\boldsymbol{F}_{21} \tag{4-52}$$

两台电机各自的电感矩阵不变，见式(4-13)和式(4-15)。

推导可得，第一台电机在其旋转坐标系下的定子电压方程为

$$
\begin{bmatrix} u_{d1} \\ u_{q1} \end{bmatrix} =
\left\{
\begin{aligned}
&(r_{s1}+r_{s2})\begin{bmatrix} 1 & \\ & 1 \end{bmatrix} + \omega_{r1}(L_{s\sigma1}+L_{s\sigma2}+3L_{m1}+3L_{n5})\begin{bmatrix} & -1 \\ 1 & \end{bmatrix} + 3\omega_{r1}L_{m2}\begin{bmatrix} & 1 \\ 1 & \end{bmatrix} \\
&+15\omega_{r1}L_{m5t1}\begin{bmatrix} -\sin 4\theta_{r1} & -\cos 4\theta_{r1} \\ \cos 4\theta_{r1} & -\sin 4\theta_{r1} \end{bmatrix} + 15\omega_{r1}L_{m5t2}\begin{bmatrix} -\sin 4\theta_{r1} & \cos 4\theta_{r1} \\ \cos 4\theta_{r1} & \sin 4\theta_{r1} \end{bmatrix}
\end{aligned}
\right\}\begin{bmatrix} i_{d1} \\ i_{q1} \end{bmatrix}
$$

$$
+\left\{
\begin{aligned}
&(L_{s\sigma1}+L_{s\sigma2}+3L_{m1}+3L_{n5})\begin{bmatrix} 1 & \\ & 1 \end{bmatrix} + 3L_{m2}\begin{bmatrix} 1 & \\ & -1 \end{bmatrix} \\
&+3L_{m5t1}\begin{bmatrix} \cos 4\theta_{r1} & -\sin 4\theta_{r1} \\ \sin 4\theta_{r1} & \cos 4\theta_{r1} \end{bmatrix} + 3L_{m5t2}\begin{bmatrix} \cos 4\theta_{r1} & \sin 4\theta_{r1} \\ \sin 4\theta_{r1} & -\cos 4\theta_{r1} \end{bmatrix}
\end{aligned}
\right\}\frac{\mathrm{d}}{\mathrm{d}t}\begin{bmatrix} i_{d1} \\ i_{q1} \end{bmatrix}
$$

$$
+\left\{
\begin{aligned}
&3L_{n5t1}(\omega_{r1}-4\omega_{r2})\begin{bmatrix} \sin 4\theta_{r1} & -\cos 4\theta_{r1} \\ \cos 4\theta_{r1} & \sin 4\theta_{r1} \end{bmatrix} \\
&+3L_{n5t2}(\omega_{r1}-6\omega_{r2})\begin{bmatrix} -\sin(2\theta_{r1}-6\theta_{r2}) & -\cos(2\theta_{r1}-6\theta_{r2}) \\ -\cos(2\theta_{r1}-6\theta_{r2}) & \sin(2\theta_{r1}-6\theta_{r2}) \end{bmatrix} \\
&+3L_{n5t}(\omega_{r1}-10\omega_{r2})\begin{bmatrix} -\sin(2\theta_{r1}-10\theta_{r2}) & -\cos(2\theta_{r1}-10\theta_{r2}) \\ -\cos(2\theta_{r1}-10\theta_{r2}) & \sin(2\theta_{r1}-10\theta_{r2}) \end{bmatrix}
\end{aligned}
\right\}\begin{bmatrix} i_{d1} \\ i_{q1} \end{bmatrix}
$$

$$
+\left\{
\begin{aligned}
&3L_{n5t1}\begin{bmatrix} \cos 4\theta_{r1} & \sin 4\theta_{r1} \\ -\sin 4\theta_{r1} & \cos 4\theta_{r1} \end{bmatrix} + 3L_{n5t2}\begin{bmatrix} \cos(2\theta_{r1}-6\theta_{r2}) & -\sin(2\theta_{r1}-6\theta_{r2}) \\ -\sin(2\theta_{r1}-6\theta_{r2}) & -\cos(2\theta_{r1}-6\theta_{r2}) \end{bmatrix} \\
&+3L_{n5t}\begin{bmatrix} \cos(2\theta_{r1}-10\theta_{r2}) & -\sin(2\theta_{r1}-10\theta_{r2}) \\ -\sin(2\theta_{r1}-10\theta_{r2}) & -\cos(2\theta_{r1}-10\theta_{r2}) \end{bmatrix}
\end{aligned}
\right\}\frac{\mathrm{d}}{\mathrm{d}t}\begin{bmatrix} i_{d1} \\ i_{q1} \end{bmatrix}
$$

$$+\sqrt{3}\omega_{r1}\psi_{f11}\begin{bmatrix} 0 \\ 1 \end{bmatrix}$$

$$\tag{4-53}$$

第一台电机的转矩表达式为

$$
T_{e1} = p_1\left\{
\begin{aligned}
&6L_{m1t}i_{d1}i_{q1} + 12L_{m5t1}[(i_{d1}i_{q2}-i_{d2}i_{q1})\cos(5\theta_{r1}-\theta_{r2})-(i_{d1}i_{d2}+i_{q1}i_{q2})\sin(5\theta_{r1}-\theta_{r2})] \\
&+18L_{m5t2}[(i_{d1}i_{q2}+i_{d2}i_{q1})\cos(5\theta_{r1}-\theta_{r2})-(i_{d1}i_{d2}-i_{q1}i_{q2})\sin(5\theta_{r1}-\theta_{r2})] \\
&+15L_{m5t}[-i_{d2}^2\sin(10\theta_{r1}-2\theta_{r2})+2i_{d2}i_{q2}\cos(10\theta_{r1}-2\theta_{r2})+i_{q2}^2\sin(10\theta_{r1}-2\theta_{r2})] \\
&+\sqrt{3}\psi_{f11}i_{q1}
\end{aligned}
\right\}
$$

$$\tag{4-54}$$

第二台电机的转矩表达式为

$$T_{e2} = p_2 \left\{ \begin{array}{l} 6L_{n1t}i_{d2}i_{q2} + 12L_{n5t1}[(-i_{d1}i_{q2} + i_{d2}i_{q1})\cos(\theta_{r1} - 5\theta_{r2}) + (i_{d1}i_{d2} + i_{q1}i_{q2})\sin(\theta_{r1} - 5\theta_{r2})] \\ +18L_{n5t2}[(i_{d1}i_{q2} + i_{d2}i_{q1})\cos(\theta_{r1} - 5\theta_{r2}) + (i_{d1}i_{d2} - i_{q1}i_{q2})\sin(\theta_{r1} - 5\theta_{r2})] \\ +15L_{n5t}[i_{d1}^2 \sin(2\theta_{r1} - 10\theta_{r2}) + 2i_{d1}i_{q1}\cos(2\theta_{r1} - 10\theta_{r2}) - i_{q1}^2 \sin(2\theta_{r1} - 10\theta_{r2})] \\ +\sqrt{3}\psi_{f21}i_{q2} \end{array} \right\}$$

(4-55)

第二台电机在旋转坐标系下的定子电压方程为

$$\begin{bmatrix} u_{d2} \\ u_{q2} \end{bmatrix} = \left\{ \begin{array}{l} (r_{s1}+r_{s2})\begin{bmatrix} 1 & \\ & 1 \end{bmatrix} + \omega_{r2}(L_{s\sigma1}+L_{s\sigma2}+3L_{n1}+3L_{m5})\begin{bmatrix} & -1 \\ 1 & \end{bmatrix} + 3\omega_{r2}L_{n1t}\begin{bmatrix} & 1 \\ 1 & \end{bmatrix} \\ +15\omega_{r2}L_{n5t1}\begin{bmatrix} -\sin4\theta_{r2} & -\cos4\theta_{r2} \\ \cos4\theta_{r2} & -\sin4\theta_{r2} \end{bmatrix} + 15\omega_{r2}L_{n5t2}\begin{bmatrix} -\sin4\theta_{r2} & \cos4\theta_{r2} \\ \cos4\theta_{r2} & \sin4\theta_{r2} \end{bmatrix} \end{array} \right\} \begin{bmatrix} i_{d2} \\ i_{q2} \end{bmatrix}$$

$$+ \left\{ \begin{array}{l} (L_{s\sigma1}+L_{s\sigma2}+3L_{n1}+3L_{m5})\begin{bmatrix} 1 & \\ & 1 \end{bmatrix} + 3L_{n2}\begin{bmatrix} 1 & \\ & -1 \end{bmatrix} \\ +3L_{n5t1}\begin{bmatrix} \cos4\theta_{r2} & -\sin4\theta_{r2} \\ \sin4\theta_{r2} & \cos4\theta_{r2} \end{bmatrix} + 3L_{n5t2}\begin{bmatrix} \cos4\theta_{r2} & \sin4\theta_{r2} \\ \sin4\theta_{r2} & -\cos4\theta_{r2} \end{bmatrix} \end{array} \right\} \frac{d}{dt}\begin{bmatrix} i_{d2} \\ i_{q2} \end{bmatrix}$$

$$+ \left\{ \begin{array}{l} L_{m5t1}(3\omega_{r2}-12\omega_{r1})\begin{bmatrix} \sin4\theta_{r2} & -\cos4\theta_{r2} \\ \cos4\theta_{r2} & \sin4\theta_{r2} \end{bmatrix} \\ +L_{m5t2}(3\omega_{r2}-18\omega_{r1})\begin{bmatrix} \sin(6\theta_{r1}-2\theta_{r2}) & -\cos(6\theta_{r1}-2\theta_{r2}) \\ -\cos(6\theta_{r1}-2\theta_{r2}) & -\sin(6\theta_{r1}-2\theta_{r2}) \end{bmatrix} \\ +L_{m5t}(3\omega_{r2}-30\omega_{r1})\begin{bmatrix} \sin(10\theta_{r1}-2\theta_{r2}) & -\cos(10\theta_{r1}-2\theta_{r2}) \\ -\cos(10\theta_{r1}-2\theta_{r2}) & -\sin(10\theta_{r1}-2\theta_{r2}) \end{bmatrix} \end{array} \right\} \begin{bmatrix} i_{d2} \\ i_{q2} \end{bmatrix}$$

$$+ \left\{ \begin{array}{l} 3L_{m5t1}\begin{bmatrix} \cos4\theta_{r2} & \sin4\theta_{r2} \\ -\sin4\theta_{r2} & \cos4\theta_{r2} \end{bmatrix} + 3L_{m5t2}\begin{bmatrix} \cos(6\theta_{r1}-2\theta_{r2}) & \sin(6\theta_{r1}-2\theta_{r2}) \\ \sin(6\theta_{r1}-2\theta_{r2}) & -\cos(6\theta_{r1}-2\theta_{r2}) \end{bmatrix} \\ +3L_{m5t}\begin{bmatrix} \cos(10\theta_{r1}-2\theta_{r2}) & \sin(10\theta_{r1}-2\theta_{r2}) \\ \sin(10\theta_{r1}-2\theta_{r2}) & -\cos(10\theta_{r1}-2\theta_{r2}) \end{bmatrix} \end{array} \right\} \frac{d}{dt}\begin{bmatrix} i_{d2} \\ i_{q2} \end{bmatrix}$$

$$+ \sqrt{3}\omega_{r2}\psi_{f21}\begin{bmatrix} 0 \\ 1 \end{bmatrix}$$

(4-56)

由两台电机的转矩方程可以看出,与情况 1 相比,尽管转矩表达式中少了 ψ_{f15} 和 ψ_{f25} 项,但电感矩阵中空间 5 次谐波项的存在依然导致串联系统存在耦合,耦合量与两台电机的运行状态均有关,无法实现两台电机解耦运行。

2. 情况 3

对于凸极式转子结构的两台双 Y 移 30° PMSM，当定子绕组正弦分布、永磁体所产生的气隙磁密呈非正弦分布时，推导可知：绕组电感矩阵中与空间 5 次谐波有关的项不存在，子永磁体交链到定子绕组上的 5 次谐波项 $\psi_{f15}\boldsymbol{F}_{15}$、$\psi_{f25}\boldsymbol{F}_{25}$ 不复存在。

第一台电机的电感矩阵为（为简化书写，令 c=cos）

$$
\boldsymbol{L}_m = L_{m1}
\begin{bmatrix}
1 & c\alpha & c4\alpha & c5\alpha & c8\alpha & c9\alpha \\
c\alpha & 1 & c3\alpha & c4\alpha & c7\alpha & c8\alpha \\
c4\alpha & c3\alpha & 1 & c\alpha & c4\alpha & c5\alpha \\
c5\alpha & c4\alpha & c\alpha & 1 & c3\alpha & c4\alpha \\
c8\alpha & c7\alpha & c4\alpha & c3\alpha & 1 & c\alpha \\
c9\alpha & c8\alpha & c5\alpha & c4\alpha & c\alpha & 1
\end{bmatrix}
$$
$$
+ L_{m1t}
\begin{bmatrix}
c2\theta_{r1} & c(2\theta_{r1}-\alpha) & c(2\theta_{r1}-4\alpha) & c(2\theta_{r1}-5\alpha) & c(2\theta_{r1}-8\alpha) & c(2\theta_{r1}-9\alpha) \\
c(2\theta_{r1}-\alpha) & c(2\theta_{r1}-2\alpha) & c(2\theta_{r1}-5\alpha) & c(2\theta_{r1}-6\alpha) & c(2\theta_{r1}-9\alpha) & c(2\theta_{r1}-10\alpha) \\
c(2\theta_{r1}-4\alpha) & c(2\theta_{r1}-5\alpha) & c(2\theta_{r1}-8\alpha) & c(2\theta_{r1}-9\alpha) & c(2\theta_{r1}-12\alpha) & c(2\theta_{r1}-13\alpha) \\
c(2\theta_{r1}-5\alpha) & c(2\theta_{r1}-6\alpha) & c(2\theta_{r1}-9\alpha) & c(2\theta_{r1}-10\alpha) & c(2\theta_{r1}-13\alpha) & c(2\theta_{r1}-14\alpha) \\
c(2\theta_{r1}-8\alpha) & c(2\theta_{r1}-9\alpha) & c(2\theta_{r1}-12\alpha) & c(2\theta_{r1}-13\alpha) & c(2\theta_{r1}-16\alpha) & c(2\theta_{r1}-17\alpha) \\
c(2\theta_{r1}-9\alpha) & c(2\theta_{r1}-10\alpha) & c(2\theta_{r1}-13\alpha) & c(2\theta_{r1}-14\alpha) & c(2\theta_{r1}-17\alpha) & c(2\theta_{r1}-18\alpha)
\end{bmatrix}
$$

$$(4-57)$$

第一台电机转子永磁体在其定子绕组上的交链为

$$\boldsymbol{\varPsi}_{r1} = \psi_{f11}\boldsymbol{F}_{11} \tag{4-58}$$

第二台电机的电感矩阵为

$$
\boldsymbol{L}_n = L_{n1}
\begin{bmatrix}
1 & c5\alpha & c8\alpha & c\alpha & c4\alpha & c9\alpha \\
c5\alpha & 1 & c3\alpha & c4\alpha & c\alpha & c4\alpha \\
c8\alpha & c3\alpha & 1 & c7\alpha & c4\alpha & c\alpha \\
c\alpha & c4\alpha & c7\alpha & 1 & c3\alpha & c8\alpha \\
c4\alpha & c\alpha & c4\alpha & c3\alpha & 1 & c5\alpha \\
c9\alpha & c4\alpha & c\alpha & c8\alpha & c5\alpha & 1
\end{bmatrix}
$$
$$
+ L_{n1t}
\begin{bmatrix}
c2\theta_{r2} & c(2\theta_{r2}-5\alpha) & c(2\theta_{r2}-8\alpha) & c(2\theta_{r2}-\alpha) & c(2\theta_{r2}-4\alpha) & c(2\theta_{r2}-9\alpha) \\
c(2\theta_{r2}-5\alpha) & c(2\theta_{r2}-10\alpha) & c(2\theta_{r2}-13\alpha) & c(2\theta_{r2}-6\alpha) & c(2\theta_{r2}-9\alpha) & c(2\theta_{r2}-14\alpha) \\
c(2\theta_{r2}-8\alpha) & c(2\theta_{r2}-13\alpha) & c(2\theta_{r2}-16\alpha) & c(2\theta_{r2}-9\alpha) & c(2\theta_{r2}-12\alpha) & c(2\theta_{r2}-17\alpha) \\
c(2\theta_{r2}-\alpha) & c(2\theta_{r2}-6\alpha) & c(2\theta_{r2}-9\alpha) & c(2\theta_{r2}-2\alpha) & c(2\theta_{r2}-5\alpha) & c(2\theta_{r2}-10\alpha) \\
c(2\theta_{r2}-4\alpha) & c(2\theta_{r2}-9\alpha) & c(2\theta_{r2}-12\alpha) & c(2\theta_{r2}-5\alpha) & c(2\theta_{r2}-8\alpha) & c(2\theta_{r2}-13\alpha) \\
c(2\theta_{r2}-9\alpha) & c(2\theta_{r2}-14\alpha) & c(2\theta_{r2}-17\alpha) & c(2\theta_{r2}-10\alpha) & c(2\theta_{r2}-13\alpha) & c(2\theta_{r2}-18\alpha)
\end{bmatrix}
$$

$$(4-59)$$

第二台电机转子永磁体在其定子绕组上的交链为

$$\boldsymbol{\Psi}_{r2} = \psi_{f21}\boldsymbol{F}_{21} \tag{4-60}$$

旋转坐标系下两台电机的定子电压方程分别为

$$\begin{bmatrix} u_{d1} \\ u_{q1} \end{bmatrix} = \left\{ (r_{s1}+r_{s2})\begin{bmatrix} 1 & \\ & 1 \end{bmatrix} + \omega_{r1}(L_{s\sigma1}+L_{s\sigma2}+3L_{m1})\begin{bmatrix} & -1 \\ 1 & \end{bmatrix} + 3\omega_{r1}L_{m1t}\begin{bmatrix} & 1 \\ 1 & \end{bmatrix} \right\}\begin{bmatrix} i_{d1} \\ i_{q1} \end{bmatrix}$$
$$+ \left\{ (L_{s\sigma1}+L_{s\sigma2}+3L_{m1})\begin{bmatrix} 1 & \\ & 1 \end{bmatrix} + 3L_{m1t}\begin{bmatrix} 1 & \\ & -1 \end{bmatrix} \right\}\frac{\mathrm{d}}{\mathrm{d}t}\begin{bmatrix} i_{d1} \\ i_{q1} \end{bmatrix} + \sqrt{3}\omega_{r1}\psi_{f11}\begin{bmatrix} 0 \\ 1 \end{bmatrix} \tag{4-61}$$

$$\begin{bmatrix} u_{d2} \\ u_{q2} \end{bmatrix} = \left\{ (r_{s1}+r_{s2})\begin{bmatrix} 1 & \\ & 1 \end{bmatrix} + \omega_{r2}(L_{s\sigma1}+L_{s\sigma2}+3L_{n1})\begin{bmatrix} & -1 \\ 1 & \end{bmatrix} + 3\omega_{r2}L_{n1t}\begin{bmatrix} & 1 \\ 1 & \end{bmatrix} \right\}\begin{bmatrix} i_{d2} \\ i_{q2} \end{bmatrix}$$
$$+ \left\{ (L_{s\sigma1}+L_{s\sigma2}+3L_{n1})\begin{bmatrix} 1 & \\ & 1 \end{bmatrix} + 3L_{n1t}\begin{bmatrix} 1 & \\ & -1 \end{bmatrix} \right\}\frac{\mathrm{d}}{\mathrm{d}t}\begin{bmatrix} i_{d2} \\ i_{q2} \end{bmatrix} + \sqrt{3}\omega_{r2}\psi_{f21}\begin{bmatrix} 0 \\ 1 \end{bmatrix} \tag{4-62}$$

两台电机的转矩方程分别为

$$T_{e1} = p_1\left(6L_{m1t}i_{d1}i_{q1} + \sqrt{3}\psi_{f11}i_{q1}\right) \tag{4-63}$$

$$T_{e2} = p_2\left(6L_{n1t}i_{d1}i_{q1} + \sqrt{3}\psi_{f21}i_{q2}\right) \tag{4-64}$$

由两台电机的转矩方程可以看出，由于电机定子绕组为正弦分布，尽管永磁体气隙磁密中含有 5 次谐波成分，该谐波分量在定子绕组上的交链为 0。推导结果表明，两台电机不存在耦合关系，两台电机可以独立运行、互不影响。

3. 情况 4

当串联系统中两台电机均为凸极式转子结构，定子绕组呈正弦分布，且永磁体气隙磁密不含空间谐波时，两台电机在自然坐标系下数学模型中的绕组磁链和永磁体交链上均不含有谐波项。两台电机的数学模型及解耦关系与情况 3 中所述类同，两台电机可以解耦运行。

通过对上述四种情况的模型推导可知，串联系统中电机定子绕组和永磁体气隙磁密的分布情况对串联系统解耦性的影响可整理为表 4-3。

表 4-3　凸极式转子结构的串联系统解耦性情况

定子绕组分布	永磁体气隙磁密	
	非正弦	正弦
非正弦	不解耦	不解耦
正弦	解耦	解耦

由表 4-3 可知，对于凸极式转子结构，串联系统中两台电机只需定子绕组正弦分布即可实现解耦运行，与永磁体气隙磁密是否正弦无关。而当定子绕组非正弦分布时，两台电机的运行状态将互相影响，无法独立运行。

情况 1 至情况 4 分别讨论了串联系统中电机为凸极式转子结构的解耦性问题。当组成串联系统的两台电机均为隐极式转子结构时，两台电机电感矩阵中与凸极效应有关的项将不复存在。

4. 情况 5

设组成串联系统的两台电机均为隐极式转子结构，且定子绕组及永磁体所产生的气隙磁密均呈非正弦分布。

第一台电机的电感矩阵为

$$
\boldsymbol{L}_m = L_{m1}
\begin{bmatrix}
1 & \cos\alpha & \cos 4\alpha & \cos 5\alpha & \cos 8\alpha & \cos 9\alpha \\
\cos\alpha & 1 & \cos 3\alpha & \cos 4\alpha & \cos 7\alpha & \cos 8\alpha \\
\cos 4\alpha & \cos 3\alpha & 1 & \cos\alpha & \cos 4\alpha & \cos 5\alpha \\
\cos 5\alpha & \cos 4\alpha & \cos\alpha & 1 & \cos 3\alpha & \cos 4\alpha \\
\cos 8\alpha & \cos 7\alpha & \cos 4\alpha & \cos 3\alpha & 1 & \cos\alpha \\
\cos 9\alpha & \cos 8\alpha & \cos 5\alpha & \cos 4\alpha & \cos\alpha & 1
\end{bmatrix}
$$

$$
+ L_{m5}
\begin{bmatrix}
1 & \cos 5\alpha & \cos 20\alpha & \cos 25\alpha & \cos 40\alpha & \cos 45\alpha \\
\cos 5\alpha & 1 & \cos 15\alpha & \cos 20\alpha & \cos 35\alpha & \cos 40\alpha \\
\cos 20\alpha & \cos 15\alpha & 1 & \cos 5\alpha & \cos 20\alpha & \cos 25\alpha \\
\cos 25\alpha & \cos 20\alpha & \cos 5\alpha & 1 & \cos 15\alpha & \cos 20\alpha \\
\cos 40\alpha & \cos 35\alpha & \cos 20\alpha & \cos 15\alpha & 1 & \cos 5\alpha \\
\cos 45\alpha & \cos 40\alpha & \cos 25\alpha & \cos 20\alpha & \cos 5\alpha & 1
\end{bmatrix}
\tag{4-65}
$$

第一台电机转子永磁体在其定子绕组上的交链为

$$
\boldsymbol{\Psi}_{r1} = \psi_{f11}\boldsymbol{F}_{11} + \psi_{f15}\boldsymbol{F}_{15}
\tag{4-66}
$$

第二台电机的电感矩阵为

$$\boldsymbol{L}_n = L_{n1} \begin{bmatrix} 1 & \cos 5\alpha & \cos 8\alpha & \cos\alpha & \cos 4\alpha & \cos 9\alpha \\ \cos 5\alpha & 1 & \cos 3\alpha & \cos 4\alpha & \cos\alpha & \cos 4\alpha \\ \cos 8\alpha & \cos 3\alpha & 1 & \cos 7\alpha & \cos 4\alpha & \cos\alpha \\ \cos\alpha & \cos 4\alpha & \cos 7\alpha & 1 & \cos 3\alpha & \cos 8\alpha \\ \cos 4\alpha & \cos\alpha & \cos 4\alpha & \cos 3\alpha & 1 & \cos 5\alpha \\ \cos 9\alpha & \cos 4\alpha & \cos\alpha & \cos 8\alpha & \cos 5\alpha & 1 \end{bmatrix}$$

$$+ L_{n5} \begin{bmatrix} 1 & \cos 25\alpha & \cos 40\alpha & \cos 5\alpha & \cos 20\alpha & \cos 45\alpha \\ \cos 25\alpha & 1 & \cos 15\alpha & \cos 20\alpha & \cos 5\alpha & \cos 20\alpha \\ \cos 40\alpha & \cos 15\alpha & 1 & \cos 35\alpha & \cos 20\alpha & \cos 5\alpha \\ \cos 5\alpha & \cos 20\alpha & \cos 35\alpha & 1 & \cos 15\alpha & \cos 40\alpha \\ \cos 20\alpha & \cos 5\alpha & \cos 20\alpha & \cos 15\alpha & 1 & \cos 25\alpha \\ \cos 45\alpha & \cos 20\alpha & \cos 5\alpha & \cos 40\alpha & \cos 25\alpha & 1 \end{bmatrix} \tag{4-67}$$

第二台电机转子永磁体在其定子绕组上的交链为

$$\boldsymbol{\Psi}_{r2} = \psi_{f21}\boldsymbol{F}_{21} + \psi_{f25}\boldsymbol{F}_{25} \tag{4-68}$$

旋转坐标系下两台电机的定子电压方程分别为

$$\begin{aligned}
\begin{bmatrix} u_{d1} \\ u_{q1} \end{bmatrix} &= \left\{ (r_{s1}+r_{s2})\begin{bmatrix} 1 & \\ & 1 \end{bmatrix} + \omega_{r1}(L_{s\sigma1}+L_{s\sigma2}+3L_{m1}+3L_{n5})\begin{bmatrix} & -1 \\ 1 & \end{bmatrix} \right\}\begin{bmatrix} i_{d1} \\ i_{q1} \end{bmatrix} \\
&\quad + \left\{ (L_{s\sigma1}+L_{s\sigma2}+3L_{m1}+3L_{n5})\begin{bmatrix} 1 & \\ & 1 \end{bmatrix} \right\}\frac{\mathrm{d}}{\mathrm{d}t}\begin{bmatrix} i_{d1} \\ i_{q1} \end{bmatrix} + \sqrt{3}\,\omega_{r1}\psi_{f11}\begin{bmatrix} 0 \\ 1 \end{bmatrix} \\
&\quad + 5\sqrt{3}\,\omega_{r2}\psi_{f25}\begin{bmatrix} \sin(\theta_{r1}-5\theta_{r2}) \\ \cos(\theta_{r1}-5\theta_{r2}) \end{bmatrix}
\end{aligned} \tag{4-69}$$

$$\begin{aligned}
\begin{bmatrix} u_{d2} \\ u_{q2} \end{bmatrix} &= \left\{ (r_{s1}+r_{s2})\begin{bmatrix} 1 & \\ & 1 \end{bmatrix} + \omega_{r2}(L_{s\sigma1}+L_{s\sigma2}+3L_{n1}+3L_{m5})\begin{bmatrix} & -1 \\ 1 & \end{bmatrix} \right\}\begin{bmatrix} i_{d2} \\ i_{q2} \end{bmatrix} \\
&\quad + \left\{ (L_{s\sigma1}+L_{s\sigma2}+3L_{n1}+3L_{m5})\begin{bmatrix} 1 & \\ & 1 \end{bmatrix} \right\}\frac{\mathrm{d}}{\mathrm{d}t}\begin{bmatrix} i_{d2} \\ i_{q2} \end{bmatrix} + \sqrt{3}\,\omega_{r2}\psi_{f21}\begin{bmatrix} 0 \\ 1 \end{bmatrix} \\
&\quad + 5\sqrt{3}\,\omega_{r1}\psi_{f15}\begin{bmatrix} -\sin(5\theta_{r1}-\theta_{r2}) \\ \cos(5\theta_{r1}-\theta_{r2}) \end{bmatrix}
\end{aligned} \tag{4-70}$$

两台电机的转矩方程为

$$T_{e1} = p_1\left\{ \sqrt{3}\,\psi_{f11}i_{q1} + 5\sqrt{3}\,\psi_{f15}[-i_{d2}\sin(5\theta_{r1}-\theta_{r2}) + i_{q2}\cos(5\theta_{r1}-\theta_{r2})] \right\} \tag{4-71}$$

$$T_{e2} = p_2 \left\{ \sqrt{3}\psi_{f21}i_{q2} + 5\sqrt{3}\psi_{f25}[i_{d1}\sin(\theta_{r1} - 5\theta_{r2}) + i_{q1}\cos(\theta_{r1} - 5\theta_{r2})] \right\} \quad (4\text{-}72)$$

由式(4-71)和式(4-72)可以看出，永磁体磁链中的 5 次谐波项使得两台电机存在耦合，串联系统无法解耦运行。以第一台电机的转矩方程为例，其永磁体交链到定子绕组上的 5 次谐波磁链分量与第二台电机的电流发生耦合，在第一台电机的转矩上产生耦合转矩。当第二台电机的运行状态(转速、转矩)发生改变时，第一台电机的转矩将受到影响。类似地，当第一台电机的运行状态发生改变时，第二台电机的转矩也将受到影响。两台电机无法独立运行，而是会互相干扰。

5. 情况 6

在情况 5 的基础上，定子绕组非正弦分布，当永磁体所产生的气隙磁密不存在空间 5 次谐波时，电机数学模型中 $\psi_{f15}\boldsymbol{F}_{15}$、$\psi_{f25}\boldsymbol{F}_{25}$ 将不复存在。与情况 5 相比，两台电机的电感矩阵不变，仅将永磁体磁链表达式改写为

$$\boldsymbol{\varPsi}_{r1} = \psi_{f11}\boldsymbol{F}_{11} \quad (4\text{-}73)$$

$$\boldsymbol{\varPsi}_{r2} = \psi_{f21}\boldsymbol{F}_{21} \quad (4\text{-}74)$$

在 d_1q_1 子空间内

$$\begin{bmatrix} u_{d1} \\ u_{q1} \end{bmatrix} = \left\{ (r_{s1} + r_{s2})\begin{bmatrix} 1 & \\ & 1 \end{bmatrix} + \omega_{r1}(L_{s\sigma1} + L_{s\sigma2} + 3L_{m1} + 3L_{n5})\begin{bmatrix} & -1 \\ 1 & \end{bmatrix} \right\}\begin{bmatrix} i_{d1} \\ i_{q1} \end{bmatrix}$$
$$+ \left\{ (L_{s\sigma1} + L_{s\sigma2} + 3L_{m1} + 3L_{n5})\begin{bmatrix} 1 & \\ & 1 \end{bmatrix} \right\}\frac{\mathrm{d}}{\mathrm{d}t}\begin{bmatrix} i_{d1} \\ i_{q1} \end{bmatrix} + \sqrt{3}\omega_{r1}\psi_{f11}\begin{bmatrix} 0 \\ 1 \end{bmatrix} \quad (4\text{-}75)$$

在 d_2q_2 子空间内

$$\begin{bmatrix} u_{d2} \\ u_{q2} \end{bmatrix} = \left\{ (r_{s1} + r_{s2})\begin{bmatrix} 1 & \\ & 1 \end{bmatrix} + \omega_{r2}(L_{s\sigma1} + L_{s\sigma2} + 3L_{n1} + 3L_{m5})\begin{bmatrix} & -1 \\ 1 & \end{bmatrix} \right\}\begin{bmatrix} i_{d2} \\ i_{q2} \end{bmatrix}$$
$$+ \left\{ (L_{s\sigma1} + L_{s\sigma2} + 3L_{n1} + 3L_{m5})\begin{bmatrix} 1 & \\ & 1 \end{bmatrix} \right\}\frac{\mathrm{d}}{\mathrm{d}t}\begin{bmatrix} i_{d2} \\ i_{q2} \end{bmatrix} + \sqrt{3}\omega_{r2}\psi_{f21}\begin{bmatrix} 0 \\ 1 \end{bmatrix} \quad (4\text{-}76)$$

两台电机的转矩表达式分别为

$$T_{e1} = \sqrt{3}p_1\psi_{f11}i_{q1} \quad (4\text{-}77)$$

$$T_{e2} = \sqrt{3}\, p_2 \psi_{f21} i_{q2} \tag{4-78}$$

可以看出，尽管定子绕组非正弦分布带来了 5 次谐波项 L_{m5}、L_{n5}，但该项作为常数仅存在于电压方程中，不存在于转矩方程中。由于两台电机的转矩仅由其各自机电能量转换子空间的交轴电流决定，串联系统仍然可以独立地控制两台电机的转矩，实现两台电机的解耦运行。

6. 情况 7

串联系统中两台电机均为隐极式转子结构，定子绕组呈正弦分布，永磁体气隙磁密呈非正弦分布。

第一台电机的电感矩阵为

$$
\boldsymbol{L}_m = L_{m1}
\begin{bmatrix}
1 & \cos\alpha & \cos 4\alpha & \cos 5\alpha & \cos 8\alpha & \cos 9\alpha \\
\cos\alpha & 1 & \cos 3\alpha & \cos 4\alpha & \cos 7\alpha & \cos 8\alpha \\
\cos 4\alpha & \cos 3\alpha & 1 & \cos\alpha & \cos 4\alpha & \cos 5\alpha \\
\cos 5\alpha & \cos 4\alpha & \cos\alpha & 1 & \cos 3\alpha & \cos 4\alpha \\
\cos 8\alpha & \cos 7\alpha & \cos 4\alpha & \cos 3\alpha & 1 & \cos\alpha \\
\cos 9\alpha & \cos 8\alpha & \cos 5\alpha & \cos 4\alpha & \cos\alpha & 1
\end{bmatrix} \tag{4-79}
$$

由于定子绕组为正弦分布，永磁体气隙磁密中的 5 次谐波分量在定子绕组上的交链为 0，则有

$$\boldsymbol{\Psi}_{r1} = \psi_{f11} \boldsymbol{F}_{11} \tag{4-80}$$

第二台电机的电感矩阵为

$$
\boldsymbol{L}_n = L_{n1}
\begin{bmatrix}
1 & \cos 5\alpha & \cos 8\alpha & \cos\alpha & \cos 4\alpha & \cos 9\alpha \\
\cos 5\alpha & 1 & \cos 3\alpha & \cos 4\alpha & \cos\alpha & \cos 4\alpha \\
\cos 8\alpha & \cos 3\alpha & 1 & \cos 7\alpha & \cos 4\alpha & \cos\alpha \\
\cos\alpha & \cos 4\alpha & \cos 7\alpha & 1 & \cos 3\alpha & \cos 8\alpha \\
\cos 4\alpha & \cos\alpha & \cos 4\alpha & \cos 3\alpha & 1 & \cos 5\alpha \\
\cos 9\alpha & \cos 4\alpha & \cos\alpha & \cos 8\alpha & \cos 5\alpha & 1
\end{bmatrix} \tag{4-81}
$$

同理，第二台电机转子永磁体在其定子绕组上的交链为

$$\boldsymbol{\Psi}_{r2} = \psi_{f21} \boldsymbol{F}_{21} \tag{4-82}$$

推导可得，在 $d_1 q_1$ 子空间内

$$\begin{bmatrix} u_{d1} \\ u_{q1} \end{bmatrix} = \left\{ (r_{s1}+r_{s2})\begin{bmatrix} 1 & \\ & 1 \end{bmatrix} + \omega_{r1}(L_{s\sigma1}+L_{s\sigma2}+3L_{m1})\begin{bmatrix} & -1 \\ 1 & \end{bmatrix}\right\}\begin{bmatrix} i_{d1} \\ i_{q1} \end{bmatrix}$$
$$+ \left\{ (L_{s\sigma1}+L_{s\sigma2}+3L_{m1})\begin{bmatrix} 1 & \\ & 1 \end{bmatrix}\right\}\frac{\mathrm{d}}{\mathrm{d}t}\begin{bmatrix} i_{d1} \\ i_{q1} \end{bmatrix} + \sqrt{3}\omega_{r1}\psi_{f11}\begin{bmatrix} 0 \\ 1 \end{bmatrix} \tag{4-83}$$

在 d_2q_2 子空间内

$$\begin{bmatrix} u_{d2} \\ u_{q2} \end{bmatrix} = \left\{ (r_{s1}+r_{s2})\begin{bmatrix} 1 & \\ & 1 \end{bmatrix} + \omega_{r2}(L_{s\sigma1}+L_{s\sigma2}+3L_{n1})\begin{bmatrix} & -1 \\ 1 & \end{bmatrix}\right\}\begin{bmatrix} i_{d2} \\ i_{q2} \end{bmatrix}$$
$$+ \left\{ (L_{s\sigma1}+L_{s\sigma2}+3L_{n1})\begin{bmatrix} 1 & \\ & 1 \end{bmatrix}\right\}\frac{\mathrm{d}}{\mathrm{d}t}\begin{bmatrix} i_{d2} \\ i_{q2} \end{bmatrix} + \sqrt{3}\omega_{r2}\psi_{f21}\begin{bmatrix} 0 \\ 1 \end{bmatrix} \tag{4-84}$$

令 $L_{d1}=L_{q1}=L_{s\sigma1}+L_{s\sigma2}+3L_{m1}$，$L_{d2}=L_{q2}=L_{s\sigma1}+L_{s\sigma2}+3L_{n1}$，$R_s=r_{s1}+r_{s2}$，则式 (4-84) 可化简为

$$\begin{bmatrix} u_{d1} \\ u_{q1} \end{bmatrix} = R_s\begin{bmatrix} i_{d1} \\ i_{q1} \end{bmatrix} + \omega_{r1}L_{d1}\begin{bmatrix} & -1 \\ 1 & \end{bmatrix}\begin{bmatrix} i_{d1} \\ i_{q1} \end{bmatrix} + L_{d1}\frac{\mathrm{d}}{\mathrm{d}t}\begin{bmatrix} i_{d1} \\ i_{q1} \end{bmatrix} + \sqrt{3}\omega_{r1}\psi_{f11}\begin{bmatrix} 0 \\ 1 \end{bmatrix} \tag{4-85}$$

$$\begin{bmatrix} u_{d2} \\ u_{q2} \end{bmatrix} = R_s\begin{bmatrix} i_{d2} \\ i_{q2} \end{bmatrix} + \omega_{r2}L_{d2}\begin{bmatrix} & -1 \\ 1 & \end{bmatrix}\begin{bmatrix} i_{d2} \\ i_{q2} \end{bmatrix} + L_{d2}\frac{\mathrm{d}}{\mathrm{d}t}\begin{bmatrix} i_{d2} \\ i_{q2} \end{bmatrix} + \sqrt{3}\omega_{r2}\psi_{f21}\begin{bmatrix} 0 \\ 1 \end{bmatrix} \tag{4-86}$$

两台电机的转矩表达式为

$$T_{e1} = \sqrt{3}p_1\psi_{f11}i_{q1} \tag{4-87}$$

$$T_{e2} = \sqrt{3}p_2\psi_{f21}i_{q2} \tag{4-88}$$

可以看出，由于电机的定子绕组为理想正弦分布，转子永磁体所产生的气隙磁密尽管含有谐波成分，但该谐波分量在定子绕组上的交链值为 0。由于不存在影响两台电机解耦运行的量，串联系统中的两台电机可以实现独立控制、互不影响。

7. 情况 8

当串联系统中的两台电机均为隐极式转子结构，且绕组及永磁体气隙磁密均呈理想正弦分布时，与情况 1 相比，电机数学模型中与凸极效应、空间 5 次谐波相关的项均不存在。此时，串联系统的数学模型及两台电机的解耦性结论与情况 7 所述完全相同。

将情况 5 至情况 8 串联系统中电机的结构特点及解耦性结论整理可得表 4-4。

表 4-4　隐极式转子结构的串联系统解耦性情况

定子绕组分布	永磁体气隙磁密	
	非正弦	正弦
非正弦	不解耦	解耦
正弦	解耦	解耦

由表 4-4 可知,对于隐极式转子结构,只需保证两台电机的定子绕组正弦分布即可实现串联系统解耦运行。特别地,当两台电机的定子绕组为非正弦分布时,通过改进极靴形状使得永磁体所产生的气隙磁密正弦分布时,串联系统依然可以实现解耦运行。

对于单逆变器驱动的双 Y 移 30° PMSM 串联系统,通过上述八种情况的分析,可得如下结论:

(1)在该串联系统中,仅需保证两台电机的定子绕组完全正弦分布,串联系统就可以实现解耦运行;

(2)当两台电机均为凸极式转子结构时,若定子绕组为非正弦分布,则无论永磁体形状如何,串联系统中的两台电机必然存在耦合,无法实现独立运行;

(3)当两台电机均为隐极式转子结构时,若永磁体所产生的气隙磁密为正弦分布,则无论定子绕组是否正弦,两台电机总能解耦运行。

参 考 文 献

[1] 薛山. 多相永磁同步电机驱动技术研究[博士学位论文]. 北京: 中国科学院电工研究所, 2005.

[2] 陈世龙, 方瑞明, 郭新华. 六相双 Y 移 30°永磁同步电机控制系统建模. 微电机, 2013, 46(7): 48-53.

[3] Alnuaim N, Toliyat H A. A novel method for modeling dynamic air-gap eccentricity in synchronous machines based on modified winding function theory. IEEE Transactions on Energy Conversion, 1998, 13(2): 156-162.

[4] Toliyat H A, Al-Nuaim N A. Simulation and detection of dynamic air-gap eccentricity in salient-pole synchronous machines. IEEE Transactions on Industry Applications, 1999, 35(1): 86-93.

[5] Jose F, Jerome C, Philippe V. Generalized transformations for polyphase phase-modulation motors. IEEE Transactions on Energy Conversion, 2006, 21(2): 332-341.

[6] Mengoni M, Tani A, Zarri L. Position control of a multi-motor drive based on series-connected five-phase tubular PM actuators. IEEE Transactions on Industry Applications, 2012, 48(16): 2048-2058.

第5章　双 Y 移 30° PMSM 串联系统的矢量控制

第 3 章和第 4 章论述了双 Y 移 30° PMSM 串联系统的构成方法、工作原理及解耦运行的影响因素。本章以表贴型正弦分布双 Y 移 30° PMSM 为研究对象，研究单逆变器供电双 Y 移 30° PMSM 双电机串联系统的基本控制方法，具体包括：基于电流滞环的矢量控制策略、基于载波调制 PWM 的矢量控制策略、收放卷过程中的张力线速度控制策略，并分别在 MATLAB/Simulink 中进行建模和仿真验证。

5.1　基于电流滞环的矢量控制

5.1.1　控制系统设计

矢量控制作为多相电机的主要控制策略，当不考虑谐波抑制问题时，其具体实现方法与三相电机矢量控制类似，区别仅仅在于解耦坐标变换。

根据电机理论，旋转坐标系下双 Y 移 30° PMSM 的电磁转矩方程为

$$T_e = p[\sqrt{3}\psi_f i_q + (L_d - L_q)i_d i_q] \tag{5-1}$$

其中，ψ_f 为永磁磁链，对永磁同步电机来说 ψ_f 为恒值；p 为电机极对数；L_d、L_q 为等效的直轴电感和交轴电感。p、L_d、L_q 三个参数也是恒值，因此电机的电磁转矩取决于 i_d 和 i_q 的值。若令 $i_d = 0$，则有

$$T_e = \sqrt{3}p\psi_f i_q \tag{5-2}$$

电磁转矩只取决于 i_q 并与其呈线性关系，这样通过控制 i_q 就能实时控制电磁转矩，达到与直流电机相同的效果，使得 PMSM 的控制更加简单。并且从空间矢量的角度看，当 $i_d = 0$ 时，定子电流 $\boldsymbol{i}_s$ 与永磁磁链 ψ_f 正交，转矩密度即单位定子电流产生的转矩最大，如果能较好地跟踪定子电流，如采用电流可控逆变器，就可以获得快速转矩响应[1]。

对于电流可控逆变器，可采用的电流控制方式有滞环电流控制、斜坡比较控制和新兴的最优电流控制，所有的控制方式最终目的都是让实际电流精确地跟踪给定电流。相比其他控制方式，滞环电流控制不受被控对象参数变化的影响，通过设置合适的滞环宽度即可得到较理想的电流跟踪性能。

根据以上分析，基于 $i_d = 0$ 的单台 n 相 PMSM 矢量控制系统如图 5-1 所示。

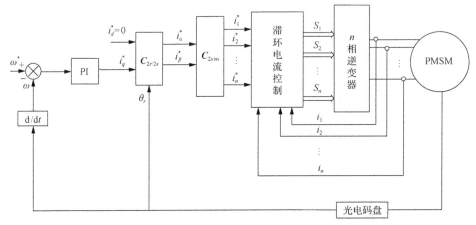

图 5-1　基于 $i_d = 0$ 的单台 n 相 PMSM 矢量控制系统

在此系统中，通过光电码盘测得电机的气隙磁链位置角 θ_r，利用微分器对其进行求导运算，得到电机的实际转速 ω，将其与给定转速 ω^* 相比较，然后通过转速 PI 调节器得到转矩电流参考值 i_q^*，同时令直轴参考电流 i_d^* 为零，然后将 i_q^* 和 i_d^* 进行 2r/2s 变换得到两相静止坐标系下的参考电流值 i_a^* 和 i_β^*，然后通过 2/n 变换得到 n 相静止坐标系下的电流参考值 $i_k^*(k = 1, 2, \cdots, n)$，将此参考值和测得的 n 相电流实际值 $i_k(k = 1, 2, \cdots, n)$ 送入滞环比较器，使实际值跟踪参考值，得到 n 相逆变器的开关信号 $S_k(k = 1, 2, \cdots, n)$ 控制逆变器桥臂的开关动作，使逆变器输出合适的电压，从而控制电机按给定速度运行[2,3]。

采用图 3-2 的相序转换规则，基于电流滞环控制的双电机串联系统控制方案如图 5-2 所示。

为了达到独立解耦控制，两台电机各自拥有一套矢量控制系统。在单逆变器驱动的双电机串联系统中每台电机 z_1z_2 子空间的谐波电流流过另一台电机的定子绕组，通过设计电机阻抗为合适的值，就可以极大地抑制另一台电机的谐波电流，即两台电机互相构成滤波器。在分析电机控制性能时，可以忽略 z_1z_2 子空间的谐波电流。根据第 3 章的分析，解耦后逆变器的电流 $\alpha\beta$ 电流分量是电机 1 的 $\alpha\beta$ 电流分量，z_1z_2 电流分量是电机 2 的 $\alpha\beta$ 电流分量，所以在由两相静止坐标系到六相静止坐标系的变换环节，可以将电机 1 的 $\alpha\beta$ 参考电流作为逆变器参考电流的 $\alpha\beta$ 分量，将电机 2 的 $\alpha\beta$ 参考电流作为逆变器参考电流的 z_1z_2 分量。对于中性点不连在一起的双 Y 移 30° PMSM，o_1o_2 电流分量为零，所以设定 i_{o1}^*、i_{o2}^* 均为零。

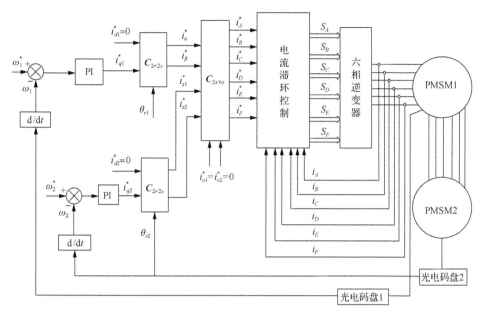

图 5-2　基于电流滞环控制的双电机串联系统控制方案

5.1.2　系统建模

根据双 Y 移 30° PMSM 的数学模型和双电机串联系统的控制框图在 MATLAB/ Simulink 中搭建模型，逆变器采用的是电流可控电压源型逆变器，因为 Simulink 中没有六相逆变器模型，需推导其数学模型。六相 VSI 驱动双电机的拓扑结构如图 5-3 所示。

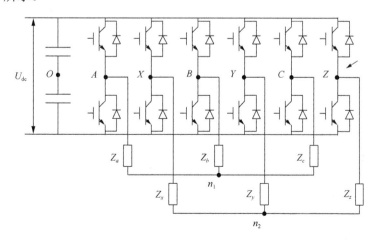

图 5-3　六相 VSI 驱动双电机拓扑结构

记两台电机定子电阻之和为 Z_s，即

$$Z_s = Z_{s1} + Z_{s2} \tag{5-3}$$

n_1、n_2 为电机 2 两套三相绕组的中性点。逆变器的输入为滞环比较得到的各桥臂开关管导通信号和直流母线电压给定值，逆变器采用180° 导通型，同一桥臂上下两管互补导通，取各桥臂上开关管信号组成开关函数，即

$$\boldsymbol{S} = \begin{bmatrix} S_A & S_X & S_B & S_Y & S_C & S_Z \end{bmatrix} \tag{5-4}$$

开关函数的值定义如下：当第 k 个桥臂上开关导通时，$S_k = 1$，k 点对直流母线中点 O 极电压(pole voltage)为 $U_{\mathrm{dc}} / 2$；当下桥臂导通时，$S_k = 0$，k 点对直流母线中点 O 电压为 $-U_{\mathrm{dc}} / 2$，则六相电压源逆变器输出极电压为

$$u_{ko} = S_k U_{\mathrm{dc}} - \frac{U_{\mathrm{dc}}}{2}, \quad k = A, X, B, Y, C, Z \tag{5-5}$$

由于电机中性点与 O 点隔离，并且负载平衡，可得逆变器输出到电机的相电压为

$$\begin{cases} u_A = \dfrac{2}{3} u_{AO} - \dfrac{1}{3} u_{BO} - \dfrac{1}{3} u_{CO} \\[2mm] u_B = \dfrac{2}{3} u_{BO} - \dfrac{1}{3} u_{CO} - \dfrac{1}{3} u_{AO} \\[2mm] u_C = \dfrac{2}{3} u_{CO} - \dfrac{1}{3} u_{AO} - \dfrac{1}{3} u_{BO} \\[2mm] u_X = \dfrac{2}{3} u_{XO} - \dfrac{1}{3} u_{YO} - \dfrac{1}{3} u_{ZO} \\[2mm] u_Y = \dfrac{2}{3} u_{YO} - \dfrac{1}{3} u_{ZO} - \dfrac{1}{3} u_{XO} \\[2mm] u_Z = \dfrac{2}{3} u_{ZO} - \dfrac{1}{3} u_{XO} - \dfrac{1}{3} u_{YO} \end{cases} \tag{5-6}$$

由式 (5-6) 可见，双 Y 移 30° PMSM 的两套绕组中性点独立时，逆变器输出的相电压与三相逆变器输出相电压表达式相同，因此很多学者也用两个三相逆变器来驱动双 Y 移 30° PMSM。

搭建完成的整体模型如图 5-4 所示。

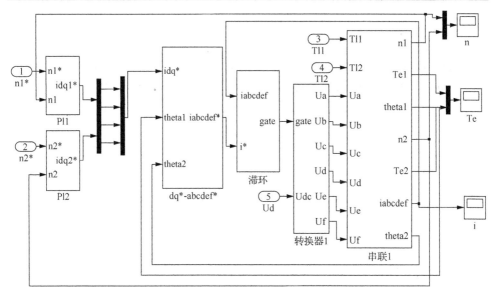

图 5-4　双 Y 移 30° PMSM 双电机串联系统仿真模型

5.1.3　仿真分析

根据 5.1.2 节搭建的模型，对单逆变器供电的双 Y 移 30° PMSM 双电机串联系统进行仿真分析。选定的仿真参数如表 5-1 所示。

表 5-1　仿真参数设置表

参数	取值	参数	取值
r_{s1}	1.4Ω	r_{s2}	1.35Ω
L_{d1}	10mH	L_{d2}	8.5mH
ψ_{f1}	0.2Wb	ψ_{f2}	0.18Wb
J_1	0.012kg·m²	J_2	0.009kg·m²
p_1	4	p_2	4
U_{dc}	600V	h	0.1A

表 5-1 中 h 为滞环宽度，因这里选取的研究对象是面装式 PMSM，所以有 $L_{d1}=L_{q1}$，$L_{d2}=L_{q2}$。

选取两台电机运行的三种工况进行仿真分析，分别为变速运行、变载运行、电机反转及停车。

1. 变速运行

两电机负载恒定，电机 1 保持 900r/min 运行，4s 后突降到 300r/min；电机 2 保持 300r/min 运行，3s 后突增到 600r/min。结果如图 5-5～图 5-9 所示。

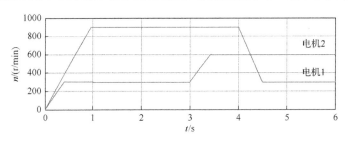

图 5-5   电机转速波形

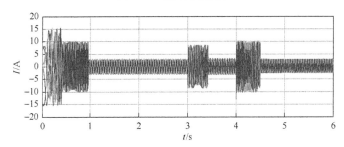

图 5-6   逆变器电流波形

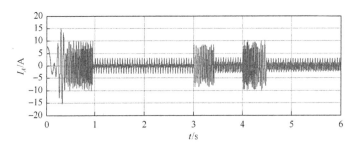

图 5-7   A 相电流波形

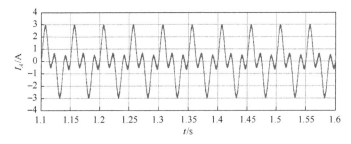

图 5-8   A 相电流局部波形

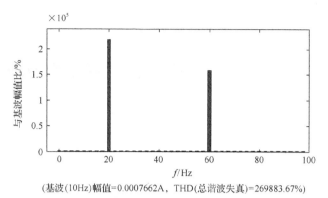

(基波(10Hz)幅值=0.0007662A，THD(总谐波失真)=269883.67%)

图 5-9　A 相电流频谱

由图 5-5 可见，两台电机可以分别按照给定转速独立运行，不受对方影响。图 5-8 中 A 相电流的局部波形显示，双电机串联系统中，逆变器相电流是一种包含多种频率成分的复合波，而非单一频率成分的正弦波。对系统 3s 前稳态电流进行 FFT 分析，结果如图 5-9 所示，发现 A 相电流频谱主要包含 20Hz 和 60Hz 两个频率，根据同步电机转速计算公式：

$$n = 60f / p \tag{5-7}$$

由两台电机转速和极对数可计算出此时段电机 1 的基波电流频率为 $f_1 = 60\text{Hz}$，电机 2 的基波电流频率为 $f_2 = 20\text{Hz}$，与 FFT 分析结果吻合，说明逆变器电流是两电机基波电流的叠加，验证了第 3 章的结论。

2. 变载运行

两电机转速保持恒定，电机 1 施加负载转矩为 1N·m，2.5s 后突增到 4N·m；电机 2 施加负载转矩为 3N·m，3s 后突降到 0.5N·m，结果如图 5-10～图 5-12 所示。

由图 5-10 可见，两台电机转矩都可以按给定转矩变化，互不影响。电机相电流的分析与转速突变工况下是一致的，这里不再赘述。

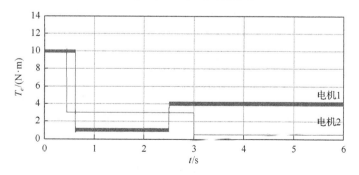

图 5-10　电磁转矩波形

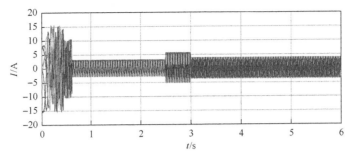

图 5-11　逆变器电流波形

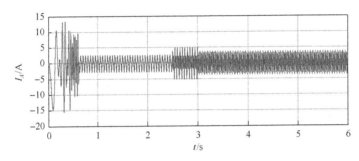

图 5-12　A 相电流波形

3. 电机反转及停车

电机 1 保持 600r/min 运行，4s 后突然反转，以 300r/min 运行；电机 2 以 300r/min 运行，3.5s 后停车。仿真结果如图 5-13～图 5-17 所示。

从图 5-13 的转速波形可见，两台电机可分别实现反转和停车，不必等待另一台电机停下来再动作。根据 A 相电流的频谱分析，转速变化前的稳态电流由两台电机的基波电流叠加组成，由图 5-17 可知，逆变器电流中的交变电流只有电机 1 基频 20Hz 的电流，但因为相序转换规则的限制，它在电机 2 中并不会产生磁势，因此电机 2 仍能处于停车状态。

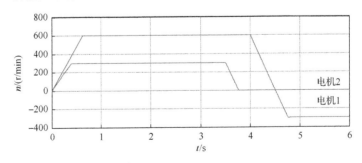

图 5-13　转速波形

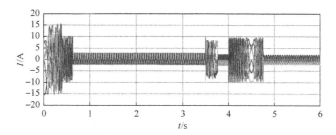

图 5-14　逆变器电流波形

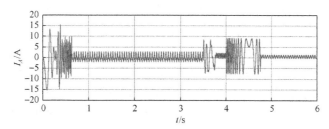

图 5-15　*A* 相电流波形

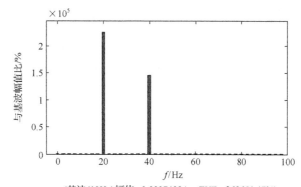

(基波(10Hz)幅值=0.0007428A，THD=268651.47%)

图 5-16　变速前 *A* 相电流稳态频谱

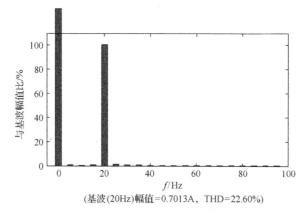

(基波(20Hz)幅值=0.7013A，THD=22.60%)

图 5-17　变速后 *A* 相电流稳态频谱

通过对双电机串联系统三种典型工况的仿真可以发现，单逆变器供电的双电机串联系统方案是完全可行的，同时验证了第 3 章分析的该类型系统的本质。需要注意的是，单逆变器驱动双电机串联系统中两台电机应尽量保持不同的运行状态，以免两电机基波电流线性叠加增加定子绕组损耗。

5.2　基于载波调制 PWM 的矢量控制

滞环比较器方案适用于电流可控的电压源型逆变器，而对于电压可控的电压源逆变器，可以采用 PWM 技术来产生逆变器电压。目前最热门的 PWM 技术是 SVPWM，但 SVPWM 在单逆变器驱动双电机串联系统中应用难度较大，因为这种调制方案需要产生两个完全独立的定子电压参考矢量，它们分别位于六维解耦空间两个相互正交的子空间（$\alpha\beta$ 和 z_1z_2），矢量选择将变得非常复杂，对开关器件的要求也更高，该方法将在第 6 章专门介绍。与 SVPWM 相比，载波调制型 PWM 实施较简单，适合单逆变器驱动双电机串联系统需要产生两种频率参考电压分量的情况。

5.2.1　控制系统设计

本系统选取 SPWM 的载波调制方案，以三角波作为载波，以参考电压的正弦波作为调制波。逆变器为电压可控电压源型逆变器，两台电机均采用 $i_d = 0$ 的矢量控制策略，如图 5-18 所示。

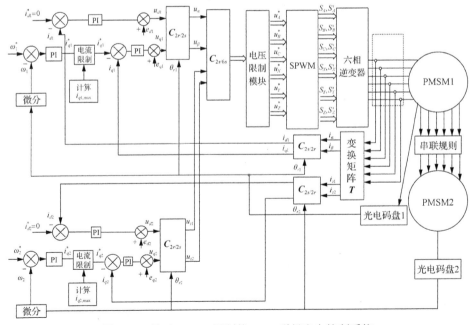

图 5-18　基于 SPWM 调制的 $i_d = 0$ 磁场定向控制系统

将采样的双三相 VSI 实际电流值，利用式(3-3)的 **T** 算法分别形成 $\alpha\beta$ 子空间的电流和 z_1z_2 子空间的电流，它们分别控制两台串联的 PMSM；再根据各自的光电编码盘采样出两台 PMSM 的位置信号，既可进一步得到各台 PMSM 的转速采样值，也可进行相应的坐标变换，即将 PMSM1 的 $\alpha\beta$ 子空间的 i_α、i_β 变换为 i_{d1}、i_{q1} 值，将 PMSM2 的 i_{z1}、i_{z2} 变换为 i_{d2}、i_{q2} 值，在旋转坐标下分别对两台六相 PMSM 按照定子激磁电流分量 $i_d=0$ 的控制策略进行转速控制。

在形成控制变量时，应该考虑两台串联电机漏感电压在各自 dq 轴电压方程中所产生的耦合因素，如图 5-18 中 PMSM1 的 e_{d1}、e_{q1}，PMSM2 的 e_{d2}、e_{q2}。具体的表达式分别表示为

$$e_{d1} = \omega_{r1}L_1i_{q1}, \quad e_{q1} = -\omega_{r1}L_1i_{d1} - \omega_{r1}\psi_{f1} \tag{5-8}$$

$$e_{d2} = \omega_{r2}L_2i_{q2}, \quad e_{q2} = -\omega_{r2}L_2i_{d2} - \omega_{r2}\psi_{f2} \tag{5-9}$$

这样，用来控制 PMSM1 的电压给定值为

$$u_{d1} = u'_{d1} + e_{d1}, \quad u_{q1} = u'_{q1} + e_{q1} \tag{5-10}$$

用来控制 PMSM2 的电压给定值为

$$u_{d2} = u'_{d2} + e_{d2}, \quad u_{q2} = u'_{q2} + e_{q2} \tag{5-11}$$

将 PMSM1 闭环控制所得到的信号 u_{d1}、u_{q1} 以及 PMSM2 闭环控制所得到的信号 u_{d2}、u_{q2} 共同进行反变换后产生两台 PMSM 的 u_α、u_β 和 u_{z1}、u_{z2}，然后分别对 u_α、u_β 和 u_{z1}、u_{z2} 进行 $2s/6s$ 坐标变换(即式(3-3)的逆变换 T^{-1})就可分别得到控制 PMSM1 电压信号的给定值 $u^*_{a1}\sim u^*_{z1}$ 与控制 PMSM2 的电压信号给定值 $u^*_{a2}\sim u^*_{z2}$。

5.2.2 电流限制方法

两台串联 PMSM 共用同一台逆变器驱动，但是这两台 PMSM 为了满足各自的运行条件要求，需要从逆变器电压和电流中各取所需，逆变器输出到负载的最大电流是由所选功率开关器件的特性和冷却条件决定的，两台串联 PMSM 的电流限制表示为[4]

$$i_{d1}^2 + i_{q1}^2 + i_{d2}^2 + i_{q2}^2 \leqslant I_M^2 \tag{5-12}$$

这里，$I_M/\sqrt{2}$ 为逆变器输出相电流有效值的最大值。

每台 PMSM 的控制电流最大值分别表示为

$$i_{q1,\max} = \sqrt{I_M^2 - i_{d1}^2 - i_{q2}^2 - i_{d2}^2} \tag{5-13}$$

$$i_{q2,\max} = \sqrt{I_M^2 - i_{d1}^2 - i_{q1}^2 - i_{d2}^2} \tag{5-14}$$

5.2.3 直流母线电压的分配关系

图 5-19 为多频 SPWM 技术示意图。采用多频输出 SPWM 技术可以使 VSI 产生位于两个正交子空间内互不相干的电压分量,分别独立驱动串联系统两台电机。

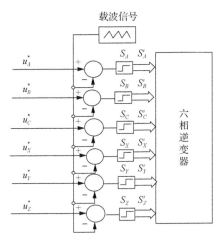

图 5-19 多频 SPWM 技术示意图

两台电机在相同或者不同工况下的端电压如何分配也是一个关键的问题,直流母线电压利用的最大值是由电机的线电压决定的,线电压可用调制指数表示。对于单逆变器驱动的单台电机系统,线性调制区域可用最大的线电压幅值等于直流母线电压得到。而对于双 Y 移 30° PMSM 的串联系统,逆变器线电压给定值由两台电机的线电压按相序转换关系叠加而成。由于两台电机电压参考值的频率、幅值和初相位都可能有很多种情况,其线性调制区域则由逆变器的各个线电压同时达到最大值这种最坏的情况为约束,在该约束内的任意一个工作点都是可行的,该工作点在约束范围内的具体位置则由两台电机的转速或负载情况而定,因此只有在该线性调制区域内才能对各台电机所需要的电压情况进行合理的匹配[5]。

定义调制度为

$$M_i = \frac{V_1}{0.5 U_{dc}} \tag{5-15}$$

其中，V_1 为相电压基波幅值；U_{dc} 为直流母线电压；$0.5U_{dc}$ 为一半的直流母线电压；这里的 $i=1,2$ 表示两台串联电机的序号。

按照图 3-2 所示的串联关系图，可得串联系统 VSI 的线电压关系式分别为[5]

$$\begin{cases} V_{AB} = V_A - V_B = (V_{a1} + V_{a2}) - (V_{b1} + V_{c2}) = V_{a1b1} + V_{a2c2} \\ V_{AC} = V_A - V_C = (V_{a1} + V_{a2}) - (V_{c1} + V_{b2}) = V_{a1c1} + V_{a2b2} \\ V_{BC} = V_B - V_C = (V_{b1} + V_{c2}) - (V_{c1} + V_{b2}) = V_{b1c1} + V_{c2b2} \\ V_{XY} = V_X - V_Y = (V_{x1} + V_{y2}) - (V_{y1} + V_{x2}) = V_{x1y1} + V_{y2x2} \\ V_{XZ} = V_X - V_Z = (V_{x1} + V_{y2}) - (V_{z1} + V_{z2}) = V_{x1z1} + V_{y2z2} \\ V_{YZ} = V_Y - V_Z = (V_{y1} + V_{x2}) - (V_{z1} + V_{z2}) = V_{y1z1} + V_{x2z2} \end{cases} \tag{5-16}$$

因此有

$$V_{a1b1} = V_{a1c1} = V_{b1c1} = V_{x1y1} = V_{x1z1} = V_{y1z1} = 2M_1 0.5 U_{dc} \cos(\pi/6) \tag{5-17}$$

$$V_{a2b2} = V_{a2c2} = V_{b2c2} = V_{x2y2} = V_{x2z2} = V_{y2z2} = 2M_2 0.5 U_{dc} \cos(\pi/6) \tag{5-18}$$

代入式 (5-16) 可得相同的等式，即

$$V_{AB} = V_{AC} = V_{BC} = V_{XY} = V_{XZ} = V_{YZ} = 2M_1 0.5 U_{dc} \cos(\pi/6) + 2M_2 0.5 U_{dc} \cos(\pi/6) \tag{5-19}$$

因此，在线性调制区域内，必须满足：

$$2M_1 0.5 U_{dc} \cos(\pi/6) + 2M_2 0.5 U_{dc} \cos(\pi/6) \leqslant U_{dc} \tag{5-20}$$

可得

$$M_1 \cos(\pi/6) + M_2 \cos(\pi/6) \leqslant 1 \tag{5-21}$$

或者

$$M_1 + M_2 \leqslant 1.1547 \tag{5-22}$$

因此，该串联系统的调制度被限制在如图 5-20 所示的区域内。其中，$M_1 = 1.1547$，$M_2 = 0$ 表示 PMSM1 单独工作，PMSM2 不工作；反之 $M_1 = 0$，$M_2 = 1.1547$ 代表 PMSM2 单独工作，PMSM1 不工作。当两台 PMSM 的工作状态完全相同时，其调制度为 $M_1 = M_2 = 0.5774$，此时直流母线电压的设计值为

$$U_{dc} = \frac{V_1}{0.5 \times 0.5774} = 3.46 V_1 \tag{5-23}$$

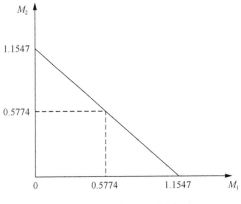

图 5-20 串联系统调制度图

5.2.4 SPWM 的调制策略

SPWM 控制逆变器导通与关断的调制信号与两台串联 PMSM 的给定电压关系为

$$\begin{cases} u_A^* = u_{a1}^* + u_{a2}^*, \quad u_B^* = u_{b1}^* + u_{c2}^*, \quad u_C^* = u_{c1}^* + u_{b2}^* \\ u_X^* = u_{x1}^* + u_{y2}^*, \quad u_Y^* = u_{y1}^* + u_{x2}^*, \quad u_Z^* = u_{z1}^* + u_{z2}^* \end{cases} \tag{5-24}$$

PMSM1 和 PMSM2 的参考相电压分别设定为

$$\begin{cases} u_{a1}^* = M_1 0.5 U_{dc} \cos(\omega_1 t) \\ u_{x1}^* = M_1 0.5 U_{dc} \cos(\omega_1 t - \pi/6) \\ u_{b1}^* = M_1 0.5 U_{dc} \cos(\omega_1 t - 2\pi/3) \\ u_{y1}^* = M_1 0.5 U_{dc} \cos(\omega_1 t - 5\pi/6) \\ u_{c1}^* = M_1 0.5 U_{dc} \cos(\omega_1 t - 4\pi/3) \\ u_{z1}^* = M_1 0.5 U_{dc} \cos(\omega_1 t - 3\pi/2) \end{cases} \tag{5-25}$$

$$\begin{cases} u_{a2}^* = M_2 0.5 U_{dc} \cos(\omega_2 t) \\ u_{x2}^* = M_2 0.5 U_{dc} \cos(\omega_2 t - 5\pi/6) \\ u_{b2}^* = M_2 0.5 U_{dc} \cos(\omega_2 t - 4\pi/3) \\ u_{y2}^* = M_2 0.5 U_{dc} \cos(\omega_2 t - \pi/6) \\ u_{c2}^* = M_2 0.5 U_{dc} \cos(\omega_2 t - 2\pi/3) \\ u_{z2}^* = M_2 0.5 U_{dc} \cos(\omega_2 t - 3\pi/2) \end{cases} \tag{5-26}$$

零序信号 zs 在 $-U_{dc}/2 - u_{min} \leqslant zs \leqslant U_{dc}/2 - u_{max}$ 范围内变化[5]，有

$$zs = -0.5(u_{max} + u_{min}) \tag{5-27}$$

其中

$$u_{max} = \max(u_{a1}^* + u_{a2}^*, u_{x1}^* + u_{y2}^*, u_{b1}^* + u_{c2}^*, u_{y1}^* + u_{x2}^*, u_{c1}^* + u_{b2}^*, u_{z1}^* + u_{z2}^*)$$

$$u_{min} = \min(u_{a1}^* + u_{a2}^*, u_{x1}^* + u_{y2}^*, u_{b1}^* + u_{c2}^*, u_{y1}^* + u_{x2}^*, u_{c1}^* + u_{b2}^*, u_{z1}^* + u_{z2}^*)$$

因此，将 zs 注入 SPWM 的调制信号后，有助于提高直流母线电压利用率，即

$$\begin{cases} u_A^* = u_{a1}^* + u_{a2}^* + zs \\ u_B^* = u_{b1}^* + u_{c2}^* + zs \\ u_C^* = u_{c1}^* + u_{b2}^* + zs \\ u_X^* = u_{x1}^* + u_{y2}^* + zs \\ u_Y^* = u_{y1}^* + u_{x2}^* + zs \\ u_Z^* = u_{z1}^* + u_{z2}^* + zs \end{cases} \tag{5-28}$$

5.2.5　仿真分析

根据图 5-18 所示的控制方案在 MATLAB/Simulink 中搭建模型并进行仿真。仿真参数设置与表 5-1 相同，SPWM 模块设定调制比为 0.25，三角载波频率为 2kHz，幅值为 800V。分别进行变速运行和变载运行两种工况的仿真。

1. 变速运行

两电机负载转矩恒定，电机 1 保持 150r/min 运行，1s 后突增到 600r/min；电机 2 保持 300r/min 运行，1.5s 后突降到 150r/min。仿真结果如图 5-21～图 5-23 所示。

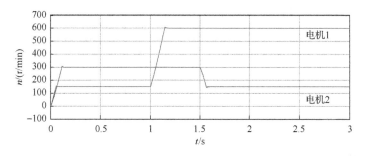

图 5-21　电机转速波形

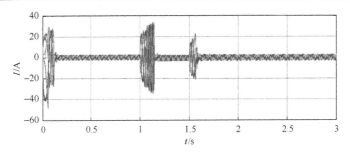

图 5-22　逆变器电流波形

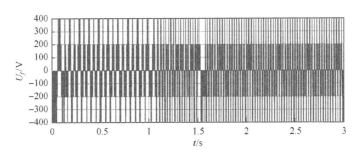

图 5-23　逆变器输出相电压波形

由图 5-21 可见，两台电机转速可分别按指令动作，互不影响，能达到独立解耦运行。图 5-23 为逆变器 f 相电压波形，是非标准固定频率的 PWM 波。由图 5-24 的电压频谱可知，变速后的稳态电压主要包含 10Hz 和 40Hz 两种频率的电压分量，根据式(5-7)，稳态下电机 1 的基波电压频率应为 40Hz，电机 1 的基波电压频率应为 10Hz，与频谱分析结果一致，再次验证了前文的理论分析。

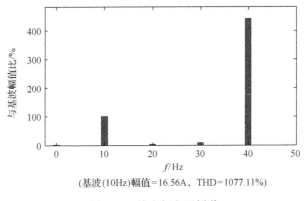

(基波(10Hz)幅值=16.56A，THD=1077.11%)

图 5-24　输出相电压频谱

2. 变载运行

两电机转速保持恒定，电机 1 施加负载转矩为 5N·m，1s 后突增到 10N·m；

电机 2 施加负载转矩为 15N·m, 1.5s 后突降到 5N·m。仿真结果如图 5-25～图 5-27 所示。

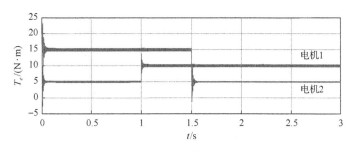

图 5-25　电机转矩波形

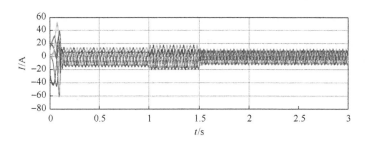

图 5-26　逆变器电流波形

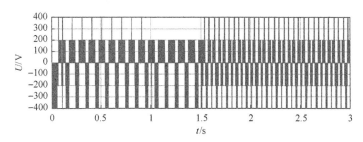

图 5-27　逆变器输出电压波形

　　由图 5-25 可见，两台电机具有较好的转矩响应，能够分别独立跟踪转矩给定且互不影响。电压及电流的频谱分析与转速突变一致，不再赘述。

　　无论基于电流滞环比较的控制方案还是基于 SPWM 的控制方案，都能实现两台电机独立解耦运行。前者适用于电流可控的电压源型逆变器，应用简单，但具有开关频率不恒定等缺点；后者适用于电压可控的电压源型逆变器，系统中多了四个 PI 调节器，稍显复杂，但能得到较理想的 PWM 输出电压波形，研究的潜力较大。

5.3　收放卷过程中的张力线速度控制

在工业生产过程中，如造纸、纺织等行业，材料的放卷与收卷是一个常见的环节。材料生产的质量很大程度上取决于放卷与收卷过程中材料的线速度与张力的控制，而要实现对线速度与张力的控制则需要对控制放卷与收卷过程的电机实现精确控制。

本节以双 Y 移 30° PMSM 串联系统为基础建立张力控制系统的模型，初步研究放卷与收卷过程中恒张力与恒线速度控制的基本原理，并对该系统进行仿真验证。

5.3.1　收放卷过程的基本原理

材料的放卷与收卷流程如图 5-28 所示，它由收卷辊与放卷辊组成。收卷辊由收卷电机驱动，放卷辊由放卷电机驱动，两台电机均采用双 Y 移 30° PMSM，两台电机的定子绕组按照第 3 章相序转换规则串联连接在一起，利用单台逆变器供电。

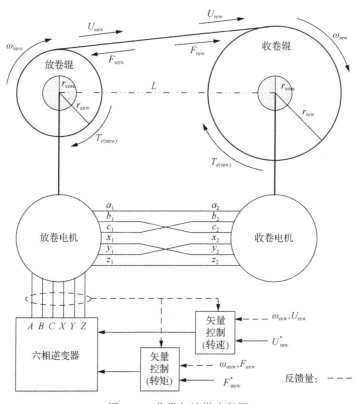

图 5-28　收卷与放卷流程图

为了保证材料加工的质量，需要控制放卷与收卷过程中材料的张力与线速度均保持不变。在收放卷过程开始之后，首先要在收卷辊与放卷辊之间的材料上建立张力。在张力达到给定值之后，要控制材料的线速度达到给定线速度，此时，系统工作在恒张力、恒线速度的稳态模式。

放卷电机控制材料的张力，收卷电机控制材料的线速度。设两台电机电磁转矩的正方向为顺时针方向。放卷收卷过程中两台电机均为顺时针方向旋转，收卷电机的负载转矩与电磁转矩方向相反，因此工作在电动状态；而放卷电机的负载转矩与电磁转矩方向相同，工作在发电状态。由于两台电机的定子绕组串联连接，由同一逆变器驱动，所以放卷电机在发电状态产生的能量可以不必反馈到直流母线，而直接被收卷电机利用，从而可以减小逆变器的额定功率[6]。

5.3.2　张力与线速度控制系统的数学模型

1. 基本数学模型

在收卷与放卷过程中，由于材料存在一定的厚度，因此放卷辊的半径会逐渐减小，收卷辊的半径会逐渐增大。收卷辊与放卷辊的半径计算公式为

$$r_{\text{rew}} = r_{\text{core}} + \frac{h}{2\pi}\int_0^t \omega_{\text{rew}}\mathrm{d}t \,, \quad r_{\text{unw}} = r_0 - \frac{h}{2\pi}\int_0^t \omega_{\text{unw}}\mathrm{d}t \tag{5-29}$$

其中，r_0 为放卷辊在没有放卷之前的原始半径；r_{core} 为收卷辊卷轴的半径；h 为材料的厚度。

在系统运行过程中，放卷辊的负载转矩方向与电磁转矩的正方向相同，放卷电机处于发电状态，忽略摩擦阻力产生的转矩，放卷电机的运动方程为

$$T_{e(\text{unw})} + T_{l(\text{unw})} = \frac{\mathrm{d}(J_{\text{unw}}\omega_{\text{unw}})}{\mathrm{d}t} \tag{5-30}$$

在材料的放卷过程中，材料厚度较小，材料的质量发生变化，因此放卷辊的转动惯量 J_{unw} 也会随之变化，J_{unw} 的表达式为

$$J_{\text{unw}} = J_0 + 0.5\rho\pi W(r_{\text{unw}}^4 - r_{\text{core}}^4) \tag{5-31}$$

其中，J_0 表示没有缠绕材料的卷轴的转动惯量。将式(5-31)代入式(5-30)可得

$$T_{e(\text{unw})} + T_{l(\text{unw})} = J_{\text{unw}}\frac{\mathrm{d}\omega_{\text{unw}}}{\mathrm{d}t} + \omega_{\text{unw}}\frac{\mathrm{d}J_{\text{unw}}}{\mathrm{d}r_{\text{unw}}}\frac{\mathrm{d}r_{\text{unw}}}{\mathrm{d}t} \tag{5-32}$$

在系统运行过程中，收卷辊的负载转矩与电磁转矩的方向相反，收卷电机运行在电动状态，忽略摩擦阻力产生的转矩，收卷电机的运动方程为

$$T_{e(\text{rew})} - T_{l(\text{rew})} = \frac{\mathrm{d}(J_{\text{rew}}\omega_{\text{rew}})}{\mathrm{d}t} \tag{5-33}$$

同样，收卷辊的转动惯量也会随时间变化，它的表达式为

$$J_{\text{rew}} = J_0 + 0.5\rho\pi W(r_{\text{rew}}^4 - r_{\text{core}}^4) \tag{5-34}$$

将式(5-34)代入式(5-33)可得

$$T_{e(\text{rew})} - T_{l(\text{rew})} = J_{\text{unw}}\frac{\mathrm{d}\omega_{\text{rew}}}{\mathrm{d}t} + \omega_{\text{rew}}\frac{\mathrm{d}J_{\text{rew}}}{\mathrm{d}r_{\text{rew}}}\frac{\mathrm{d}r_{\text{rew}}}{\mathrm{d}t} \tag{5-35}$$

收卷辊与放卷辊受到材料的作用力是反向的，因此收卷电机与放卷电机的负载转矩是反向的，张力大小都等于材料的张力，设张力值为 F，它们负载转矩的表达式为

$$T_{l(\text{unw})} = Fr_{\text{unw}}, \quad T_{l(\text{rew})} = Fr_{\text{rew}} \tag{5-36}$$

2. 线速度观测器

收卷辊与放卷辊线速度可以通过式(5-37)得出：

$$U_{\text{rew}} = \omega_{\text{rew}}r_{\text{rew}}, \quad U_{\text{unw}} = \omega_{\text{unw}}r_{\text{unw}} \tag{5-37}$$

将式(5-29)代入式(5-37)即可得到收卷线速度与放卷线速度的观测值为

$$U_{\text{rew}} = \omega_{\text{rew}}\left(r_{\text{core}} + \frac{h}{2\pi}\int_0^t \omega_{\text{rew}}\mathrm{d}t\right), \quad U_{\text{unw}} = \omega_{\text{unw}}\left(r_0 - \frac{h}{2\pi}\int_0^t \omega_{\text{unw}}\mathrm{d}t\right) \tag{5-38}$$

其中，U_{unw} 表示材料的放卷线速度；U_{rew} 表示材料的收卷线速度；r_{unw} 表示放卷辊的半径；r_{rew} 表示收卷辊的半径；ω_{unw} 表示放卷辊的角速度；ω_{rew} 表示收卷辊的角速度。ω_{unw} 与 ω_{rew} 的值可以在电机运行过程中通过传感器测得。

3. 张力观测器

在放卷与收卷过程中，若 $U_{\text{unw}} > U_{\text{rew}}$，则材料会松弛，无法产生张力；若 $U_{\text{unw}} < U_{\text{rew}}$，则材料会绷紧，张力变大。根据胡克定律可知，材料张力观测值的表达式为

$$F = \frac{EA}{L}\int (U_{\text{rew}} - U_{\text{unw}})\mathrm{d}t \tag{5-39}$$

其中，E 表示材料的杨氏模量；A 表示材料的横截面积；L 表示材料在收卷辊与放卷辊之间的距离；t 表示系统运行的时间。

由式 (5-39) 可以看出，收放卷过程中材料的张力是收卷线速度 U_{rew} 与放卷线速度 U_{unw} 差值的积分，要控制 F 只需控制收卷线速度与放卷线速度之间的差值 $U_{rew} - U_{unw}$ 即可。

5.3.3　张力与线速度控制方案

在收放卷过程中需要保持材料的张力与线速度均为恒定值，具体的控制方案如图 5-29 和图 5-30 所示，即利用收卷电机控制线速度，利用放卷电机控制张力。

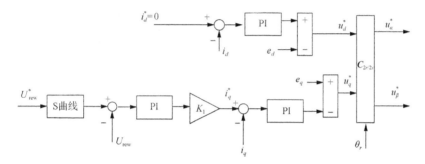

图 5-29　线速度控制方案

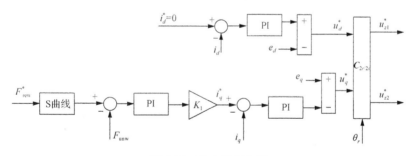

图 5-30　张力控制方案

图 5-29 表示的是收卷电机对材料线速度的控制原理，收卷电机的线速度观测值 U_{unw} 作为反馈输入控制系统，通过比较 U_{unw} 与收卷线速度的参考值 U_{unw}^*，将差值输入 PI 调节器，经过 PI 调节后产生收卷电机 q 轴电压的参考值，实现对收卷线速度的控制。

图 5-30 表示的是放卷电机对材料线张力的控制原理，放卷电机的张力观测值 F_{unw} 作为反馈输入控制系统，通过比较 F_{unw} 与张力参考值 F_{unw}^*，将差值输入 PI 调节器，经过 PI 调节后产生放卷电机 q 轴电压的参考值，实现对张力的控制。

5.3.4　仿真分析

收卷辊与放卷辊以及材料的参数设置为材料厚度 $h = 0.001\text{m}$ ，材料密度 $\rho = 200\text{kg/m}^3$ ，放卷辊的初始半径 $r_0 = 0.3\text{m}$ ，收卷辊与放卷辊轴的半径 $r_{\text{core}} = 0.035\text{m}$ ，材料宽度 $W = 0.2\text{m}$ 。

系统启动后在 0.5s 时给定张力参考值为 20N，经过 2s 后张力达到给定值，在 3s 时给定线速度的参考值为 10m/s，在 33s 时，系统线速度给定值为 0，2s 后张力给定值为 0，系统停止运行。系统的线速度、张力、转矩、角速度、辊半径波形如图 5-31 所示。

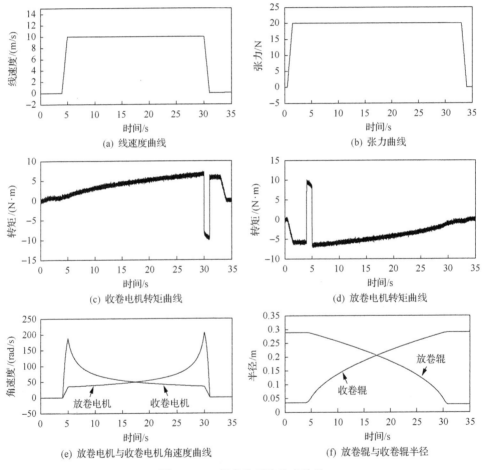

图 5-31　双机卷绕系统仿真结果

通过仿真波形可以看出，材料的张力与线速度能够很好地跟踪张力与线速度给定值，在系统稳态时，张力与线速度都能够保持在恒定值。在系统运行过程中，两台电机的转矩波形基本上是对称的。根据图 5-31(e)和(f)可知，在系统稳态运行过程中，由于材料的线速度保持恒定，放卷电机的角速度随着收卷辊半径的减小而不断增大，收卷电机的角速度随着收卷辊半径的增大而不断减小。该系统可以实现在材料放卷与收卷过程中恒张力与恒线速度的控制。

参 考 文 献

[1] 王成元, 夏加宽, 孙宜标. 现代电机控制技术. 2 版. 北京: 机械工业出版社, 2017.

[2] 何京德. 基于单逆变器的六相永磁同步电动机串联驱动系统研究[硕士学位论文]. 烟台: 海军航空工程学院, 2010.

[3] 张春晓. 单逆变器驱动双永磁同步电机串联系统研究[硕士学位论文]. 威海: 哈尔滨工业大学, 2012.

[4] Mengoni M, Tani A, Zarri L. Position control of a multi-motor drive based on series-connected five-phase tubular PM actuators. IEEE Transactions on Industry Applications, 2012, 48(16): 2048-2058.

[5] Levi E, Dujic D, Jones M, et al. Analytical determination of DC-bus utilization limits in multiphase VSI supplied AC drives. IEEE Transactions on Energy Conversion, 2008, 23(2): 433-443.

[6] Jones M. A five-phase two-motor centre-driven winder with series-connected motors. The 33rd Annual Conference of the IEEE Industrial Electronics Society, Taipei, 2007: 1324-1328.

第 6 章　双 Y 移 30° PMSM 串联系统的 SVM-DTC 技术

在直接转矩控制(DTC)技术中应用空间矢量调制(SVM)技术,可以产生恒定的开关频率,在保持传统 DTC 系统快速动态响应特性的同时,有效地减小转矩和电流的脉动,提高系统稳态性能,得到更高的直流母线利用率,降低总的谐波失真,极大地提高了系统的控制性能。在多相电机串联系统中,逆变器需要生成包含一定数量正弦分量的输出电压,即多频率输出电压。根据已有文献,采用 SVPWM 技术时,串联系统中的每台电机都有独立的空间矢量调制器,所以存在调制器的切换问题,限制了多台电机的同时运行,因此需要研究串联系统多频率调制输出的电压生成方法。本章以表贴型转子结构的双 Y 移 30° PMSM 串联系统为研究对象,采用 SVM-DTC 技术实现双 Y 移 30° PMSM 和两相 PMSM 的控制,SVM-DTC 技术中 DTC 部分与传统 DTC 基本相同,只是将开关表模块替换为 SVPWM 模块,在此基础上,研究三种串联系统的 SVM-DTC 技术。首先给出串联系统传统多频率调制输出的电压生成方法,然后基于可变子周期的调制方法进行第一次改进,接着针对 SVPWM 的实现方法进行第二次改进,最后仿真验证三种方法的可行性。

6.1　双 Y 移 30° PMSM 的 SVM-DTC 技术

6.1.1　旋转坐标系下的数学模型

双 Y 移 30° PMSM 在旋转坐标系下的数学模型如下:

电压方程为

$$\begin{bmatrix} u_{d1} \\ u_{q1} \\ u_{d2} \\ u_{q2} \\ u_{o1} \\ u_{o2} \end{bmatrix} = r_{s1} \begin{bmatrix} i_{d1} \\ i_{q1} \\ i_{d2} \\ i_{q2} \\ i_{o1} \\ i_{o2} \end{bmatrix} + \frac{\mathrm{d}}{\mathrm{d}t} \begin{bmatrix} \psi_{d1} \\ \psi_{q1} \\ \psi_{d2} \\ \psi_{q2} \\ \psi_{o1} \\ \psi_{o2} \end{bmatrix} + \omega_{r1} \begin{bmatrix} -\psi_{q1} \\ \psi_{d1} \\ 0 \\ 0 \\ 0 \\ 0 \end{bmatrix} \quad (6\text{-}1)$$

其中，u_{d1}、u_{q1}、u_{d2}、u_{q2}、u_{o1}、u_{o2} 为等效定子电压(V)；i_{d1}、i_{q1}、i_{d2}、i_{q2}、i_{o1}、i_{o2} 为等效定子电流(A)；ψ_{d1}、ψ_{q1}、ψ_{d2}、ψ_{q2}、ψ_{o1}、ψ_{o2} 为等效定子磁链(Wb)；r_{s1} 为定子电阻(Ω)；ω_{r1} 为电角速度(rad/s)。

磁链方程为

$$\begin{bmatrix} \psi_{d1} \\ \psi_{q1} \\ \psi_{d2} \\ \psi_{q2} \\ \psi_{o1} \\ \psi_{o2} \end{bmatrix} = \begin{bmatrix} L_{d1} & 0 & 0 & 0 & 0 & 0 \\ 0 & L_{q1} & 0 & 0 & 0 & 0 \\ 0 & 0 & L_{d2} & 0 & 0 & 0 \\ 0 & 0 & 0 & L_{q2} & 0 & 0 \\ 0 & 0 & 0 & 0 & L_{o1} & 0 \\ 0 & 0 & 0 & 0 & 0 & L_{o2} \end{bmatrix} \begin{bmatrix} i_{d1} \\ i_{q1} \\ i_{d2} \\ i_{q2} \\ i_{o1} \\ i_{o2} \end{bmatrix} + \psi_{f1} \begin{bmatrix} \sqrt{3} \\ 0 \\ 0 \\ 0 \\ 0 \\ 0 \end{bmatrix} \tag{6-2}$$

其中，L_{d1}、L_{q1} 为等效 d 轴、q 轴电感(mH)，$L_{d1}=L_{q1}=3L_{m1}+L_{s\sigma1}$；$L_{d2}$、$L_{q2}$ 为等效 d_2、q_2 轴电感(mH)，$L_{d2}=L_{q2}=L_{s\sigma1}$；$L_{o1}$、$L_{o2}$ 为等效 o_1、o_2 轴电感(mH)，$L_{o1}=L_{o2}=L_{s\sigma1}$。

电磁转矩方程为

$$T_{e1} = p_1(\psi_{d1}i_{q1}-\psi_{q1}i_{d1}) = p_1[\sqrt{3}\psi_{f1}i_{q1}+(L_{d1}-L_{q1})i_{q1}i_{d1}] = \sqrt{3}p_1\psi_{f1}i_{q1} \tag{6-3}$$

其中，T_{e1} 为电磁转矩($\mathrm{N\cdot m}$)；p_1 为电机极对数。

转子运动方程为

$$T_{e1}-T_{L1}=J_1\frac{\mathrm{d}}{\mathrm{d}t}\omega_{m1}+B_1\omega_{m1} \tag{6-4}$$

其中，T_{L1} 为负载转矩($\mathrm{N\cdot m}$)；J_1 为转动惯量($\mathrm{kg\cdot m^2}$)；B_1 为阻尼系数；ω_{m1} 为转子机械角速度，转子电角速度 $\omega_{r1}=p_1\omega_{m1}=\dfrac{\mathrm{d}}{\mathrm{d}t}\theta_{r1}$。

6.1.2　DTC 方法

定子磁链观测器采用定子磁链的电流模型，将采集的逆变器六相电流经过 $6s/2s$ 变换和 $2s/2r$ 旋转变换得到 i_d 和 i_q，由式(6-2)得到定子磁链的两个分量 ψ_d 和 ψ_q，再经过 $2r/2s$ 旋转逆变换得到 ψ_α 和 ψ_β，进而得到 ψ_α 和 ψ_β 的合成磁链幅值 $|\psi_s|$ 和夹角 θ_s，电磁转矩观测器直接由式(6-3)得到，定子磁链和电磁转矩观测器框图如图 6-1 所示[1-3]。

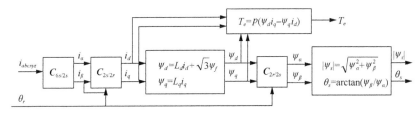

图 6-1　定子磁链和电磁转矩观测器框图

采用 PI 控制器会降低 DTC 的响应速度，因此根据定子磁链和电压空间矢量参考值的关系直接计算电压空间矢量参考值，框图如图 6-2 所示。

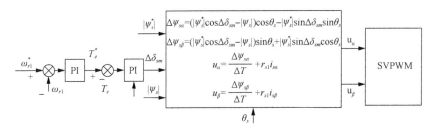

图 6-2　磁链误差矢量估计框图

图 6-2 中：

$$\begin{cases} \Delta\psi_{s\alpha} = -[\,|\psi_s|\cos\theta_s - |\psi_s^*|\cos(\theta_s + \Delta\delta_{sm})\,] \\ \qquad = (|\psi_s^*|\cos\Delta\delta_{sm} - |\psi_s|)\cos\theta_s - |\psi_s^*|\sin\Delta\delta_{sm}\sin\theta_s \\ \Delta\psi_{s\beta} = |\psi_s^*|\sin(\theta_s + \Delta\delta_{sm}) - |\psi_s|\sin\theta_s \\ \qquad = (|\psi_s^*|\cos\Delta\delta_{sm} - |\psi_s|)\sin\theta_s + |\psi_s^*|\sin\Delta\delta_{sm}\cos\theta_s \end{cases} \tag{6-5}$$

$$\begin{cases} u_\alpha = \dfrac{\Delta\psi_{s\alpha}}{\Delta T} + r_{s1}i_{s\alpha} \\ u_\beta = \dfrac{\Delta\psi_{s\beta}}{\Delta T} + r_{s1}i_{s\beta} \end{cases} \tag{6-6}$$

其中，$\Delta\delta_{sm}$ 为定子磁链 ψ_s 与转子永磁体磁链 ψ_f 之间的夹角 (rad)。

双 Y 移 30° PMSM 的 SVM-DTC 系统框图如图 6-3 所示。采集双 Y 移 30° PMSM 的转速和逆变器输出的六相电流，电流经过 6s/2s 和 2s/2r 变换得到在 dq 坐标系中的分量，通过定子磁链和电磁转矩观测器得到实际的磁链和转矩。由光电编码器采集的实际转速与给定转速的误差，经过 PI 控制器得到参考转矩，参考转矩与实际转矩的误差再经过 PI 控制器得到定子磁链与转子永磁体磁链间夹角 $\Delta\delta_{sm}$ 的给定值，经过磁链误差计算模块得到 $\alpha\beta$ 坐标系中电压空间矢量参考值在两个坐标轴的分量，采用 SVPWM 方法得到驱动逆变器功率开关器件的 PWM 波形，进而驱动双 Y 移 30° PMSM。

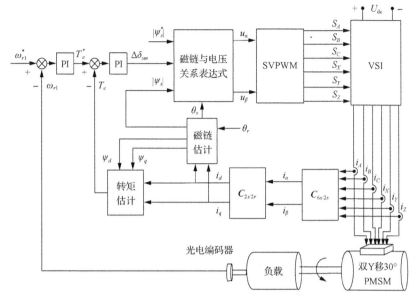

图 6-3　双 Y 移 30° PMSM 的 SVM-DTC 系统框图

6.1.3　电压空间矢量分布

若全桥 VSI 各桥臂开关器件的开关形式用二进制 0、1 来表示，为 VSI 每相桥臂定义一个开关函数 $s_i \in \{1,0\}(i=1,2,\cdots,6)$，$s_i=1$ 代表上桥臂导通、下桥臂关断，$s_i=0$ 代表下桥臂导通、上桥臂关断，则双 Y 移 30° PMSM 六相负载相对于中性点的相电压可以用式 (6-7) 计算[4]：

$$
\begin{cases}
u_1 = U_{dc}\left[\dfrac{2}{3}\left(s_1 - \dfrac{1}{2}\right) - \dfrac{1}{3}\left(s_2 - \dfrac{1}{2}\right) - \dfrac{1}{3}\left(s_3 - \dfrac{1}{2}\right)\right] \\[2mm]
u_2 = U_{dc}\left[\dfrac{2}{3}\left(s_2 - \dfrac{1}{2}\right) - \dfrac{1}{3}\left(s_1 - \dfrac{1}{2}\right) - \dfrac{1}{3}\left(s_3 - \dfrac{1}{2}\right)\right] \\[2mm]
u_3 = U_{dc}\left[\dfrac{2}{3}\left(s_3 - \dfrac{1}{2}\right) - \dfrac{1}{3}\left(s_1 - \dfrac{1}{2}\right) - \dfrac{1}{3}\left(s_2 - \dfrac{1}{2}\right)\right] \\[2mm]
u_4 = U_{dc}\left[\dfrac{2}{3}\left(s_4 - \dfrac{1}{2}\right) - \dfrac{1}{3}\left(s_5 - \dfrac{1}{2}\right) - \dfrac{1}{3}\left(s_6 - \dfrac{1}{2}\right)\right] \\[2mm]
u_5 = U_{dc}\left[\dfrac{2}{3}\left(s_5 - \dfrac{1}{2}\right) - \dfrac{1}{3}\left(s_4 - \dfrac{1}{2}\right) - \dfrac{1}{3}\left(s_6 - \dfrac{1}{2}\right)\right] \\[2mm]
u_6 = U_{dc}\left[\dfrac{2}{3}\left(s_6 - \dfrac{1}{2}\right) - \dfrac{1}{3}\left(s_4 - \dfrac{1}{2}\right) - \dfrac{1}{3}\left(s_5 - \dfrac{1}{2}\right)\right]
\end{cases}
\tag{6-7}
$$

VSI 输出相对于中性点的相电压可以表示为 s_i 的函数，并且 $\alpha\beta$ 子空间、z_1z_2 子空间和 o_1o_2 子空间的电压空间矢量可定义为逆变器输出相对于中性点的相电压，具体公式如下：

$$u_{\alpha\beta}=u_{\alpha}+ju_{\beta}=\frac{1}{3}\left(u_1+u_2e^{j\frac{2\pi}{3}}+u_3e^{j\frac{4\pi}{3}}+u_4e^{j\frac{\pi}{6}}+u_5e^{j\frac{5\pi}{6}}+u_6e^{j\frac{3\pi}{2}}\right) \tag{6-8}$$

$$u_{z1z2}=u_{z1}+ju_{z2}=\frac{1}{3}\left(u_1+u_2e^{j\frac{4\pi}{3}}+u_3e^{j\frac{2\pi}{3}}+u_4e^{j\frac{5\pi}{6}}+u_5e^{j\frac{\pi}{6}}+u_6e^{j\frac{3\pi}{2}}\right) \tag{6-9}$$

$$u_{o1o2}=u_{o1}+ju_{o2}=\frac{1}{3}\left(u_1+u_2e^{j2\pi}+u_3e^{j4\pi}+u_4e^{j\frac{\pi}{2}}+u_5e^{j\frac{5\pi}{2}}+u_6e^{j\frac{9\pi}{2}}\right) \tag{6-10}$$

一台 n 相两电平的 VSI 可以有 2^n 个电压空间矢量。因此，对于双 Y 移 30° PMSM，六相全桥逆变器共有 $2^6=64$ 种开关状态，即 64 个有效电压空间矢量，其中 4 个为零矢量。双 Y 移 30° PMSM 的 $\alpha\beta$ 子空间、z_1z_2 子空间和 o_1o_2 子空间中所有的电压空间矢量可以由式(6-8)～式(6-10)得到，电压空间矢量分布如图 6-4 所示。o_1o_2 子空间的电压空间矢量全部为零，是因为双 Y 移 30° PMSM 两组三相绕组的中性点分别独立，若将两个中性点连接在一起，则 o_1o_2 子空间的电压空间矢量呈直线分布。

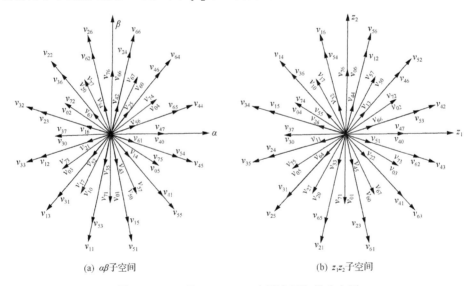

(a) $\alpha\beta$子空间　　　　　　　(b) z_1z_2子空间

图 6-4　双 Y 移 30° PMSM 电压空间矢量分布图

6.1.4　电压空间矢量作用时间

对于双 Y 移 30° PMSM，只有 $\alpha\beta$ 子空间的电压空间矢量参与机电能量转换，因此在选取电压空间矢量时，使其在 $\alpha\beta$ 子空间合成的电压空间矢量参考值幅值

最大，在 z_1z_2 子空间合成的电压空间矢量参考值幅值最小。假设参考值 u_s^* 已知，VSI 不饱和，需要 4 个非零有效电压空间矢量来合成参考值，生成正弦电压。从双 Y 移 30° PMSM 电压空间矢量分布图 6-4(a) 和 (b) 可以看出，$\alpha\beta$ 子空间和 z_1z_2 子空间最外层也就是幅值最大的 12 个电压空间矢量将空间分为 12 个扇区，12 个电压空间矢量幅值 $|v_{1st}| = 2/3U_{dc}\cos(\pi/12) = (\sqrt{6}+\sqrt{2})/6U_{dc}$，幅值次大的电压空间矢量幅值 $|v_{2nd}| = 2/3U_{dc}\cos(\pi/4) = \sqrt{2}/3U_{dc}$，介于幅值次大和幅值最小矢量之间的电压空间矢量幅值 $|v_{3rd}| = 2/3U_{dc}\cos(\pi/3) = 1/3U_{dc}$，幅值最小的电压空间矢量幅值 $|v_{4th}| = 2/3U_{dc}\cos(5\pi/12) = (\sqrt{6}-\sqrt{2})/6U_{dc}$，$U_{dc}$ 为直流母线电压[5-7]。

从图 6-4(a) 和 (b) 可以看出，双 Y 移 30°电机的电压矢量被映射到不同子空间时，电压矢量模值的相对大小发生变化，在同一个子空间内，当作用相同时间时，模值越大的电压矢量对转矩的影响越大。因此，通常选择 $\alpha\beta$ 空间内模值最大的若干电压矢量用以控制双 Y 移 30°电机，实现效率提升。同时，避免使用 z_1z_2 子空间内模值较大的电压矢量，以减小损耗。

每个扇区选择相邻最大的 4 个非零有效电压空间矢量，如果按照图 6-4(a) 和 (b) 的矢量分布图来计算作用时间，那么每个扇区非零有效电压空间矢量的作用时间计算公式都不相同，因此采用坐标系转换的方法使不同扇区的作用时间公式具有统一的形式。$\alpha\beta$ 子空间的坐标系转换矩阵为（$s=1,2,\cdots,12$ 表示扇区号）

$$
\begin{bmatrix} u_d \\ u_q \end{bmatrix} = \begin{bmatrix} \cos\left(\dfrac{\pi}{6}(s-1)\right) & \sin\left(\dfrac{\pi}{6}(s-1)\right) \\ -\sin\left(\dfrac{\pi}{6}(s-1)\right) & \cos\left(\dfrac{\pi}{6}(s-1)\right) \end{bmatrix} \begin{bmatrix} v_d \\ v_q \end{bmatrix} \tag{6-11}
$$

在使 z_1z_2 子空间的平均作用电压为零的同时，电压空间矢量参考值和 4 个非零有效电压空间矢量在坐标系中的关系满足式(6-12)的约束：

$$
\begin{cases}
\cos\dfrac{\pi}{4}|v_{1st}|T_1 + \cos\dfrac{\pi}{12}|v_{1st}|T_2 + \cos\dfrac{\pi}{12}|v_{1st}|T_3 + \cos\dfrac{\pi}{4}|v_{1st}|T_4 = |u_s^*|\cos(\theta_1')T_s \\[2mm]
-\sin\dfrac{\pi}{4}|v_{1st}|T_1 - \sin\dfrac{\pi}{12}|v_{1st}|T_2 + \sin\dfrac{\pi}{12}|v_{1st}|T_3 + \sin\dfrac{\pi}{4}|v_{1st}|T_4 = |u_s^*|\sin(\theta_1')T_s \\[2mm]
-\cos\dfrac{\pi}{4}|v_{4th}|T_1 + \cos\dfrac{5\pi}{12}|v_{4th}|T_2 + \cos\dfrac{5\pi}{12}|v_{4th}|T_3 - \cos\dfrac{\pi}{4}|v_{4th}|T_4 = 0 \\[2mm]
\sin\dfrac{3\pi}{4}|v_{4th}|T_1 - \sin\dfrac{5\pi}{12}|v_{4th}|T_2 + \sin\dfrac{5\pi}{12}|v_{4th}|T_3 - \sin\dfrac{3\pi}{4}|v_{4th}|T_4 = 0
\end{cases} \tag{6-12}
$$

其中，T_1、T_2、T_3、T_4 为 4 个非零有效电压空间矢量的作用时间(s)；T_s 为 PWM 波的开关周期(s)，$T_s = 0.0002$s。

通过求解线性方程组得到 4 个非零有效电压空间矢量对应的作用时间，最终得到 4 个非零有效电压空间矢量的作用时间和零矢量的作用时间如下：

$$\begin{cases} T_1 = \left(\dfrac{2\sqrt{3}-3}{2}\cos\theta_1' - \dfrac{\sqrt{3}}{2}\sin\theta_1' \right)\left|u_s^*\right|T_s/U_{dc} \\[3mm] T_2 = \dfrac{3-\sqrt{3}}{2}(\cos\theta_1' - \sin\theta_1')\left|u_s^*\right|T_s/U_{dc} \\[3mm] T_3 = \dfrac{3-\sqrt{3}}{2}(\cos\theta_1' + \sin\theta_1')\left|u_s^*\right|T_s/U_{dc} \\[3mm] T_4 = \left(\dfrac{2\sqrt{3}-3}{2}\cos\theta_1' + \dfrac{\sqrt{3}}{2}\sin\theta_1' \right)\left|u_s^*\right|T_s/U_{dc} \end{cases} \tag{6-13}$$

$$T_0 = T_s - T_1 - T_2 - T_3 - T_4 \tag{6-14}$$

如果对每个扇区选择相邻的最大的 2 个非零有效电压空间矢量和次大的 2 个非零有效电压空间矢量，采用坐标系转换的方法使不同扇区的作用时间公式具有统一的形式，则 $\alpha\beta$ 子空间的坐标系转换矩阵为

$$\begin{bmatrix} u_{d1} \\ u_{q1} \end{bmatrix} = \begin{bmatrix} \cos\left(\dfrac{\pi}{6}s - \dfrac{3\pi}{12}\right) & \sin\left(\dfrac{\pi}{6}s - \dfrac{3\pi}{12}\right) \\[3mm] -\sin\left(\dfrac{\pi}{6}s - \dfrac{3\pi}{12}\right) & \cos\left(\dfrac{\pi}{6}s - \dfrac{3\pi}{12}\right) \end{bmatrix} \begin{bmatrix} u_\alpha \\ u_\beta \end{bmatrix} \tag{6-15}$$

在使 z_1z_2 子空间的平均作用电压为零的同时，4 个非零有效电压空间矢量的作用时间需要满足如下约束：

$$\begin{cases} \left|v_{1st}\right|T_3 + \left|v_{2nd}\right|T_1 = \dfrac{\left|u_s^*\right|\sin(\pi/6 - \theta_1')}{\sin(\pi/6)}T_s \\[3mm] \left|v_{4th}\right|T_3 - \left|v_{2nd}\right|T_1 = 0 \\[3mm] \left|v_{1st}\right|T_2 + \left|v_{2nd}\right|T_4 = \dfrac{\left|u_s^*\right|\sin\theta_1'}{\sin(\pi/6)}T_s \\[3mm] \left|v_{4th}\right|T_2 - \left|v_{2nd}\right|T_4 = 0 \end{cases} \tag{6-16}$$

$$\begin{cases} T_1 = \sqrt{12}\cos(5\pi/12)\left|u_s^*\right|\sin(\pi/6 - \theta_1')T_s/U_{dc} \\[2mm] T_2 = \sqrt{6}\left|u_s^*\right|\sin(\theta_1')T_s/U_{dc} \\[2mm] T_3 = \sqrt{6}\left|u_s^*\right|\sin(\pi/6 - \theta_1')T_s/U_{dc} \\[2mm] T_4 = \sqrt{12}\cos(5\pi/12)\left|u_s^*\right|\sin(\theta_1')T_s/U_{dc} \end{cases} \tag{6-17}$$

其中，θ'_l 为电压空间矢量参考值与坐标转换后的 d 轴之间的夹角(rad)。

6.1.5　SVPWM 方法

对双 Y 移 30° PMSM 的电压空间矢量作用时间表达式验证伏秒原则，空间矢量参考值位于扇区 1 时有

$$\left| u_s \right| T_s \mathrm{e}^{\mathrm{j}\theta'_l} = T_1 \left| v_{\text{2nd}} \right| \mathrm{e}^{\mathrm{j}\frac{\pi}{12}} + T_2 \left| v_{\text{1st}} \right| \mathrm{e}^{\mathrm{j}\frac{\pi}{4}} + T_3 \left| v_{\text{1st}} \right| \mathrm{e}^{\mathrm{j}\frac{\pi}{4}} + T_4 \left| v_{\text{2nd}} \right| \mathrm{e}^{\mathrm{j}\frac{\pi}{12}} \tag{6-18}$$

其中，u_s 为合成的电压空间矢量参考值(V)。

将 6.1.4 节最后 T_1、T_2、T_3、T_4 的表达式代入式(6-18)得

$$\left| u_s \right| T_s \mathrm{e}^{\mathrm{j}\theta'_l} = 0.9318 \left| u_s^* \right| T_s \mathrm{e}^{\mathrm{j}\theta'_l} \tag{6-19}$$

由式(6-19)可以看出，空间矢量调制器的输出基波相电压幅值只有输入电压参考值的 93.18% 。因此，为了使输出基波相电压等于输入参考值，修正参考值为原参考值的 1/0.9318=1.0732 倍。

对于任何给定的参考值有

$$u_s^* = \sqrt{2} u^* \mathrm{e}^{\mathrm{j}\theta'_l} \tag{6-20}$$

如果调制器的给定参考值增大为原来的 1.0732 倍，将确保输出的基波相电压有效值等于参考值的有效值 u^*，即

$$u_s^{*'} = 1.0732 u_s^* = 1.0732\sqrt{2} u^* \mathrm{e}^{\mathrm{j}\theta'_l} \tag{6-21}$$

最大输出电压基波峰值 $\left| u_{\max} \right|$ 对应于正十二边形的内切圆半径，可以得到 $\left| u_{\max} \right| = 2/3 U_{\text{dc}} \cos(\pi/12)\cos(\pi/12) = (2+\sqrt{3})/6 U_{\text{dc}} = 0.622 U_{\text{dc}}$，因此可以得到的最大输出电压峰值为 93.18%×0.622U_{dc} = 0.5796U_{dc}。

另一种调制方法不需要增大输入参考值就可以实现输出电压在最大输出电压峰值的 93.18%～100% 变化，但要以输出电压出现低次谐波作为代价。该方法适用于输入参考电压值在 0.4714U_{dc}～0.622U_{dc}，即在次大矢量和最大矢量确定的正十二边形内切圆半径之间。选择相邻的最大 2 个空间矢量和次大 2 个空间矢量，4 个矢量中两两在同一直线上，可以等效为使用两个最大的非零空间矢量合成参考值，对应的作用时间为

$$\begin{cases} T_a = \left| v_{2nd} \right| T_1 \big/ \left| v_{1st} \right| + T_3 = \dfrac{\left| u_s^* \right| \sin(\pi/6 - \theta_1')T_s}{\sin(\pi/6)\left| v_{1st} \right|} \\[4mm] T_b = \left| v_{2nd} \right| T_4 \big/ \left| v_{1st} \right| + T_2 = \dfrac{\left| u_s^* \right| \sin(\theta_1')T_s}{\sin(\pi/6)\left| v_{1st} \right|} \end{cases} \tag{6-22}$$

用 λ 和 μ 分别表示次大矢量幅值和最大矢量幅值的系数，两个系数随着输入电压参考值幅值的变化而变化。采用这种方法时，逆变器输出电压达到最大，在扇区 I 中的两个相邻等效空间矢量的作用时间分别为

$$\begin{cases} T_a = \dfrac{\left| u_s^* \right| \sin(\pi/6 - \theta_1')T_s}{(\lambda \left| v_{2nd} \right| + \mu \left| v_{1st} \right|)\sin(\pi/6)} \\[4mm] T_b = \dfrac{\left| u_s^* \right| \sin(\theta_1')T_s}{(\lambda \left| v_{2nd} \right| + \mu \left| v_{1st} \right|)\sin(\pi/6)} \end{cases} \tag{6-23}$$

对式 (6-23) 的约束为

$$\begin{cases} \left| u_s^* \right| \leqslant 0.4553 U_{dc}, & \lambda=1, \ \mu=0 \\[2mm] \left| u_s^* \right| = 0.622 U_{dc}, & \lambda=0, \ \mu=1 \end{cases} \tag{6-24}$$

如果 $T_a = T_b = 0.5T_s$，$T_0 = 0$，由式 (6-23) 得到 λ 和 μ 的值，得到

$$\lambda \left| v_{2nd} \right| + \mu \left| v_{1st} \right| = \dfrac{2 \left| u_s^* \right| \sin(\pi/12)T_s}{\sin(\pi/6)} \tag{6-25}$$

$$\lambda + \dfrac{1+\sqrt{3}}{2}\mu = \dfrac{3 \left| u_s^* \right| \sin(\pi/12)T_s}{\cos(\pi/4)\sin(\pi/6)U_{dc}} \tag{6-26}$$

该方法确保了对于每个输入参考电压值，逆变器输出的最大基波峰值电压等于输入参考电压。系数 λ 和 μ 满足约束条件 $0 \leqslant \lambda \leqslant 1$、$0 \leqslant \mu \leqslant 1$ 和 $\lambda + \mu = 1$。λ 和 μ 的表达式为

$$\begin{cases} \lambda = \dfrac{\dfrac{1+\sqrt{3}}{2} - \dfrac{3 \left| u_s^* \right| \sin(\pi/12)T_s}{\cos(\pi/4)\sin(\pi/6)U_{dc}}}{\dfrac{1+\sqrt{3}}{2} - 1} \\[8mm] \mu = \dfrac{\dfrac{3 \left| u_s^* \right| \sin(\pi/12)T_s}{\cos(\pi/4)\sin(\pi/6)U_{dc}} - 1}{\dfrac{1+\sqrt{3}}{2} - 1} \end{cases} \tag{6-27}$$

最后，再由式(6-28)得到 4 个非零有效电压空间矢量的作用时间为

$$
\begin{cases}
T_1 = \dfrac{|v_{2\mathrm{nd}}|}{|v_{1\mathrm{st}}| + |v_{2\mathrm{nd}}|} T_a, & T_2 = \dfrac{|v_{1\mathrm{st}}|}{|v_{1\mathrm{st}}| + |v_{2\mathrm{nd}}|} T_b \\[3mm]
T_3 = \dfrac{|v_{1\mathrm{st}}|}{|v_{1\mathrm{st}}| + |v_{2\mathrm{nd}}|} T_a, & T_4 = \dfrac{|v_{2\mathrm{nd}}|}{|v_{1\mathrm{st}}| + |v_{2\mathrm{nd}}|} T_b
\end{cases}
\tag{6-28}
$$

6.2　两相 PMSM 的 SVM-DTC 技术

6.2.1　两相 PMSM 的数学模型

两相 PMSM 是一个二维非线性强耦合系统，电机在原来的静止参考坐标系中建模和控制都十分困难，因此有必要建立一个简化的模型来控制两相电机。

1. 两相静止坐标系中的数学模型

电压方程为

$$
\begin{cases}
u_{a2} = r_{s2} i_{a2} + \dfrac{\mathrm{d}}{\mathrm{d}t} \psi_{a2} \\[3mm]
u_{b2} = r_{s2} i_{b2} + \dfrac{\mathrm{d}}{\mathrm{d}t} \psi_{b2}
\end{cases}
\tag{6-29}
$$

其中，u_{a2}、u_{b2} 为定子两相绕组相电压(V)；i_{a2}、i_{b2} 为定子两相绕组相电流(A)；ψ_{a2}、ψ_{b2} 为定子两相绕组磁链(Wb)；r_{s2} 为定子绕组电阻(Ω)。

磁链方程为

$$
\begin{cases}
\psi_{a2} = L i_{a2} + \psi_{f2} \cos\theta_{r2} \\[2mm]
\psi_{b2} = L i_{b2} + \psi_{f2} \sin\theta_{r2}
\end{cases}
\tag{6-30}
$$

其中，L 为定子绕组等效电感(H)；ψ_{f2} 为转子永磁体磁链幅值(Wb)；θ_{r2} 为定子 A 相绕组轴线与转子轴线之间的电角度(rad)。

电磁转矩方程为

$$
T_{e2} = p_2 \left(\begin{bmatrix} \psi_{a2} & \psi_{b2} \end{bmatrix}^{\mathrm{T}} \times \begin{bmatrix} i_{a2} & i_{b2} \end{bmatrix}^{\mathrm{T}} \right) = p_2 (\psi_{a2} i_{b2} - \psi_{b2} i_{a2})
\tag{6-31}
$$

其中，T_{e2} 为电磁转矩(N·m)；p_2 为电机的极对数。

转子运动方程为

$$T_{e2} - T_{L2} = J_2 \frac{\mathrm{d}}{\mathrm{d}t}\omega_{m2} + B_2\omega_{m2} \tag{6-32}$$

其中，T_{L2} 为负载转矩（N·m）；J_2 为转动惯量（kg·m^2）；ω_{m2} 为转子机械角速度（rad/s）；B_2 为阻尼系数。

电角速度 ω_{r2}、机械角速度 ω_{m2} 和 θ_{r2} 的关系为

$$\omega_{r2} = p_2\omega_{m2} = \frac{\mathrm{d}}{\mathrm{d}t}\theta_{r2} \tag{6-33}$$

2. 解耦数学模型

由于两相 PMSM 只有两相，不需要从静止坐标系转换到两相静止坐标系（$\alpha\beta$ 坐标系），只需进行两相静止坐标系到两相同步旋转坐标系（dq 坐标系）的变换，变换矩阵和解耦后的数学模型为

$$\boldsymbol{C}_{2s/2r} = \begin{bmatrix} \cos\theta_{r2} & \sin\theta_{r2} \\ -\sin\theta_{r2} & \cos\theta_{r2} \end{bmatrix} \tag{6-34}$$

电压方程为

$$\begin{cases} u_{d2} = r_{s2}i_{d2} + \dfrac{\mathrm{d}}{\mathrm{d}t}\psi_{d2} - \omega_{r2}\psi_{q2} \\ u_{q2} = r_{s2}i_{q2} + \dfrac{\mathrm{d}}{\mathrm{d}t}\psi_{q2} + \omega_{r2}\psi_{d2} \end{cases} \tag{6-35}$$

其中，u_{d2}、u_{q2} 为等效定子绕组相电压（V）；i_{d2}、i_{q2} 为等效定子绕组相电流（A）；ψ_{d2}、ψ_{q2} 为等效定子绕组磁链（Wb）；r_{s2} 为等效定子绕组电阻（Ω）；ω_{r2} 为电角速度（rad/s）。

磁链方程为

$$\begin{cases} \psi_{d2} = L_{d2}i_{d2} + \psi_{f2} \\ \psi_{q2} = L_{q2}i_{q2} \end{cases} \tag{6-36}$$

其中，L_{d2}、L_{q2} 为等效定子 d 轴、q 轴电感（mH）。

电磁转矩方程为

$$T_{e2} = p_2(\psi_{d2}i_{q2} - \psi_{q2}i_{d2}) \tag{6-37}$$

转子运动方程为

$$T_{e2} - T_{L2} = J_2 \frac{\mathrm{d}}{\mathrm{d}t} \omega_{m2} + B_2 \omega_{m2} \tag{6-38}$$

6.2.2　SVM-DTC 方法

　　两相 PMSM 的 DTC 原理同双 Y 移 30° PMSM，定子磁链观测器采用定子磁链的电流模型，将两相电流经过坐标变换得到 i_d 和 i_q，然后由式(6-36)得到定子磁链的两个分量 ψ_d 和 ψ_q，再经过 2r/2s 逆变换得到 ψ_α 和 ψ_β，进而得到 ψ_α 和 ψ_β 以及合成磁链幅值 $|\psi_s|$ 和夹角 θ_s，电磁转矩观测器直接由式(6-37)得到，如图 6-5 所示。同样由式(6-5)和式(6-6)直接计算电压空间矢量参考值。

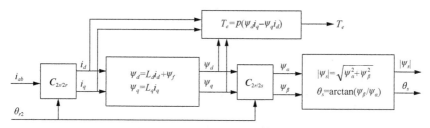

图 6-5　定子磁链和电磁转矩观测器

　　本书提出的两相 PMSM 由于增加了一相桥臂，相当于是由三相逆变器驱动的，共有 $2^3 = 8$ 种开关状态，即 8 个有效电压空间矢量，其中 2 个为零矢量，电压空间矢量分布如图 6-6 所示。为每相逆变器桥臂定义一个开关函数 $S_i \in \{1,0\}$ $(i = 1,2,3)$，两相负载相对于中性点的相电压和 $\alpha\beta$ 子空间的电压空间矢量为

$$\begin{cases} u_1 = U_{\mathrm{dc}}(S_1 - S_3) \\ u_2 = U_{\mathrm{dc}}(S_2 - S_3) \end{cases} \tag{6-39}$$

$$u_{\alpha\beta} = u_\alpha + \mathrm{j}u_\beta = u_1 + u_2 \mathrm{e}^{\mathrm{j}\pi/2} \tag{6-40}$$

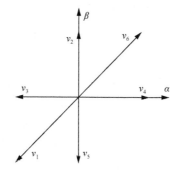

图 6-6　两相 PMSM 电压空间矢量分布图

对于两相 PMSM，6 个空间电压矢量将子空间划分为 6 个扇区，每个扇区选择仅有的两个空间矢量作为基本电压矢量，幅值为 U_{dc} 或 $\sqrt{2}U_{dc}$。根据有效电压空间矢量和电压空间矢量参考值在坐标系中的投影关系分别计算每个扇区有效电压空间矢量的作用时间。以扇区 I 为例，计算过程为

$$u_1 T_1 + u_2 T_2 = u_s T_s \tag{6-41}$$

$$\begin{cases} U_{dc} T_1 + U_{dc} T_2 = u_{o1} T_s \\ U_{dc} T_2 = u_{o2} T_s \end{cases} \tag{6-42}$$

$$\begin{cases} T_1 = \dfrac{u_{o1} - u_{o2}}{U_{dc}} T_s \\ T_2 = \dfrac{u_{o2}}{U_{dc}} T_s \end{cases} \tag{6-43}$$

其中，T_1、T_2 为电压空间矢量作用时间(s)，零矢量作用时间 $T_0 = T_s - T_1 - T_2$。

同理，得到各个扇区的非零有效电压空间矢量作用时间如表 6-1 所示。

表 6-1 　两相 PMSM 各扇区基本电压矢量作用时间

扇区	T_1	T_2	扇区	T_1	T_2
I	$\dfrac{u_{o1} - u_{o2}}{U_{dc}} T_s$	$\dfrac{u_{o2}}{U_{dc}} T_s$	IV	$\dfrac{u_{o2} - u_{o1}}{U_{dc}} T_s$	$-\dfrac{u_{o2}}{U_{dc}} T_s$
II	$\dfrac{u_{o1}}{U_{dc}} T_s$	$\dfrac{u_{o2} - u_{o1}}{U_{dc}} T_s$	V	$-\dfrac{u_{o1}}{U_{dc}} T_s$	$\dfrac{u_{o1} - u_{o2}}{U_{dc}} T_s$
III	$-\dfrac{u_{o1}}{U_{dc}} T_s$	$\dfrac{u_{o2}}{U_{dc}} T_s$	VI	$-\dfrac{u_{o2}}{U_{dc}} T_s$	$\dfrac{u_{o1}}{U_{dc}} T_s$

6.3　双 Y 移 30° PMSM 串联系统控制方法

6.3.1　双 Y 移 30° PMSM 双电机串联系统控制方法

通过坐标变换对串联系统进行解耦，$6s/2s$ 变换的变换矩阵见式(3-3)，$2s/2r$ 变换矩阵和解耦后的动态空间矢量方程为

$$C_{2s/2r} = \begin{bmatrix} \cos\theta_{r1} & \sin\theta_{r1} & 0 & 0 & 0 & 0 \\ -\sin\theta_{r1} & \cos\theta_{r1} & 0 & 0 & 0 & 0 \\ 0 & 0 & \cos\theta_{r2} & \sin\theta_{r2} & 0 & 0 \\ 0 & 0 & -\sin\theta_{r2} & \cos\theta_{r2} & 0 & 0 \\ 0 & 0 & 0 & 0 & 1 & 0 \\ 0 & 0 & 0 & 0 & 0 & 1 \end{bmatrix} \tag{6-44}$$

$$
\begin{bmatrix} u_{d1} \\ u_{q1} \\ u_{d2} \\ u_{q2} \\ u_{o1} \\ u_{o2} \end{bmatrix} = (r_{s1} + r_{s2}) \begin{bmatrix} i_{d1} \\ i_{q1} \\ i_{d2} \\ i_{q2} \\ i_{o1} \\ i_{o2} \end{bmatrix} + \frac{\mathrm{d}}{\mathrm{d}t} \begin{bmatrix} \psi_{d1} \\ \psi_{q1} \\ \psi_{d2} \\ \psi_{q2} \\ \psi_{o1} \\ \psi_{o2} \end{bmatrix} \tag{6-45}
$$

$$
\begin{bmatrix} \psi_{d1} \\ \psi_{q1} \\ \psi_{d2} \\ \psi_{q2} \\ \psi_{o1} \\ \psi_{o2} \end{bmatrix} = \begin{bmatrix} L_1 & 0 & 0 & 0 & 0 & 0 \\ 0 & L_2 & 0 & 0 & 0 & 0 \\ 0 & 0 & L_3 & 0 & 0 & 0 \\ 0 & 0 & 0 & L_4 & 0 & 0 \\ 0 & 0 & 0 & 0 & L_5 & 0 \\ 0 & 0 & 0 & 0 & 0 & L_6 \end{bmatrix} \begin{bmatrix} i_{d1} \\ i_{q1} \\ i_{d2} \\ i_{q2} \\ i_{o1} \\ i_{o2} \end{bmatrix} + \begin{bmatrix} \sqrt{3}\psi_{f1} \\ 0 \\ \sqrt{3}\psi_{f2} \\ 0 \\ 0 \\ 0 \end{bmatrix} \tag{6-46}
$$

$$
\begin{bmatrix} i_{d1} \\ i_{q1} \\ i_{d2} \\ i_{q2} \\ i_{o1} \\ i_{o2} \end{bmatrix} = C_{2s/2r} C_{6s/2s} I \tag{6-47}
$$

其中，r_{s1}、r_{s2} 为电机 1、电机 2 的定子电阻(Ω)；ψ_{f1}、ψ_{f2} 为电机 1、电机 2 转子永磁体磁链(Wb)；L_1 为电机 1 直轴电感与电机 2 漏感的和(mH)，$L_1 = l_{d1} + l_{s\sigma2}$；$L_2$ 为电机 1 交轴电感与电机 2 漏感的和(mH)，$L_2 = l_{q1} + l_{s\sigma2}$；$L_3$ 为电机 1 漏感与电机 2 直轴电感的和(mH)，$L_3 = l_{s\sigma1} + l_{d2}$；$L_4$ 为电机 1 漏感与电机 2 交轴电感的和(mH)，$L_4 = l_{s\sigma1} + l_{q2}$；$L_5$、$L_6$ 为电机 1、电机 2 的漏感和(mH)，$L_5 = L_6 = l_{s\sigma1} + l_{s\sigma2}$；$I$ 为逆变器输出相电流(A)，$I = \begin{bmatrix} i_A & i_B & i_C & i_X & i_Y & i_Z \end{bmatrix}^{\mathrm{T}}$；$\theta_{r1}$、$\theta_{r2}$ 为电机 1、电机 2 定子 A 相绕组轴线与转子轴线夹角(rad)。

上述数学模型考虑了零序分量,其实在双 Y 移 30° PMSM 双电机串联系统中,由于中性点是独立的, 可以不考虑零序分量。从串联系统解耦模型可以看出,用 $\alpha\beta$ 子空间的电流分量来控制电机 1 的磁通和转矩,用 z_1z_2 子空间的电流分量来控制电机 2 的磁通和转矩。$\alpha\beta$ 子空间和 z_1z_2 子空间的电压空间矢量分别由式(6-8)和式(6-9)计算, 空间矢量分布如图 6-4(a) 和(b)所示。两台电机分别采用两个

SVPWM 调制器独立控制，两个调制器中电压空间矢量作用时间表达式相同，见式 (6-13) 或式 (6-17)。设 ω_{r1}、ω_{r2} 分别表示电机 1、电机 2 的转子电角速度 (rad/s)，串联系统具体的控制系统框图如图 6-7 所示。

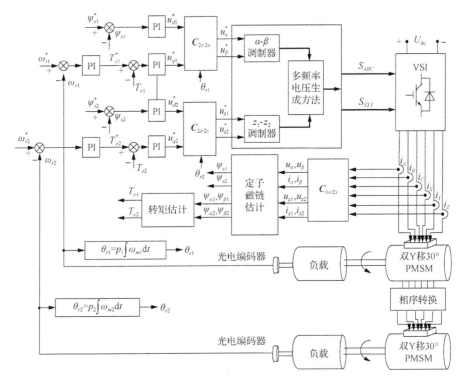

图 6-7   基于 SVM-DTC 的双 Y 移 30° PMSM 双电机串联系统框图

6.3.2   双 Y 移 30° PMSM 和两相 PMSM 双电机串联系统控制方法

对于双 Y 移 30° PMSM 和两相 PMSM 串联系统，同样通过 $6s/2s$ 变换和 $2s/2r$ 变换进行解耦，$6s/2s$ 变换依然见式 (3-3)，$2s/2r$ 变换的变换矩阵与双 Y 移 30° PMSM 双电机串联系统有所不用，原因是控制第二台电机的子空间不同，变换矩阵和解耦后串联系统的动态空间矢量方程为

$$
C_{2s/2r} = \begin{bmatrix}
\cos\theta_{r1} & \sin\theta_{r1} & 0 & 0 & 0 & 0 \\
-\sin\theta_{r1} & \cos\theta_{r1} & 0 & 0 & 0 & 0 \\
0 & 0 & 1 & 0 & 0 & 0 \\
0 & 0 & 0 & 1 & 0 & 0 \\
0 & 0 & 0 & 0 & \cos\theta_{r2} & \sin\theta_{r2} \\
0 & 0 & 0 & 0 & -\sin\theta_{r2} & \cos\theta_{r2}
\end{bmatrix} \tag{6-48}
$$

$$
\begin{bmatrix} u_{d1} \\ u_{q1} \\ u_{d2} \\ u_{q2} \\ u_{o1} \\ u_{o2} \end{bmatrix} = (r_{s1} + r_{s2}) \begin{bmatrix} i_{d1} \\ i_{q1} \\ i_{d2} \\ i_{q2} \\ i_{o1} \\ i_{o2} \end{bmatrix} + \frac{\mathrm{d}}{\mathrm{d}t} \begin{bmatrix} \psi_{d1} \\ \psi_{q1} \\ \psi_{d2} \\ \psi_{q2} \\ \psi_{o1} \\ \psi_{o2} \end{bmatrix} \tag{6-49}
$$

$$
\begin{bmatrix} \psi_{d1} \\ \psi_{q1} \\ \psi_{d2} \\ \psi_{q2} \\ \psi_{o1} \\ \psi_{o2} \end{bmatrix} = \begin{bmatrix} L_1 & 0 & 0 & 0 & 0 & 0 \\ 0 & L_2 & 0 & 0 & 0 & 0 \\ 0 & 0 & L_3 & 0 & 0 & 0 \\ 0 & 0 & 0 & L_4 & 0 & 0 \\ 0 & 0 & 0 & 0 & L_5 & 0 \\ 0 & 0 & 0 & 0 & 0 & L_6 \end{bmatrix} \begin{bmatrix} i_{d1} \\ i_{q1} \\ i_{d2} \\ i_{q2} \\ i_{o1} \\ i_{o2} \end{bmatrix} + \begin{bmatrix} \sqrt{3}\psi_{f1} \\ 0 \\ 0 \\ 0 \\ \psi_{f2} \\ 0 \end{bmatrix} \tag{6-50}
$$

$$
\begin{bmatrix} i_{d1} \\ i_{q1} \\ i_{d2} \\ i_{q2} \\ i_{o1} \\ i_{o2} \end{bmatrix} = \boldsymbol{C}_{2s/2r}\boldsymbol{C}_{6s/2s} \begin{bmatrix} i_A \\ i_B \\ i_C \\ i_X \\ i_Y \\ i_Z \end{bmatrix} \tag{6-51}
$$

其中，L_1 为电机 1 直轴电感与电机 2 漏感之和 (mH)，$L_1 = l_{d1} + l_{s\sigma2}$；$L_2$ 为电机 1 交轴电感与电机 2 漏感之和 (mH)，$L_2 = l_{q1} + l_{s\sigma2}$；$L_3$ 为电机 1 与电机 2 的漏感之和 (mH)，$L_3 = L_4 = l_{s\sigma1} + l_{s\sigma2}$；$L_5$ 为电机 1 漏感与电机 2 直轴电感之和 (mH)，$L_5 = l_{s\sigma1} + l_{d2}$；$L_6$ 为电机 1 漏感与电机 2 交轴电感之和 (mH)，$L_6 = l_{s\sigma1} + l_{q2}$。

根据解耦模型，采用 d_1q_1 子空间的电流分量来控制双 Y 移 30° PMSM 的磁通和转矩，用 o_1o_2 子空间的电流分量来控制两相 PMSM 的磁通和转矩。在双 Y 移 30° PMSM 和两相 PMSM 双电机串联系统中，VSI 是七相的，因为有一相桥臂连接两相 PMSM 的中性点。逆变器桥臂的开关函数定义为 $s_i \in \{1,0\}(i=1,2,\cdots,7)$，六相和两相负载相对于中性点的相电压为

$$u_i = \begin{cases} U_{dc}\left[s_i - \dfrac{1}{3}(s_1 + s_2 + s_3)\right], & i = 1,2,3 \\ U_{dc}\left[s_i - \dfrac{1}{3}(s_4 + s_5 + s_6)\right], & i = 4,5,6 \end{cases} \tag{6-52}$$

$$u_i = \begin{cases} U_{dc}(s_1 - s_7), & i = 1, s_1 = s_2 = s_3 \\ U_{dc}(s_4 - s_7), & i = 2, s_4 = s_5 = s_6 \end{cases} \tag{6-53}$$

逆变器输出相对于中性点的相电压见式(6-8)和式(6-40)，得到 o_1o_2 子空间的空间电压矢量不再全为零，两电机电压空间矢量分布如图 6-4(b)和图 6-6 所示。控制系统框图只需将图 6-7 中串联的第二台双 Y 移 30° PMSM 替换为两相 PMSM 即可。

6.3.3　双 Y 移 30° PMSM 和两相 PMSM 三电机串联系统控制方法

在双 Y 移 30° PMSM 和两相 PMSM 三电机串联系统中，用 $\alpha\beta$、z_1z_2 和 o_1o_2 子空间的电流分量分别来控制三台电机的磁通和转矩，$6s/2s$ 变换依然不变，$2s/2r$ 变换和解耦后的动态空间矢量方程如下[8,9]：

$$C_{2s/2r} = \begin{bmatrix} \cos\theta_{r1} & \sin\theta_{r1} & 0 & 0 & 0 & 0 \\ -\sin\theta_{r1} & \cos\theta_{r1} & 0 & 0 & 0 & 0 \\ 0 & 0 & \cos\theta_{r2} & \sin\theta_{r2} & 0 & 0 \\ 0 & 0 & -\sin\theta_{r2} & \cos\theta_{r2} & 0 & 0 \\ 0 & 0 & 0 & 0 & \cos\theta_{r3} & \sin\theta_{r3} \\ 0 & 0 & 0 & 0 & -\sin\theta_{r3} & \cos\theta_{r3} \end{bmatrix} \tag{6-54}$$

$$\begin{bmatrix} u_{d1} \\ u_{q1} \\ u_{d2} \\ u_{q2} \\ u_{o1} \\ u_{o2} \end{bmatrix} = (r_{s1} + r_{s2} + r_{s3}) \begin{bmatrix} i_{d1} \\ i_{q1} \\ i_{d2} \\ i_{q2} \\ i_{o1} \\ i_{o2} \end{bmatrix} + \frac{d}{dt} \begin{bmatrix} \psi_{d1} \\ \psi_{q1} \\ \psi_{d2} \\ \psi_{q2} \\ \psi_{o1} \\ \psi_{o2} \end{bmatrix} \tag{6-55}$$

$$\begin{bmatrix} \psi_{d1} \\ \psi_{q1} \\ \psi_{d2} \\ \psi_{q2} \\ \psi_{o1} \\ \psi_{o2} \end{bmatrix} = \begin{bmatrix} L_1 & 0 & 0 & 0 & 0 & 0 \\ 0 & L_2 & 0 & 0 & 0 & 0 \\ 0 & 0 & L_3 & 0 & 0 & 0 \\ 0 & 0 & 0 & L_4 & 0 & 0 \\ 0 & 0 & 0 & 0 & L_5 & 0 \\ 0 & 0 & 0 & 0 & 0 & L_6 \end{bmatrix} \begin{bmatrix} i_{d1} \\ i_{q1} \\ i_{d2} \\ i_{q2} \\ i_{o1} \\ i_{o2} \end{bmatrix} + \begin{bmatrix} \sqrt{3}\psi_{f1} \\ 0 \\ \sqrt{3}\psi_{f2} \\ 0 \\ \psi_{f3} \\ 0 \end{bmatrix} \tag{6-56}$$

$$\begin{bmatrix} i_{d1} \\ i_{q1} \\ i_{d2} \\ i_{q2} \\ i_{o1} \\ i_{o2} \end{bmatrix} = \boldsymbol{C}_{2s/2r}\boldsymbol{C}_{6s/2s} \begin{bmatrix} i_A \\ i_B \\ i_C \\ i_X \\ i_Y \\ i_Z \end{bmatrix} \tag{6-57}$$

其中，r_{s3} 为电机 3 的定子电阻（Ω）；ψ_{f3} 为电机 3 的转子永磁体磁链（Wb）；L_1 为电机 1 直轴电感、电机 2 漏感与电机 3 漏感之和（mH），$L_1 = l_{d1} + l_{s\sigma2} + l_{s\sigma3}$；$L_2$ 为电机 1 交轴电感、电机 2 漏感与电机 3 漏感之和（mH），$L_2 = l_{q1} + l_{s\sigma2} + l_{s\sigma3}$；$L_3$ 为电机 1 漏感、电机 2 直轴电感与电机 3 漏感之和（mH），$L_3 = l_{s\sigma1} + l_{d2} + l_{s\sigma3}$；$L_4$ 为电机 1 漏感、电机 2 交轴电感与电机 3 漏感之和（mH），$L_4 = l_{s\sigma1} + l_{q2} + l_{s\sigma3}$；$L_5$、$L_6$ 为电机 1、电机 2 与电机 3 漏感之和（mH），$L_5 = L_6 = l_{s\sigma1} + l_{s\sigma2} + l_{s\sigma3}$；$\theta_{r3}$ 为电机 3 定子 A 相绕组轴线与转子轴线之间的电角度（rad）。

　　双 Y 移 30° PMSM 和两相 PMSM 三电机串联系统的控制方法基本上就是将之前两种串联系统的控制方法综合起来，这里不再赘述。

6.4　串联系统多频率调制输出的电压生成方法

6.4.1　传统多频率调制输出的电压生成方法

　　首先，以双 Y 移 30° PMSM 双电机串联系统为例，在 $\alpha\beta$ 子空间和 z_1z_2 子空间中有两个独立的电压空间矢量参考值，采用两个独立的空间矢量调制器得到需要的电压空间矢量参考值，假定 $\alpha\beta$ 子空间的参考值在扇区 I 中，即 $S_1 = 1$，z_1z_2 子空间的参考值在扇区 II 中，即 $S_2 = 2$。相应非零有效电压空间矢量的作用时间公式见式（6-13）或式（6-17）。一台双 Y 移 30° PMSM 需要 4 个非零有效电压空间矢量来产生正弦电压，则两台电机同时运行共需要 8 个。调制器以一定序列方式施加所需电压空间矢量来合成参考值，如图 6-8（a）所示。两个连续开关周期中的电压空间矢量均在如图 6-4（a）和（b）所示的矢量之中，分别对应于 $\alpha\beta$ 子空间和 z_1z_2 子空间的电压空间矢量，用于产生驱动双 Y 移 30°电机 1 和电机 2 运行的正弦电压。同理，对于双 Y 移 30°电机和两相电机串联系统，相应的 SVPWM 实现方法如图 6-8（b）所示。

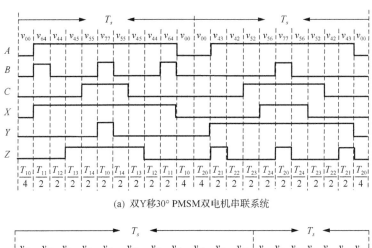

(a) 双Y移30° PMSM双电机串联系统

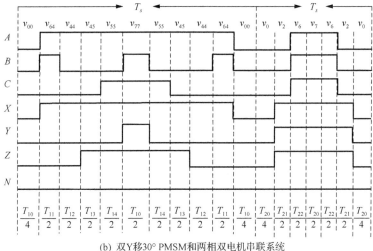

(b) 双Y移30° PMSM和两相双电机串联系统

图 6-8　SVPWM 实现方法(传统方法)

在每个开关周期中只施加了一个参考值,同时使其他子空间的合成电压为零,输出电压的有效值将是给定参考值的一半。因此,$\alpha\beta$ 子空间和 z_1z_2 子空间的合成电压被限制为可得到的直流母线电压最大值的 50%。即使电机 1 只需要零电压,由于 SVPWM 的性质,电机 2 也只有全部直流母线电压的一半可以利用。如图 6-9 所示,正方形深色区域代表 $\alpha\beta$ 子空间和 z_1z_2 子空间中成对的电压空间矢量参考值,每一个参考值被限制为 $0.311U_{dc}$,即最大值 $0.622U_{dc}$ 的 50%。此外,由于开关模式每两个周期重复一次,所以在开关频率的 1/2 处会出现电压谐波。

在 MATLAB/Simulink 中搭建双电机串联系统仿真模型,采用传统多频率调制输出的电压生成方法,双 Y 移 30° PMSM 和两相 PMSM 参数如表 6-2 和表 6-3 所示。

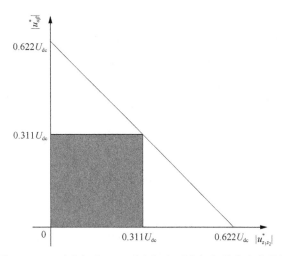

图 6-9　$\alpha\beta$ 子空间和 z_1z_2 子空间电压空间矢量参考值范围

表 6-2　双 Y 移 30° PMSM 参数

名称	电机 1 参数	电机 2 参数
额定功率/kW	3	3
额定电压/V	220	220
定子内阻/Ω	2.875	2.875
直轴电感/mH	8.5	12
交轴电感/mH	8.5	12
永磁体磁链/Wb	0.175	0.2
转动惯量/(kg·m²)	0.089	0.01
极对数	4	4
阻尼系数	0.005	0.01

表 6-3　两相 PMSM 参数

名称	电机参数
额定功率/kW	1.1
额定电压/V	220
定子内阻/Ω	2
直轴电感/mH	100
交轴电感/mH	100
永磁体磁链/Wb	0.51
转动惯量/(kg·m²)	0.008
极对数	2
阻尼系数	0.01

　　双 Y 移 30° PMSM 双电机串联系统模型采用两台双 Y 移 30° PMSM，工作频率分别设定为 f_1=33.3Hz 和 f_2=20Hz，对应电机转速为 500r/min 和 300r/min，负载转矩分别设定为 10N·m 和 5N·m，仿真结果如图 6-10 所示。

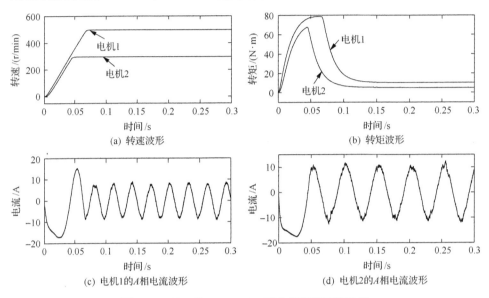

图 6-10　双 Y 移 30° PMSM 双电机串联系统波形

　　双 Y 移 30° PMSM 双电机串联系统电机 A 相电压和逆变器 A 相电压波形及频谱如图 6-11 所示。可以看出，每台电机的相电压包含一个比较大的电压频率分量，对应本台电机的工作频率。例如，电机 1 的相电压中较大的电压频率分量，对应电机 1 的工作频率 33.3Hz，幅值为 13.89dB；对应于电机 2 工作频率 20Hz 的电压分量几乎为零，说明电机 2 对电机 1 没有影响。逆变器相电压包含两个不同幅值的频率分量，分别对应两台电机的工作频率，逆变器相电压中 f_1 分量等于电机 1 和电机 2 中 f_1 分量的相量和，f_2 分量同理。由于逆变器相电压含有两台电机幅值频率各不同的电压分量，所以分布无规律。采用 FFT 分析电机 1 的 A 相电压总谐波失真，结果显示 THD=6.82%。

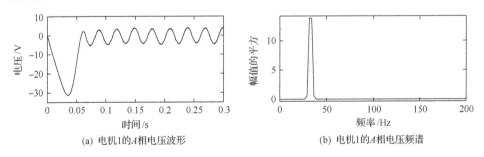

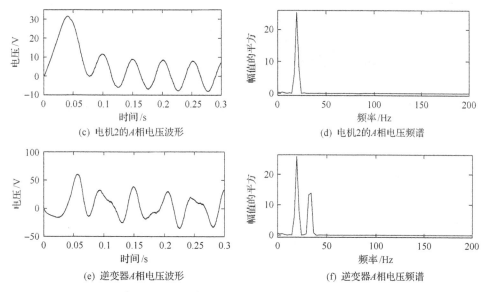

(c) 电机2的A相电压波形　　　　　　(d) 电机2的A相电压频谱

(e) 逆变器A相电压波形　　　　　　(f) 逆变器A相电压频谱

图 6-11　双 Y 移 30° PMSM 双电机串联系统电机 A 相电压和逆变器 A 相电压波形及频谱

为了定量比较仿真结果，总结图中各电压分量的均方值，串联系统两台电机相电压分量如表 6-4 所示。

表 6-4　双 Y 移 30° PMSM 串联系统相电压分量　　　　（单位：dB）

相电压	33.3Hz 分量	20Hz 分量
电机 1	13.89	<0.1
电机 2	<0.1	25.32
逆变器	13.82	25.73

由表 6-4 可见，每台电机的 z_1z_2 电压分量都非常小，说明两台电机之间几乎没有影响。试验结果的误差不超过 2%，考虑参数的不确定性和测量误差，电压对应关系较准确。

对双 Y 移 30° PMSM 和两相 PMSM 双电机串联系统进行仿真，分别设定转速为 500r/min 和 300r/min，负载转矩为 5N·m 和 1N·m，结果如图 6-12 所示。

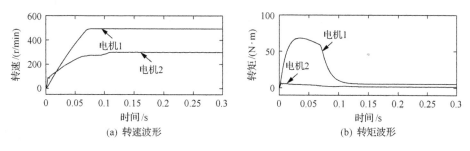

(a) 转速波形　　　　　　　　　　(b) 转矩波形

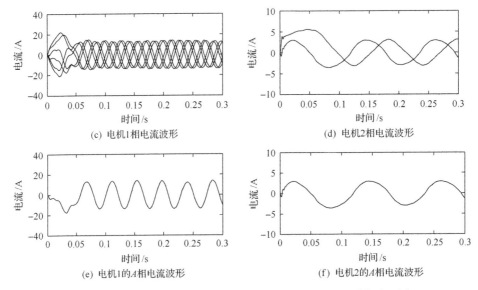

(c) 电机1相电流波形　　　　　　　　(d) 电机2相电流波形

(e) 电机1的A相电流波形　　　　　　(f) 电机2的A相电流波形

图 6-12　双 Y 移 30° PMSM 和两相 PMSM 双电机串联系统波形图

由图 6-11 和图 6-12 可见，基于传统多频率调制输出的电压生成方法进行串联系统控制电压的给定，串联系统实现了起动及平稳解耦运行，两台电机的转速、转矩均能够平稳地追踪各自的给定值。

6.4.2　改进多频率调制输出的电压生成方法一

在 6.4.1 节使用的传统方法中，两个子空间分别使用 4 个非零有效电压空间矢量，在每一个开关周期产生一个参考值。考虑如果一个子空间的参考值可以与零电压空间矢量的作用效果等同，就可以使用其他子空间的非零有效电压空间矢量来代替零矢量。

1. 基本原理

仅仅使用一个开关周期，而不是使用两个连续的开关周期进行两个子空间的电压控制。一个开关周期由两个子周期 T_{1s} 和 T_{2s} 组成（$T_s = T_{1s} + T_{2s}$），T_{1s}、T_{2s} 是以两个子空间的参考空间电压矢量幅值为变量的函数，即

$$T_{1s} = \frac{\left|u_{\alpha\beta}^*\right|}{\left|u_{\alpha\beta}^*\right| + \left|u_{z1z2}^*\right|} T_s \tag{6-58}$$

$$T_{2s} = \frac{\left|u_{z1z2}^*\right|}{\left|u_{\alpha\beta}^*\right| + \left|u_{z1z2}^*\right|} T_s \tag{6-59}$$

其中，$u_{\alpha\beta}^*$、u_{z1z2}^* 为电机 1 和电机 2 的电压空间矢量参考值(V)。

依然采用 6.1.4 节中的方法计算选择的非零有效电压空间矢量作用时间为

$$
\begin{cases}
T_{11}=\left[\dfrac{2\sqrt{3}-3}{2}\cos\left(\dfrac{\pi}{6}s_1-\dfrac{\pi}{6}-\theta_{1s}\right)-\dfrac{\sqrt{3}}{2}\sin\left(\dfrac{\pi}{6}s_1-\dfrac{\pi}{6}-\theta_{1s}\right)\right]\left|u_{\alpha\beta}^*\right|T_{1s}/U_{dc}\\[3mm]
T_{12}=\dfrac{3-\sqrt{3}}{2}\left[\cos\left(\dfrac{\pi}{6}s_1-\dfrac{\pi}{6}-\theta_{1s}\right)-\sin\left(\dfrac{\pi}{6}s_1-\dfrac{\pi}{6}-\theta_{1s}\right)\right]\left|u_{\alpha\beta}^*\right|T_{1s}/U_{dc}\\[3mm]
T_{13}=\dfrac{3-\sqrt{3}}{2}\left[\cos\left(\dfrac{\pi}{6}s_1-\dfrac{\pi}{6}-\theta_{1s}\right)+\sin\left(\dfrac{\pi}{6}s_1-\dfrac{\pi}{6}-\theta_{1s}\right)\right]\left|u_{\alpha\beta}^*\right|T_{1s}/U_{dc}\\[3mm]
T_{14}=\left[\dfrac{2\sqrt{3}-3}{2}\cos\left(\dfrac{\pi}{6}s_1-\dfrac{\pi}{6}-\theta_{1s}\right)+\dfrac{\sqrt{3}}{2}\sin\left(\dfrac{\pi}{6}s_1-\dfrac{\pi}{6}-\theta_{1s}\right)\right]\left|u_{\alpha\beta}^*\right|T_{1s}/U_{dc}
\end{cases}
\tag{6-60}
$$

$$
\begin{cases}
T_{21}=\left[\dfrac{2\sqrt{3}-3}{2}\cos\left(\dfrac{\pi}{6}s_2-\dfrac{\pi}{6}-\theta_{2s}\right)-\dfrac{\sqrt{3}}{2}\sin\left(\dfrac{\pi}{6}s_2-\dfrac{\pi}{6}-\theta_{2s}\right)\right]\left|u_{z1z2}^*\right|T_{2s}/U_{dc}\\[3mm]
T_{22}=\dfrac{3-\sqrt{3}}{2}\left[\cos\left(\dfrac{\pi}{6}s_2-\dfrac{\pi}{6}-\theta_{2s}\right)-\sin\left(\dfrac{\pi}{6}s_2-\dfrac{\pi}{6}-\theta_{2s}\right)\right]\left|u_{z1z2}^*\right|T_{2s}/U_{dc}\\[3mm]
T_{23}=\dfrac{3-\sqrt{3}}{2}\left[\cos\left(\dfrac{\pi}{6}s_2-\dfrac{\pi}{6}-\theta_{2s}\right)+\sin\left(\dfrac{\pi}{6}s_2-\dfrac{\pi}{6}-\theta_{2s}\right)\right]\left|u_{z1z2}^*\right|T_{2s}/U_{dc}\\[3mm]
T_{24}=\left[\dfrac{2\sqrt{3}-3}{2}\cos\left(\dfrac{\pi}{6}s_2-\dfrac{\pi}{6}-\theta_{2s}\right)+\dfrac{\sqrt{3}}{2}\sin\left(\dfrac{\pi}{6}s_2-\dfrac{\pi}{6}-\theta_{2s}\right)\right]\left|u_{z1z2}^*\right|T_{2s}/U_{dc}
\end{cases}
\tag{6-61}
$$

$$T_{10}=T_{1s}-T_{11}-T_{12}-T_{13}-T_{14} \tag{6-62}$$

$$T_{20}=T_{2s}-T_{21}-T_{22}-T_{23}-T_{24} \tag{6-63}$$

$$T_0=T_{10}+T_{20}=T_s-T_{11}-T_{12}-T_{13}-T_{14}-T_{21}-T_{22}-T_{23}-T_{24} \tag{6-64}$$

其中，s_1、s_2 为电机 1 和电机 2 的参考值所在扇区；θ_{1s}、θ_{2s} 为电机 1 和电机 2 的参考值与 d 轴之间的夹角(rad)；T_0 为零矢量在一个开关周期的作用总时间(s)；T_{10}、T_{20} 为零矢量分别在两个子周期的作用时间(s)。

只要零矢量的作用时间不是负数，在一个开关周期内就可以产生两个参考值，零矢量总作用时间可以在两个可变子周期中共享。两个子空间参考值的位置依然同 6.4.1 节，SVPWM 实现方法如图 6-13(a)所示，通过引入可变子周期作为两个子空间参考电压空间矢量幅值的函数，使两台电机可以完全利用可得到的直流母线电压。也就是说，在两台电机串联驱动系统中，如果一台电机静止，即所需电压为零，另一台电机可能得到全部电压，反之亦然。扇区 S_1 和 S_2 共有 $12\times12=144$

种扇区的结合方式，即 144 种有效电压空间矢量作用顺序。

　　基于可变子周期的改进电压生成方法一消除了 1/2 开关频率的电压谐波，并且保持了与原来一样的开关频率。与采用两个连续周期的传统方法相比，改进电压生成方法一可以在一个开关周期同时对两台或者更多台电机进行控制，将每台电机的参考值范围扩大到如图 6-9 所示的三角形区域。对于双 Y 移 30° 电机和两相电机串联系统，SVPWM 实现方法如图 6-13(b) 所示。

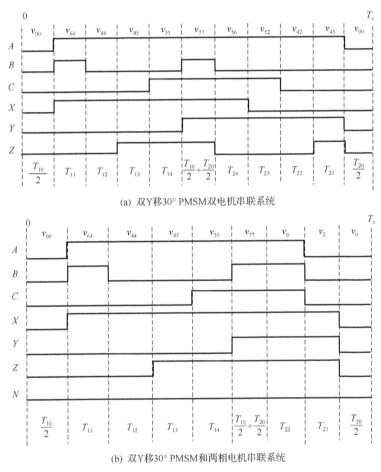

(a) 双Y移30° PMSM双电机串联系统

(b) 双Y移30° PMSM和两相电机串联系统

图 6-13　SVPWM 实现方法(改进电压生成方法一)

　　若 PWM 波形不对称，会导致输出相电压中有较大谐波成分。因此，令 PWM 波形关于开关周期的中心线对称，矢量作用时间一分为二对称分布，如图 6-14 所示。但从图中可以明显看出，开关器件通断较为频繁，会产生较大的开关损耗。

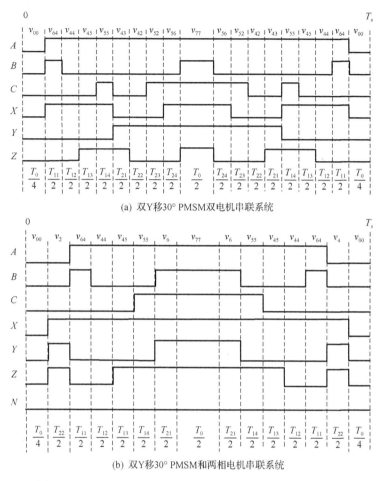

(a) 双Y移30° PMSM双电机串联系统

(b) 双Y移30° PMSM和两相电机串联系统

图 6-14　双 Y 移 30° SVPWM 实现方法(改进电压生成方法一)

2. 仿真结果及分析

在 MATLAB/Simulink 中搭建双电机串联系统数学模型,采用改进多频率调制输出的电压生成方法一。

首先对双 Y 移 30° PMSM 串联系统仿真结果进行分析。串联系统由两台双 Y 移 30° PMSM 组成,两台电机的工作频率分别设定为 $f_1 = 33.3$Hz 和 $f_2 = 20$Hz,对应电机转速为 500r/min 和 300r/min,负载转矩分别设定为 10N·m 和 5N·m。两台电机的转速、转矩和 A 相电流如图 6-15 所示。

双 Y 移 30° PMSM 双电机串联系统两台电机 A 相电压和逆变器 A 相电压波形及频谱如图 6-16 所示。

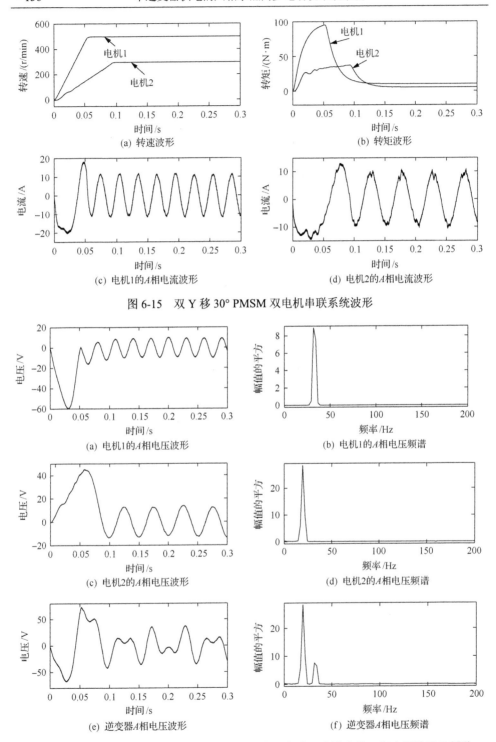

(a) 转速波形

(b) 转矩波形

(c) 电机1的A相电流波形

(d) 电机2的A相电流波形

图 6-15 双 Y 移 30° PMSM 双电机串联系统波形

(a) 电机1的A相电压波形

(b) 电机1的A相电压频谱

(c) 电机2的A相电压波形

(d) 电机2的A相电压频谱

(e) 逆变器A相电压波形

(f) 逆变器A相电压频谱

图 6-16 双 Y 移 30° PMSM 双电机串联系统电机 A 相电压和逆变器 A 相电压波形及频谱

总结图中各电压分量的均方值，定量比较试验结果，如表 6-5 所示。

表 6-5　双 Y 移 30° PMSM 串联系统相电压分量　　　　（单位：dB）

相电压	33.3Hz 分量	20Hz 分量
电机 1	8.79	<0.1
电机 2	<0.1	28.43
逆变器	8.60	28.32

由图 6-16 可见，每台电机的相电压包含一个比较大的电压频率分量对应本台电机的工作频率，而对应于另一台电机工作频率的电压分量几乎为零。由表 6-5 可见，试验结果的误差不超过 2%，$z_1 z_2$ 电压分量非常小，电压对应关系较为准确。采用 FFT 分析电机 1 的 A 相电压总谐波失真，结果显示 THD=3.22%。

对双 Y 移 30° PMSM 和两相 PMSM 双电机串联系统进行仿真。转速分别设定为 500r/min 和 300r/min，负载转矩分别设定为 10N·m 和 1N·m，仿真结果如图 6-17 所示。

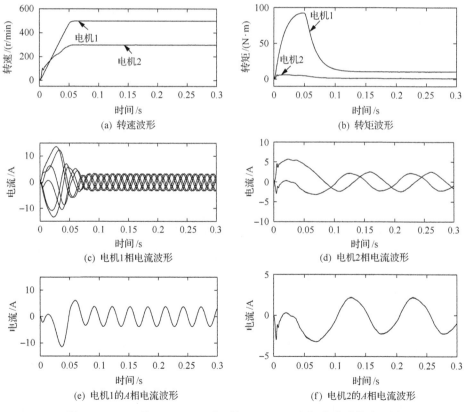

图 6-17　双 Y 移 30° PMSM 和两相 PMSM 双电机串联系统波形图

6.4.3 改进多频率调制输出的电压生成方法二

在 6.4.2 节中指出，引入两个持续时间可变的子周期，子周期大小与参考值幅值成比例，每个开关周期内，在两个电压空间矢量参考值作用下，两台电机可以同时运行。应用两个电压空间矢量参考值中的任意一个，会使得另一个子空间中的平均电压为零。因此，一个子空间中用于生成电压空间矢量参考值的非零电压矢量可以用来替代另一个子空间中的零矢量。然而，采用改进电压生成方法一在一个开关周期共施加了 8 个非零有效电压矢量并且有多次开关状态的切换，开关损耗和电压谐波较大，增加仿真复杂度的同时，影响串联系统的性能，并成为后续试验潜在的困难。因此，有必要对 6.4.2 节中使用的电压生成方法继续改进。

1. 基本原理

在一个开关周期内，逆变器桥臂的平均输出电压仅与此桥臂的占空比有关。改进电压生成方法一的 SVPWM 策略，在不改变占空比的前提下，同一时刻仅让一个开关器件动作，这样减小了开关损耗和谐波含量。另外，基于该方法的 PWM 生成规则在实践中也易于编程实现。

为了保证各桥臂的平均电压和采用改进电压生成方法一的平均电压一致，两个子空间的有效电压空间矢量作用时间仍然由两个独立的调制器得到。非零有效电压空间矢量的作用时间公式与 6.4.2 节相同，见式 (6-60) 和式 (6-61)。根据非零有效电压空间矢量对应的开关器件通断状态，计算逆变器的上桥臂开关器件在每个开关周期应关断的总时间，如图 6-14 所示。以第三个 PWM 波形为例，1/2 关断总时间为 $(T_0 / 2 + T_{11} + T_{12} + T_{13} + T_{21} + T_{22}) / 2$，将 1/2 关断总时间与一个周期为 0.0002s、幅值为 0.0002V 的三角波进行比较作差，差值为正则输出高电平，让上桥臂导通、下桥臂关断，差值为负则输出低电平，让上桥臂关断、下桥臂导通，得到对称 PWM 波形，从而重新确定需要施加的有效电压空间矢量及其作用顺序，如图 6-18 所示。从图中可以发现，需要施加的有效电压空间矢量数量大大减少，降低了算法的复杂度，每个开关周期每个开关器件只动作两次，减少了开关损耗和输出电压的谐波。

从图 6-18 可以看出，改进后只使用了 5 个有效空间矢量。最初选择的 8 个非零有效电压空间矢量分别是 v_{55}、v_{45}、v_{44}、v_{64} 和 v_{43}、v_{42}、v_{52}、v_{56}，经过改进，需要施加的矢量变为 v_{40}、v_{44}、v_{46}、v_{47}、v_{57}。改进电压生成方法二中电压空间矢量参考值依然在位于 6.4.1 节所假设的扇区，但是这 5 个矢量中有的属于最初的 8 个矢量，有的并不在最初的 8 个矢量中。并且采用改进电压生成方法二后，即使电压空间矢量参考值位于同一个扇区，也会因为参考值幅值和相位的不同，导致最后需要施加的 5 个非零有效电压空间矢量有所不同。

零矢量作用总时间依然可以在整个开关周期共享，但是零矢量作用总时间大小发生变化，虽然改进电压生成方法一和改进电压生成方法二假设的参考值相同，但改进电压生成方法一中零矢量 v_{00} 和 v_{77} 作用的总时间很明显比改进电压生成方法二中的总时间长，如图 6-14 和图 6-18 所示。与改进电压生成方法一的局限性相比，改进电压生成方法二使线性调制范围内的直流母线电压利用率进一步提升。

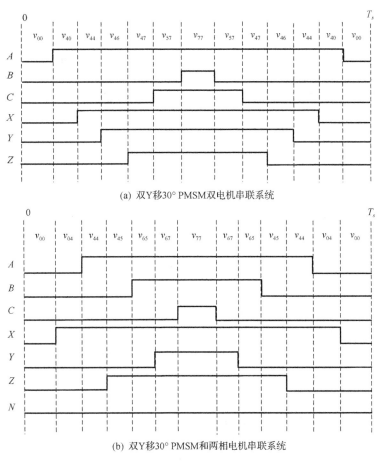

(a) 双Y移30° PMSM双电机串联系统

(b) 双Y移30° PMSM和两相电机串联系统

图 6-18　SVPWM 实现方法(改进电压生成方法二)

2. 仿真结果及分析

在 MATLAB/Simulink 中搭建双串联系统数学模型，采用改进多频率调制输出的电压生成方法二，双 Y 移 30° PMSM 和两相 PMSM 仿真参数不变，如表 6-2 和表 6-3 所示。首先对双 Y 移 30° PMSM 串联系统仿真结果进行分析。串联系统由两台双 Y 移 30° PMSM 组成，两台电机的工作频率分别设定为 $f_1 = 33.3\text{Hz}$ 和 $f_2 = 20\text{Hz}$，对应电机转速为 500r/min 和 300r/min，负载转矩分别设定为 10N·m 和 5N·m。两台电机的转速、转矩和 A 相电流如图 6-19 所示。

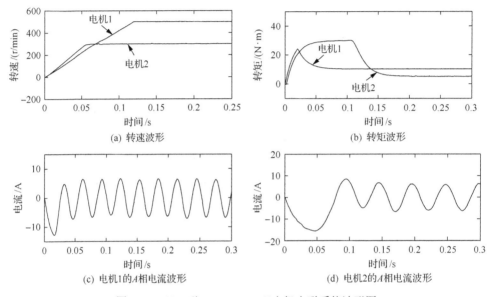

图 6-19 双 Y 移 30° PMSM 双电机串联系统波形图

图 6-20 为双 Y 移 30° PMSM 双电机串联电机 A 相电压和逆变器 A 相电压波形及频谱仿真结果。可以看出，每台电机的相电压包含一个对应本台电机工作频率的大幅值电压频率分量，而对应于另一台电机工作频率的电压分量几乎为零。总结图中各电压分量的均方值，定量比较试验结果，如表 6-6 所示，试验结果的误差不超过 1%，电压对应关系较为准确。采用 FFT 分析电机 1 的 A 相电压总谐波失真，结果显示 THD=2.7%。

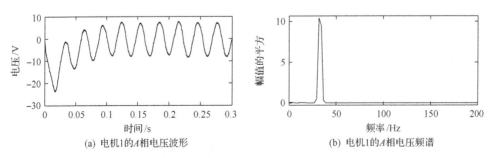

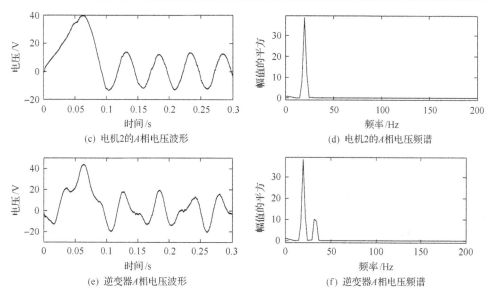

(c) 电机2的A相电压波形

(d) 电机2的A相电压频谱

(e) 逆变器A相电压波形

(f) 逆变器A相电压频谱

图 6-20　双 Y 移 30° PMSM 双电机串联电机 A 相电压和逆变器 A 相电压波形及频谱

表 6-6　双 Y 移 30° PMSM 串联系统相电压分量　　（单位：dB）

相电压	33.3Hz 分量	20Hz 分量
电机 1	10.41	<0.1
电机 2	<0.1	39.35
逆变器	10.40	39.51

对双 Y 移 30° PMSM 和两相 PMSM 双电机串联系统进行仿真，转速设定为 500r/min 和 300r/min，负载转矩设定为 10N·m 和 1N·m，仿真结果如图 6-21 所示。

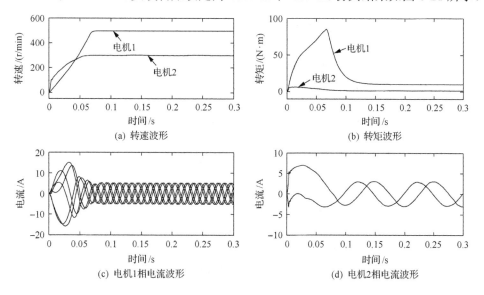

(a) 转速波形

(b) 转矩波形

(c) 电机1相电流波形

(d) 电机2相电流波形

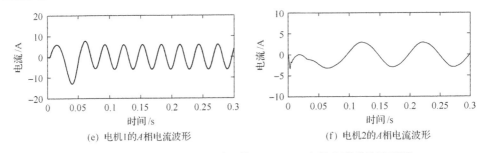

(e) 电机1的A相电流波形   (f) 电机2的A相电流波形

图 6-21   双 Y 移 30° PMSM 和两相 PMSM 双电机串联系统波形图

对双 Y 移 30° PMSM 和两相 PMSM 三电机串联系统进行仿真分析,两台双 Y 移 30° PMSM 的参数见表 6-2,两相 PMSM 的参数见表 6-3。转速分别设定为 400r/min、300r/min 和 200r/min,第一台双 Y 移 30° PMSM 在 0.1s 时突加负载转矩 5N·m,第二台双 Y 移 30° PMSM 在 0.05s 时突加负载转矩 2N·m,第三台电机即两相 PMSM 的负载转矩设定为 1N·m,仿真结果如图 6-22 所示。

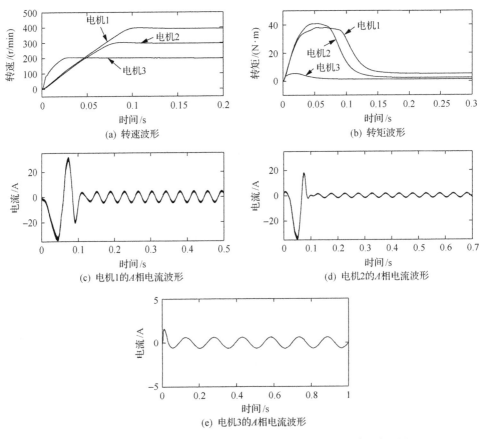

(a) 转速波形   (b) 转矩波形

(c) 电机1的A相电流波形   (d) 电机2的A相电流波形

(e) 电机3的A相电流波形

图 6-22   双 Y 移 30° PMSM 和两相 PMSM 三电机串联系统波形图

将双 Y 移 30° PMSM 和两相 PMSM 三电机串联系统中的第二台电机频率设置为零，即转速为零，其他参数均保持不变，仿真结果如图 6-23 所示。

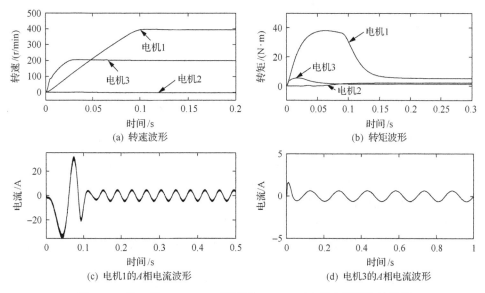

(a) 转速波形　　　　　　　　　　(b) 转矩波形

(c) 电机1的 A 相电流波形　　　　　(d) 电机3的 A 相电流波形

图 6-23　双 Y 移 30° PMSM 和两相 PMSM 三电机串联系统波形图

从双 Y 移 30° PMSM 和两相 PMSM 三电机串联系统仿真结果图 6-23 可以看出，电机 2 停转时，其他两台电机仍然可以正常运行，电机 2 在 0~0.05s 时电磁转矩为零，在 0.05s 施加负载转矩后电磁转矩逐渐稳定上升最终至负载转矩大小，可见多台电机串联系统在实际生产生活中具有一定的价值和意义。

6.4.4　三种多频率调制输出的电压生成方法仿真比较

以双 Y 移 30° PMSM 双电机串联系统为例，对三种多频率调制输出的电压生成方法进行仿真比较。给定恒定电压空间矢量参考值，电机 1 的参考值在 α 轴和 β 轴的分量分别设为 500V，电机 2 的参考值在 α 轴和 β 轴的分量分别设为 0V，得到逆变器的输出电压如图 6-24 所示。

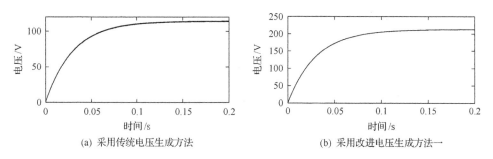

(a) 采用传统电压生成方法　　　　　(b) 采用改进电压生成方法一

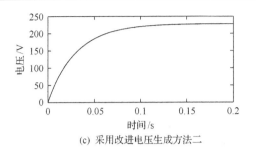

(c) 采用改进电压生成方法二

图 6-24   给定电压空间矢量参考值的逆变器输出电压

由于电机 2 的给定电压空间矢量参考值为 0V，所以逆变器输出电压全部用来驱动电机 1。从图 6-24 可以看出，采用传统电压生成方法的逆变器输出电压约为 114V，采用改进电压生成方法一的逆变器输出电压约为 213V，接近采用传统电压生成方法的相电压幅值的 2 倍，采用改进电压生成方法二的逆变器输出电压约为 228V，比改进电压生成方法一又高了一点。这是由于采用传统方法，当一台电机停转时，另一台电机每隔一个周期才能得到一次控制，而采用改进电压生成方法一和改进电压生成方法二，另一台电机在每个周期都可以得到控制，更加充分地利用了直流母线电压。改进电压生成方法二的逆变器输出电压幅值略高于改进电压生成方法一，直流母线电压利用率进一步提升。

综合 6.4.1 节、6.4.2 节和 6.4.3 节对电机 1 的 A 相电压总谐波失真的 FFT 分析结果，采用传统电压生成方法、改进电压生成方法一和改进电压生成方法二的 THD 值分别为 6.82%、3.22% 和 2.70%，如图 6-25 所示。说明采用改进电压生成方法一较采用传统电压生成方法的电机相电压谐波含量更少，而改进电压生成方法二的谐波含量进一步降低。证明了采用改进电压生成方法一可以得到更高的逆变器输出电压，提高了直流母线电压利用率，并降低了谐波含量，改进电压生成方法二的性能进一步改善。

```
Samples per cycle = 40214.8
DC component      = 0.2842
Fundamental       = 3.82 peak (2.701 rms)

Total Harmonic Distortion (THD) = 6.82%

Maximum harmonic frequency
 used for THD calculation = 669529.80 Hz (20106th harmonic)

    0 Hz  (DC) :         7.44%    270.0°
 33.3 Hz  (Fnd):       100.00%    211.8°
 66.6 Hz  (h2) :         4.91%    -34.2°
 99.9 Hz  (h3) :         2.48%    241.3°
133.2 Hz  (h4) :         2.61%     43.7°
166.5 Hz  (h5) :         1.33%    -38.9°
199.8 Hz  (h6) :         0.44%    135.9°
233.1 Hz  (h7) :         0.80%    -23.9°
266.4 Hz  (h8) :         0.20%    -18.2°
299.7 Hz  (h9) :         0.38%     14.1°
  333 Hz  (h10):         0.75%    -45.5°
366.3 Hz  (h11):         0.78%    -79.0°
399.6 Hz  (h12):         0.46%     54.6°
432.9 Hz  (h13):         1.18%    -15.1°
466.2 Hz  (h14):         0.56%    227.4°
```

(a) 采用传统电压生成方法

```
Samples per cycle = 3008.31
DC component     = 0.2806
Fundamental      = 9.15 peak (6.47 rms)

Total Harmonic Distortion (THD) = 3.22%

Maximum harmonic frequency
 used for THD calculation = 50016.60 Hz (1502th harmonic)

    0 Hz  (DC):       3.07%      90.0°
   33.3 Hz (Fnd):   100.00%     -51.6°
   66.6 Hz (h2):      2.14%     245.4°
   99.9 Hz (h3):      0.83%     252.9°
  133.2 Hz (h4):      1.40%     168.7°
  166.5 Hz (h5):      0.34%     106.1°
  199.8 Hz (h6):      0.54%      45.6°
  233.1 Hz (h7):      0.29%     -88.2°
  266.4 Hz (h8):      0.09%     216.1°
  299.7 Hz (h9):      0.66%     189.4°
   333 Hz (h10):      0.16%      46.1°
  366.3 Hz (h11):     0.19%     196.6°
  399.6 Hz (h12):     0.27%     223.9°
  432.9 Hz (h13):     0.11%     142.0°
  466.2 Hz (h14):     0.35%      98.3°
```

(b) 采用改进电压生成方法一

```
Samples per cycle = 4926 2.4
DC component     = 0.3865
Fundamental      = 9.58 peak (6.774 rms)

Total Harmonic Distortion (THD) = 2.70%

Maximum harmonic frequency
 used for THD calculation = 820179.00 Hz (24630th harmonic)

    0 Hz  (DC):       4.03%      90.0°
   33.3 Hz (Fnd):   100.00%     -47.5°
   66.6 Hz (h2):      1.45%     -23.3°
   99.9 Hz (h3):      1.06%     250.4°
  133.2 Hz (h4):      0.45%     239.8°
  166.5 Hz (h5):      0.71%      66.9°
  199.8 Hz (h6):      0.25%     -19.4°
  233.1 Hz (h7):      0.72%       3.0°
  266.4 Hz (h8):      0.31%      44.6°
  299.7 Hz (h9):      0.35%      -5.2°
   333 Hz (h10):      0.24%     -34.5°
  366.3 Hz (h11):     0.15%     -26.8°
  399.6 Hz (h12):     0.28%      39.7°
  432.9 Hz (h13):     0.21%      19.4°
  466.2 Hz (h14):     0.19%      -3.0°
```

(c) 采用改进电压生成方法二

图 6-25　双 Y 移 30° PMSM 双电机串联系统电机 1 的 A 相电压 FFT 分析

参 考 文 献

[1] 鲁晓彤. 非对称六相永磁同步电机串联解耦控制方法研究[硕士学位论文]. 威海: 哈尔滨工业大学, 2016.

[2] 王成元, 夏加宽, 孙宜标. 现代电机控制技术. 2 版. 北京: 机械工业出版社, 2014.

[3] 陈光团, 周扬忠. 六相串联三相永磁同步电机预测直接转矩控制研究. 中国电机工程学报, 2018, 39(15): 4526-4536.

[4] 张海洋. 两台双 Y 移 30°永磁同步电机串联系统控制策略的研究[硕士学位论文]. 烟台: 海军航空工程学院, 2011.

[5] 罗世军. 双三相永磁同步电机驱动控制技术研究[硕士学位论文]. 威海: 哈尔滨工业大学, 2014.

[6] 于亚新. 双 Y 移 30°六相永磁同步电机控制技术研究[硕士学位论文]. 威海: 哈尔滨工业大学, 2015.

[7] 杨金波. 三相永磁同步电机驱动技术研究[博士学位论文]. 哈尔滨: 哈尔滨工业大学, 2011.

[8] Dujic D, Grandi G, Jones M, et al. A space vector PWM scheme for multifrequency output voltage generation with multiphase voltage-source inverters. IEEE Transactions on Industrial Electronics, 2008, 55(5): 1943-1955.

[9] Zhang H Q, Lu X T, Wang X S, et al. Space vector PWM for three series-connected permanent magnet synchronous motors drive system. International Power Electronics and Materials Engineering Conference, Dalian, 2015: 387-392.

第7章 双 Y 移 30° PMSM 串联系统的容错控制

在交流驱动系统中，最常见的故障问题就是电机的一相或多相定子绕组失去控制，这种情况一般发生在逆变器某个功率开关器件断开或电机某相断开的时候。为了分析这种故障问题，需要建立断相故障下电机的数学模型。由于在故障情况下，采用原有的控制方法电机往往不能平滑运行，所以还需要对控制方法进行适当的改进。本章首先研究双 Y 移 30° PMSM 所有可能断路情况的建模方法和通用数学模型，然后具体分析 A 相断路后的电机和电磁转矩，改进解耦数学模型，最后对双 Y 移 30° PMSM 双电机串联系统电机 1 的 A 相绕组断路模型进行仿真。

7.1 断相故障下的数学模型

7.1.1 自然坐标系下的数学模型

为了方便研究，先假设双 Y 移 30° PMSM 的 A 相断路，其他情况后续将会给出。无论是哪一相或几相断路，定子电压方程都可以写成式(7-1)，只是具体的矢量矩阵有所不同。

$$U_s = R_s I_s + \frac{\mathrm{d}}{\mathrm{d}t} \boldsymbol{\Psi}_s \qquad (7\text{-}1)$$

其中，U_s 为定子绕组各相电压(V)，$U_s = [u_b \quad u_c \quad u_x \quad u_y \quad u_z]^\mathrm{T}$；$I_s$ 为定子绕组各相电流(A)，$I_s = [i_b \quad i_c \quad i_x \quad i_y \quad i_z]^\mathrm{T}$；$\boldsymbol{\Psi}_s$ 为定子绕组各相磁链(Wb)，$\boldsymbol{\Psi}_s = [\psi_b \quad \psi_c \quad \psi_x \quad \psi_y \quad \psi_z]^\mathrm{T}$；$R_s$ 为定子绕组各相电阻值(Ω)。

磁链方程为

$$\boldsymbol{\Psi}_s = L_s I_s + F(\theta_r) \psi_f \qquad (7\text{-}2)$$

其中，L_s 为定子电感矩阵，包括绕组自感和各绕组间的互感(mH)；$F(\theta_r)$ 为各相磁链系数矩阵，θ_r 为定子 A 相绕组轴线与转子轴线之间的电角度(rad)；ψ_f 为转子永磁磁链幅值(Wb)。

这里

$$F(\theta_r) = \left[\cos\left(\theta_r - \frac{2\pi}{3}\right) \quad \cos\left(\theta_r - \frac{4\pi}{3}\right) \quad \cos\left(\theta_r - \frac{\pi}{6}\right) \quad \cos\left(\theta_r - \frac{5\pi}{6}\right) \quad \cos\left(\theta_r - \frac{3\pi}{2}\right) \right]^\mathrm{T}$$

$$\boldsymbol{L}_s = L_{s\sigma}\boldsymbol{E}_5 + L_m\begin{bmatrix} L_B & L_{BC} & L_{BX} & L_{BY} & L_{BZ} \\ L_{CB} & L_C & L_{CX} & L_{CY} & L_{CZ} \\ L_{XB} & L_{XC} & L_X & L_{XY} & L_{XZ} \\ L_{YB} & L_{YC} & L_{YX} & L_Y & L_{YZ} \\ L_{ZB} & L_{ZC} & L_{ZX} & L_{ZY} & L_Z \end{bmatrix} \tag{7-3}$$

代入数值，得

$$\boldsymbol{L}_s = L_{s\sigma}\boldsymbol{E}_5 + L_m\begin{bmatrix} 1 & \cos\dfrac{2\pi}{3} & \cos\dfrac{3\pi}{2} & \cos\dfrac{\pi}{6} & \cos\dfrac{5\pi}{6} \\[2mm] \cos\dfrac{2\pi}{3} & 1 & \cos\dfrac{5\pi}{6} & \cos\dfrac{3\pi}{2} & \cos\dfrac{\pi}{6} \\[2mm] \cos\dfrac{3\pi}{2} & \cos\dfrac{5\pi}{6} & 1 & \cos\dfrac{2\pi}{3} & \cos\dfrac{4\pi}{3} \\[2mm] \cos\dfrac{\pi}{6} & \cos\dfrac{3\pi}{2} & \cos\dfrac{2\pi}{3} & 1 & \cos\dfrac{2\pi}{3} \\[2mm] \cos\dfrac{5\pi}{6} & \cos\dfrac{\pi}{6} & \cos\dfrac{4\pi}{3} & \cos\dfrac{2\pi}{3} & 1 \end{bmatrix} \tag{7-4}$$

其中，$L_{s\sigma}$ 为定子各相漏感(mH)；L_m 为两相定子绕组之间的最大互感(mH)。式 (7-3) 中，以 L_m 为系数的矩阵为缺相电机各相绕组轴线夹角的余弦值矩阵，例如，L_{BC} 表示 B 相与 C 相绕组轴线之间夹角的余弦值，且有 $L_{BC}=L_{CB}$。

7.1.2　静止两相正交坐标系下的数学模型

在静止坐标系中的数学模型是非线性的，并且电感之间存在耦合。为了得到解耦数学模型，需要五相变换矩阵 $\boldsymbol{C}_{5s/2s}$，将模型分解到两个解耦子空间 $\alpha\beta$ 和 $z_1z_2z_3$ 中。$\alpha\beta$ 子空间的分量用于机电能量转换，$z_1z_2z_3$ 子空间的分量仅产生损耗。

机电能量转换仅仅需要 $\alpha\beta$ 子空间的分量，这意味着 5 个定子绕组所产生的磁势与 $\alpha\beta$ 子空间的两个电流分量 i_α 和 i_β 流过两个等效定子绕组所产生的磁势等效。电流 i_α 和 i_β 通过如下变换得到：

$$\begin{bmatrix} i_\alpha \\ i_\beta \end{bmatrix} = \begin{bmatrix} \dfrac{\boldsymbol{\alpha}^{\mathrm{T}}}{\|\boldsymbol{\alpha}\|} \\[3mm] \dfrac{\boldsymbol{\beta}^{\mathrm{T}}}{\|\boldsymbol{\beta}\|} \end{bmatrix}\boldsymbol{I}_s \tag{7-5}$$

其中，$\|\boldsymbol{\alpha}\|$、$\|\boldsymbol{\beta}\|$ 为矢量 $\boldsymbol{\alpha}$、$\boldsymbol{\beta}$ 的欧几里得范数；$\boldsymbol{\alpha}$、$\boldsymbol{\beta}$ 为去掉如下矩阵中断相分量后的矢量。

这里

$$\boldsymbol{\alpha}=\begin{bmatrix}\cos(\varphi_0+\varphi_1)\\\cos(\varphi_0+\varphi_2)\\\cos(\varphi_0+\varphi_3)\\\cos(\varphi_0+\varphi_4)\\\cos(\varphi_0+\varphi_5)\\\cos(\varphi_0+\varphi_6)\end{bmatrix},\quad \boldsymbol{\beta}=\begin{bmatrix}\sin(\varphi_0+\varphi_1)\\\sin(\varphi_0+\varphi_2)\\\sin(\varphi_0+\varphi_3)\\\sin(\varphi_0+\varphi_4)\\\sin(\varphi_0+\varphi_5)\\\sin(\varphi_0+\varphi_6)\end{bmatrix} \tag{7-6}$$

其中，$\varphi_i(i=1,2,\cdots,6)$ 为定子电流相角。

$$\boldsymbol{\alpha\beta}^{\mathrm{T}}=0 \tag{7-7}$$

由于 A 相断路，于是得到 φ_0、$\boldsymbol{\alpha}$ 和 $\boldsymbol{\beta}$ 如下：

$$\varphi_0=-\frac{1}{2}\arctan\left(\frac{\sin 2\varphi_2+\sin 2\varphi_3+\sin 2\varphi_4+\sin 2\varphi_5+\sin 2\varphi_6}{\cos 2\varphi_2+\cos 2\varphi_3+\cos 2\varphi_4+\cos 2\varphi_5+\cos 2\varphi_6}\right)=0 \tag{7-8}$$

$$\boldsymbol{\alpha}=\begin{bmatrix}\cos\dfrac{2\pi}{3}&\cos\dfrac{4\pi}{3}&\cos\dfrac{\pi}{6}&\cos\dfrac{5\pi}{6}&\cos\dfrac{3\pi}{2}\end{bmatrix} \tag{7-9a}$$

$$\boldsymbol{\beta}=\begin{bmatrix}\sin\dfrac{2\pi}{3}&\sin\dfrac{4\pi}{3}&\sin\dfrac{\pi}{6}&\sin\dfrac{5\pi}{6}&\sin\dfrac{3\pi}{2}\end{bmatrix} \tag{7-9b}$$

矢量 $\boldsymbol{\alpha}$ 和 $\boldsymbol{\beta}$ 决定了变换矩阵 $C_{5s/2s}$ 的前两行。$\|\boldsymbol{\alpha}\|=\sqrt{2}$，$\|\boldsymbol{\beta}\|=\sqrt{3}$，满足 $\|\boldsymbol{\alpha}\|^2+\|\boldsymbol{\beta}\|^2=N$，$N$ 表示正常相的数量，$N=2,3,\cdots,5$。

为了得到其他三个与 $\boldsymbol{\alpha}$ 和 $\boldsymbol{\beta}$ 正交的矢量，列出关系式(7-10)为

$$\begin{cases}\boldsymbol{\alpha}^{\mathrm{T}}z_1=\boldsymbol{\alpha}^{\mathrm{T}}z_2=\boldsymbol{\alpha}^{\mathrm{T}}z_3=0\\\boldsymbol{\beta}^{\mathrm{T}}z_1=\boldsymbol{\beta}^{\mathrm{T}}z_2=\boldsymbol{\beta}^{\mathrm{T}}z_3=0\\z_1^{\mathrm{T}}z_2=z_1^{\mathrm{T}}z_3=0\\z_2^{\mathrm{T}}z_3=0\end{cases} \tag{7-10}$$

由此得到变换矩阵 $C_{5s/2s}$ 为

$$C_{5s/2s}=\begin{bmatrix}\boldsymbol{\alpha}/\|\boldsymbol{\alpha}\|\\\boldsymbol{\beta}/\|\boldsymbol{\beta}\|\\z_1/\|z_1\|\\z_2/\|z_2\|\\z_3/\|z_3\|\end{bmatrix}=\begin{bmatrix}-0.3536&-0.3536&0.6124&-0.6124&0\\0.5&-0.5&0.2887&0.2887&-0.5774\\0.4967&0.0129&0.4487&0.7281&0.1471\\0.3198&0.7611&0.5330&-0.0911&-0.1613\\0.5253&-0.2133&0.2372&0.0570&0.7868\end{bmatrix} \tag{7-11}$$

通过坐标变换矩阵 $C_{5s/2s}$ 对定子电压方程进行解耦，得到

$$C_{5s/2s}U_s = C_{5s/2s}R_sI_sC_{5s/2s}^{-1} + \frac{\mathrm{d}}{\mathrm{d}t}(C_{5s/2s}L_sC_{5s/2s}^{-1}C_{5s/2s}I_s + C_{5s/2s}F(\theta_r)\psi_f) \quad (7\text{-}12)$$

由于 A 相断路，新的电压和电流为

$$\begin{cases} C_{5s/2s}U_s = [u_\alpha \quad u_\beta \quad u_{z1} \quad u_{z2} \quad u_{z3}]^{\mathrm{T}} \\ C_{5s/2s}I_s = [i_\alpha \quad i_\beta \quad i_{z1} \quad i_{z2} \quad i_{z3}]^{\mathrm{T}} \end{cases} \quad (7\text{-}13)$$

需要注意的是，如果有多相断开，在 $\boldsymbol{\alpha}$ 和 $\boldsymbol{\beta}$ 中需要去掉对应的分量。坐标变换后定子电压和电流的数量与正常相数量相等 $(2 \leqslant N \leqslant 5)$。在最坏的情况下，也就是 $N = 2$ 时，将不会有 z 轴分量。

由式 $(7\text{-}12)$ 可以推导出解耦后的新数学模型如下。

$\alpha\beta$ 子空间电压方程：

$$\begin{cases} u_\alpha = r_s i_\alpha + \dfrac{\mathrm{d}}{\mathrm{d}t}\psi_\alpha - \omega_r \psi_\alpha \\ u_\beta = r_s i_\beta + \dfrac{\mathrm{d}}{\mathrm{d}t}\psi_\beta + \omega_r \psi_\beta \end{cases} \quad (7\text{-}14)$$

其中，u_α、u_β 为定子电压 (V)；i_α、i_β 为定子电流 (A)；ψ_α、ψ_β 为定子磁链 (Wb)；ω_r 为电角速度 $(\mathrm{rad/s})$。

磁链方程：

$$\begin{cases} \psi_\alpha = L_d i_\alpha + \sqrt{3}\psi_f \cos\theta_r \\ \psi_\beta = L_q i_\beta + \sqrt{2}\psi_f \sin\theta_r \end{cases} \quad (7\text{-}15)$$

其中，L_d、L_q 为等效定子电感 (mH)，且 $L_d = L_{s\sigma} + \|\boldsymbol{\alpha}\|^2 L_m = L_{s\sigma} + 2L_m$，$L_q = L_{s\sigma} + \|\boldsymbol{\beta}\|^2 L_m = L_{s\sigma} + 3L_m$；$\psi_f$ 为转子永磁体磁链 (Wb)。

$z_1 z_2 z_3$ 子空间电压方程：

$$\begin{cases} u_{z1} = r_s i_{z1} + L_{s\sigma}\dfrac{\mathrm{d}}{\mathrm{d}t}i_{z1} \\ u_{z2} = r_s i_{z2} + L_{s\sigma}\dfrac{\mathrm{d}}{\mathrm{d}t}i_{z2} \\ u_{z3} = r_s i_{z3} + L_{s\sigma}\dfrac{\mathrm{d}}{\mathrm{d}t}i_{z3} \end{cases} \quad (7\text{-}16)$$

由式 (7-14) 和式 (7-15) 可以推断出，机电能量转换只发生在 $\alpha\beta$ 子空间，$z_1z_2z_3$ 子空间只产生损耗。因此，应该尽量最小化 $z_1z_2z_3$ 子空间的分量。

由式 (7-8) 合理地选择 φ_0，得到彼此正交的 α 和 β，可以得到对应于各种断相情况的 L_d 和 L_q 参数值。三相以下断路所有情况的 L_d 和 L_q 参数值如表 7-1 所示。该建模方法可以获得故障条件下任何多相电机的参数，并且无论是哪些相断开，$\alpha\beta$ 模型总是相同的。

表 7-1　双 Y 移 30° PMSM 参数

断相名称	直轴电感	交轴电感
$A/X/Y$	$L_{s\sigma} + 2L_m$	$L_{s\sigma} + 3L_m$
$B/C/Z$	$L_{s\sigma} + 3L_m$	$L_{s\sigma} + 2L_m$
$AX/AY/BY/CX$	$L_{s\sigma} + 1.134L_m$	$L_{s\sigma} + 2.866L_m$
$AB/AC/XY$	$L_{s\sigma} + 1.5L_m$	$L_{s\sigma} + 2.5L_m$
$AZ/BX/CY$	$L_{s\sigma} + 2L_m$	$L_{s\sigma} + 2L_m$
$BC/XZ/YZ$	$L_{s\sigma} + 2.5L_m$	$L_{s\sigma} + 1.5L_m$
BZ/CZ	$L_{s\sigma} + 2.866L_m$	$L_{s\sigma} + 1.134L_m$
$ABX/ACY/AXZ/AYZ/BXY/CXY$	$L_{s\sigma} + L_m$	$L_{s\sigma} + 2L_m$
$ABY/ACX/AXY$	$L_{s\sigma} + 0.5L_m$	$L_{s\sigma} + 2.5L_m$
$ABZ/ACZ/BCX/BCY/BXZ/CYZ$	$L_{s\sigma} + 2L_m$	$L_{s\sigma} + L_m$
$BCZ/BYZ/CXZ$	$L_{s\sigma} + 2.5L_m$	$L_{s\sigma} + 0.5L_m$
ABC/XYZ	$L_{s\sigma} + 1.5L_m$	$L_{s\sigma} + 1.5L_m$

断相情况下的电磁转矩表达式为

$$T_e = p(\psi_\alpha i_\beta - \psi_\beta i_\alpha) \tag{7-17}$$

采用此模型可以分析双 Y 移 30° PMSM 缺相故障时的情况，在 7.2 节将给出电磁转矩的稳态响应，并针对一个或多个相断开时脉动转矩存在的问题进行说明。

7.2　一相断路下的控制方法

7.2.1　一相断路下的转矩分析

双 Y 移 30° PMSM 的两组三相绕组在空间上相差 30°，当 A 相断开时，电机其余五相的基波电流表达式为

$$\begin{cases} i_B^* = I_m \cos\left(\omega_r t - \dfrac{2\pi}{3}\right) \\[2mm] i_C^* = I_m \cos\left(\omega_r t - \dfrac{4\pi}{3}\right) \\[2mm] i_X^* = I_m \cos\left(\omega_r t - \dfrac{\pi}{6}\right) \\[2mm] i_Y^* = I_m \cos\left(\omega_r t - \dfrac{5\pi}{6}\right) \\[2mm] i_Z^* = I_m \cos\left(\omega_r t - \dfrac{3\pi}{2}\right) \end{cases} \tag{7-18}$$

其中，I_m 为定子电流幅值(A)。

取 A 相绕组的轴线为坐标原点，沿 $AXBYCZ$ 方向为空间电角度 α 的正方向。考虑双 Y 移 30°绕组在空间中互差 30°，当 A 相断路后，其余五相绕组所产生的基波合成可以表示为

$$\begin{cases} f_B(\alpha,t) = F_{\phi 1} \cos\left(\theta - \dfrac{2\pi}{3}\right)\cos\left(\omega_r t - \dfrac{2\pi}{3}\right) \\[2mm] f_C(\alpha,t) = F_{\phi 1} \cos\left(\theta - \dfrac{4\pi}{3}\right)\cos\left(\omega_r t - \dfrac{4\pi}{3}\right) \\[2mm] f_X(\alpha,t) = F_{\phi 1} \cos\left(\theta - \dfrac{\pi}{6}\right)\cos\left(\omega_r t - \dfrac{\pi}{6}\right) \\[2mm] f_Y(\alpha,t) = F_{\phi 1} \cos\left(\theta - \dfrac{5\pi}{6}\right)\cos\left(\omega_r t - \dfrac{5\pi}{6}\right) \\[2mm] f_Z(\alpha,t) = F_{\phi 1} \cos\left(\theta - \dfrac{3\pi}{2}\right)\cos\left(\omega_r t - \dfrac{3\pi}{2}\right) \end{cases} \tag{7-19}$$

其中，$F_{\phi 1}$ 为每相绕组所产生的基波幅值，$F_{\phi 1} = 0.9\dfrac{N_1 k_{w1}}{\sqrt{2} p} I_m$，$N_1$ 为每相绕组每条支路的匝数，k_{w1} 为基波磁场中的绕组系数。

将五相绕组的基波相加，得到断相故障后双 Y 移 30° PMSM 的基波电流分量在电机中产生的五相定子合成为

$$\begin{aligned} F_{5s} &= f_B(\alpha,t) + f_C(\alpha,t) + f_X(\alpha,t) + f_Y(\alpha,t) + f_Z(\alpha,t) \\[2mm] &= \frac{F_{\phi 1}}{2}\left[5\cos(\omega_r t - \theta) - \cos(\omega_r t + \theta)\right] \end{aligned} \tag{7-20}$$

采用基于 $i_d = 0$ 的矢量控制，为了使电机的定子损耗最小，需要最小化 $z_1 z_2 z_3$ 子空间的分量，直接令 $i_{z1} = i_{z2} = i_{z3} = 0$，通过 $C_{2r/5s}$ 公式得到

$$\begin{bmatrix} i_B \\ i_C \\ i_X \\ i_Y \\ i_Z \end{bmatrix} = -\frac{1}{\sqrt{3}} \begin{bmatrix} \sin\left(\theta_r - \dfrac{2\pi}{3}\right) \\ \sin\left(\theta_r - \dfrac{4\pi}{3}\right) \\ \sin\left(\theta_r - \dfrac{\pi}{6}\right) \\ \sin\left(\theta_r - \dfrac{5\pi}{6}\right) \\ \sin\left(\theta_r - \dfrac{3\pi}{2}\right) \end{bmatrix} i_q = \frac{1}{\sqrt{3}} \begin{bmatrix} \cos\left(\varphi - \dfrac{2\pi}{3}\right) \\ \cos\left(\varphi - \dfrac{4\pi}{3}\right) \\ \cos\left(\varphi - \dfrac{\pi}{6}\right) \\ \cos\left(\varphi - \dfrac{5\pi}{6}\right) \\ \cos\left(\varphi - \dfrac{3\pi}{2}\right) \end{bmatrix} i_q \tag{7-21}$$

其中，φ 为 q 轴与 α 轴之间的夹角 (rad)，$\varphi = 90° + \theta_r$。

当 $t = 0$ 时，q 轴与 α 轴重合，则

$$\varphi = \omega_r t \tag{7-22}$$

由式 (7-18) 和式 (7-21) 得到

$$I_m = \frac{1}{\sqrt{3}} i_q \tag{7-23}$$

此时，五相合成变为

$$F_{5s} = \frac{3\sqrt{6} N_1 k_{w1}}{40 p} i_q \left[5\cos(\omega_r t - \theta) - \cos(\omega_r t + \theta) \right] \tag{7-24}$$

当 A 相断路后，五相合成由两个旋转分量组成：一个旋转分量的旋转方向为 α 的正方向，幅值为 $(3\sqrt{6}/8) F_{\phi 1} i_q$；另一旋转分量的旋转方向为 $-\alpha$ 方向，幅值为 $-(3\sqrt{6}/40) F_{\phi 1} i_q$。

电磁转矩方程为

$$\begin{aligned} T_e &= F_{5s} \times \psi_f \\ &= \frac{3\sqrt{6} N_1 k_{w1}}{40 p} \psi_f i_q \left[5\sin\left(\frac{\pi}{2}\right) - \sin\left(\frac{\pi}{2} - 2\omega_r t\right) \right] \\ &= \frac{3\sqrt{6} N_1 k_{w1}}{40 p} \psi_f i_q [5 - \cos(2\omega_r t)] \end{aligned} \tag{7-25}$$

电磁转矩也被分解为两个分量：一个是恒为 $-3\sqrt{6}/8\, F_{\phi 1} \psi_f i_q$ 的分量；另一个是幅值为 $-3\sqrt{6}/40\, F_{\phi 1} \psi_f i_q$ 的分量，随 A 相绕组轴线与转子轴线夹角 $\theta = \omega_r t$ 变化而变化，以 2 倍电源频率振荡，也就是二次谐波。

综上所述，双 Y 移 30° PMSM 的 A 相断开后，五相合成总 $f(\alpha, t)$ 与等效交轴

电流 i_q 呈非线性关系，因此电磁转矩 T_e 与 i_q 也呈非线性关系，出现大幅值的转矩脉动，电机不能稳定运行。

7.2.2 改进的解耦数学模型

从 7.2.1 节的分析中发现，通过原有的坐标变换解耦后，电机的电磁转矩出现了振荡，转速也有波动，不能稳定运行，于是对数学模型进行改进[1-3]。

不再使用原来的 $2s/2r$ 变换矩阵 $\boldsymbol{C}_{2s/2r}$，而是采用基于等效 d 轴和 q 轴绕组匝数相等的坐标变换，即

$$\boldsymbol{C}_{2s/2r} = \sqrt{\frac{5}{6}} \begin{bmatrix} \cos\theta_r & \dfrac{\sqrt{6}}{2}\sin\theta_r \\ -\sin\theta_r & \dfrac{\sqrt{6}}{2}\cos\theta_r \end{bmatrix} \tag{7-26}$$

得到旋转坐标系下的解耦数学模型如下：

电压方程为

$$\begin{cases} u_d = r_s i_d + \dfrac{\mathrm{d}}{\mathrm{d}t}\psi_d - \dfrac{2}{3}\omega_r\psi_q \\ u_q = r_s i_q + \dfrac{\mathrm{d}}{\mathrm{d}t}\psi_q + \dfrac{3}{2}\omega_r\psi_d \end{cases} \tag{7-27}$$

其中，u_d、u_q 为等效定子电压(V)；i_d、i_q 为等效定子电流(A)；ψ_d、ψ_q 为等效定子磁链(Wb)；r_s 为定子电阻(Ω)；ω_r 为电角速度(rad/s)。

磁链方程为

$$\begin{cases} \psi_d = L_d i_d + \sqrt{2.5}\psi_f \\ \psi_q = L_q i_q \end{cases} \tag{7-28}$$

其中，L_d、L_q 为等效定子 d 轴、q 轴电感(mH)，$L_d = 3L_m$，$L_q = 2L_m$；ψ_f 为转子永磁体磁链(Wb)。

转矩方程为

$$T_e = p[(L_d - L_q)i_d i_q + \sqrt{2.5}\psi_f i_q] = \sqrt{2.5}p\psi_f i_q \tag{7-29}$$

其中，T_e 为电磁转矩(N·m)；p 为电机极对数。

运动方程为

$$T_e - T_L = J\dfrac{\mathrm{d}}{\mathrm{d}t}\omega_m + B\omega_m \tag{7-30}$$

其中，T_L 为负载转矩(N·m)；J 为转动惯量(kg·m^2)；ω_m 为转子机械角速度

(rad/s)；B 为阻尼系数。

此时，电磁转矩仅与 i_q 有关，只要控制电流 i_q 即可控制电磁转矩，与电机正常没有断相时一样。

7.2.3　仿真结果分析

根据改进后的数学模型，电磁转矩 T_e 与等效交轴电流 i_q 呈线性关系。由于 $z_1z_2z_3$ 子空间不参与机电能量转换，只产生损耗，直接令 $i_{z1}^* = i_{z2}^* = i_{z3}^* = 0$，避免产生不必要的铜耗。采用基于 $i_d = 0$ 的磁场定向控制方法建立双 Y 移 30° PMSM 双电机串联系统电机 1 的 A 相断路模型，当电机 1 的 A 相断路后，与之相连的电机 2 的 A 相也是断开的(如果是电机 2 的 A 相断开，与单电机系统电机 A 相断路的控制方法几乎相同，不予考虑)。仿真模型采用两台双 Y 移 30° PMSM，参数见表 6-2 和表 6-3。两台电机的给定转速为 500r/min 和 250r/min，负载转矩分别设定为 10N·m 和 5N·m。两台电机的转速、转矩、电机相电流和 A 相电流如图 7-1 所示。

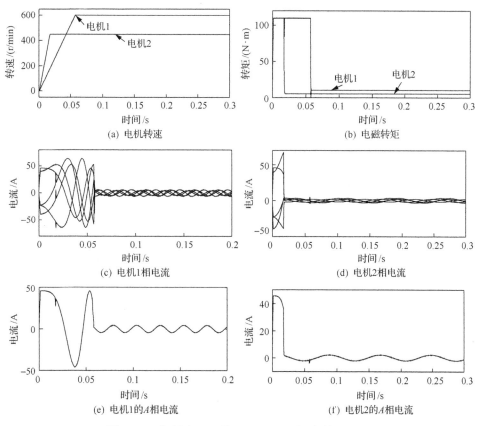

图 7-1　A 相断路双 Y 移 30° PMSM 串联系统波形图

从图 7-1 可以看出，两台电机的转速在启动一段时间后稳定在给定转速，且相互独立，两台电机的电磁转矩都能很好地跟随负载转矩的变化，且转矩无脉动。两台电机的五相电流呈正弦分布，幅值稍有不同，幅值最大的相电流会限制电机输出的最大电磁转矩，从而影响电机的带载能力。

参 考 文 献

[1] 于亚新. 双 Y 移 30°六相永磁同步电机控制技术研究[硕士学位论文]. 哈尔滨: 哈尔滨工业大学, 2015.

[2] 薛山. 多相永磁同步电机驱动技术研究[博士学位论文]. 北京: 中国科学院电工研究所, 2005.

[3] 鲁晓彤. 非对称六相永磁同步电机串联解耦控制方法研究[硕士学位论文]. 威海: 哈尔滨工业大学, 2016.

第 8 章　基于谐波效应补偿的双 Y 移 30° PMSM 串联系统的解耦控制

从第 3 章和第 4 章的分析可知,双 Y 移 30° PMSM 串联系统解耦运行的理论依据是串联电机的气隙磁场必须是正弦分布,从而保证一台电机的电流分量不影响另一台电机的独立运行。但实际上受制作工艺、材料、误差等客观条件的限制,永磁同步电动机绕组往往无法做到理想正弦且完全对称分布,导致气隙中含有不同频率的空间谐波成分,某些谐波分量会与另一台电机的电流耦合,导致电机的转矩脉动,影响两台串联电机的解耦运行,其中 5、7 次空间谐波对电机运行影响最大[1]。研究串联系统中低次空间谐波效应问题的意义在于:

(1)通过揭示空间谐波在串联系统中的分布规律和对系统解耦性的影响,研究考虑空间谐波效应的串联系统解耦控制问题;

(2)有助于将单逆变器驱动多相电机串联系统的组成条件由正弦波 MMF 电机放宽至非正弦波 MMF 电机,进一步为梯形波、矩形波 MMF 电机构成的串联系统解耦控制提供研究思路,促进这种单逆变器驱动多相电机串联系统的实用化进程。

此外,由于供电系统的不平衡、逆变器的非线性特性以及死区效应等因素[2],逆变器输出电压中包含大量时间谐波,也会影响串联系统的解耦运行。

本章以隐极式永磁同步电机两电机串联系统中的 5、7 次空间谐波作为研究重点,分析第一台六相电机的 5、7 次空间谐波对串联系统解耦运行的影响规律。基于第 3 章内容,建立第一台电机含 5、7 次空间谐波时的串联系统数学模型,并在 MATLAB/Simulink 环境下建模进行变速、变载仿真研究。最后研究时间谐波对此串联系统电机的影响并进行仿真验证。

8.1　电机含 5、7 次空间谐波串联系统的数学模型

8.1.1　自然坐标系下的数学模型

根据第 3 章图 3-2 的串联系统连接关系,设定第一台 PMSM 为隐极式转子结构、绕组非正弦分布,且转子永磁磁场含 5、7 次空间谐波,则第一台 PMSM 的电感表达式为

$$\boldsymbol{L}_m = L_{m1}\boldsymbol{H}_{m1} + L_{m5}\boldsymbol{H}_{m5} + L_{m7}\boldsymbol{H}_{m7} \tag{8-1}$$

其中

$$\boldsymbol{H}_{m1} = \begin{bmatrix} 1 & \cos\alpha & \cos4\alpha & \cos5\alpha & \cos8\alpha & \cos9\alpha \\ \cos\alpha & 1 & \cos3\alpha & \cos4\alpha & \cos7\alpha & \cos8\alpha \\ \cos4\alpha & \cos3\alpha & 1 & \cos\alpha & \cos4\alpha & \cos5\alpha \\ \cos5\alpha & \cos4\alpha & \cos\alpha & 1 & \cos3\alpha & \cos4\alpha \\ \cos8\alpha & \cos7\alpha & \cos4\alpha & \cos3\alpha & 1 & \cos\alpha \\ \cos9\alpha & \cos8\alpha & \cos5\alpha & \cos4\alpha & \cos\alpha & 1 \end{bmatrix}$$

$$\boldsymbol{H}_{m5} = \begin{bmatrix} 1 & \cos5\alpha & \cos20\alpha & \cos25\alpha & \cos40\alpha & \cos45\alpha \\ \cos5\alpha & 1 & \cos15\alpha & \cos20\alpha & \cos35\alpha & \cos40\alpha \\ \cos20\alpha & \cos15\alpha & 1 & \cos5\alpha & \cos20\alpha & \cos25\alpha \\ \cos25\alpha & \cos20\alpha & \cos5\alpha & 1 & \cos15\alpha & \cos20\alpha \\ \cos40\alpha & \cos35\alpha & \cos20\alpha & \cos15\alpha & 1 & \cos5\alpha \\ \cos45\alpha & \cos40\alpha & \cos25\alpha & \cos20\alpha & \cos5\alpha & 1 \end{bmatrix}$$

$$\boldsymbol{H}_{m7} = \begin{bmatrix} 1 & \cos7\alpha & \cos28\alpha & \cos35\alpha & \cos56\alpha & \cos63\alpha \\ \cos7\alpha & 1 & \cos21\alpha & \cos28\alpha & \cos49\alpha & \cos56\alpha \\ \cos28\alpha & \cos21\alpha & 1 & \cos7\alpha & \cos28\alpha & \cos35\alpha \\ \cos35\alpha & \cos28\alpha & \cos7\alpha & 1 & \cos21\alpha & \cos28\alpha \\ \cos56\alpha & \cos49\alpha & \cos28\alpha & \cos21\alpha & 1 & \cos7\alpha \\ \cos63\alpha & \cos56\alpha & \cos35\alpha & \cos28\alpha & \cos7\alpha & 1 \end{bmatrix}$$

在非正弦定子绕组上的交链表达式为[1]

$$\boldsymbol{\Psi}_{r1} = \begin{bmatrix} \Psi_{a1} & \Psi_{x1} & \Psi_{b1} & \Psi_{y1} & \Psi_{c1} & \Psi_{z1} \end{bmatrix}^{\mathrm{T}} = \psi_{f11}\boldsymbol{F}_{11} + \psi_{f15}\boldsymbol{F}_{15} + \psi_{f17}\boldsymbol{F}_{17} \qquad (8\text{-}2)$$

其中

$$\boldsymbol{F}_{11} = \begin{bmatrix} \cos\theta_{r1} \\ \cos(\theta_{r1}-\alpha) \\ \cos(\theta_{r1}-4\alpha) \\ \cos(\theta_{r1}-5\alpha) \\ \cos(\theta_{r1}-8\alpha) \\ \cos(\theta_{r1}-9\alpha) \end{bmatrix}$$

$$\boldsymbol{F}_{15} = \begin{bmatrix} \cos5\theta_{r1} \\ \cos5(\theta_{r1}-\alpha) \\ \cos5(\theta_{r1}-4\alpha) \\ \cos5(\theta_{r1}-5\alpha) \\ \cos5(\theta_{r1}-8\alpha) \\ \cos5(\theta_{r1}-9\alpha) \end{bmatrix}$$

$$F_{17} = \begin{bmatrix} \cos 7\theta_{r1} \\ \cos 7(\theta_{r1} - \alpha) \\ \cos 7(\theta_{r1} - 4\alpha) \\ \cos 7(\theta_{r1} - 5\alpha) \\ \cos 7(\theta_{r1} - 8\alpha) \\ \cos 7(\theta_{r1} - 9\alpha) \end{bmatrix}$$

设第二台 PMSM 为隐极式转子结构、定子绕组呈正弦分布，且转子永磁磁场不含谐波，则第二台电机的电感矩阵为

$$L_n = L_{n1} \begin{bmatrix} 1 & \cos 5\alpha & \cos 8\alpha & \cos \alpha & \cos 4\alpha & \cos 9\alpha \\ \cos 5\alpha & 1 & \cos 3\alpha & \cos 4\alpha & \cos \alpha & \cos 4\alpha \\ \cos 8\alpha & \cos 3\alpha & 1 & \cos 7\alpha & \cos 4\alpha & \cos \alpha \\ \cos \alpha & \cos 4\alpha & \cos 7\alpha & 1 & \cos 3\alpha & \cos 8\alpha \\ \cos 4\alpha & \cos \alpha & \cos 4\alpha & \cos 3\alpha & 1 & \cos 5\alpha \\ \cos 9\alpha & \cos 4\alpha & \cos \alpha & \cos 8\alpha & \cos 5\alpha & 1 \end{bmatrix} = L_{n1} H_{n1} \quad (8\text{-}3)$$

转子交链在定子各相绕组中的磁链为

$$\Psi_{r2} = \begin{bmatrix} \Psi_{a2} \\ \Psi_{x2} \\ \Psi_{b2} \\ \Psi_{y2} \\ \Psi_{c2} \\ \Psi_{z2} \end{bmatrix} = \psi_{f21} \begin{bmatrix} \cos \theta_{r2} \\ \cos(\theta_{r2} - 5\alpha) \\ \cos(\theta_{r2} - 8\alpha) \\ \cos(\theta_{r2} - \alpha) \\ \cos(\theta_{r2} - 4\alpha) \\ \cos(\theta_{r2} - 9\alpha) \end{bmatrix} = \psi_{f21} F_{21} \quad (8\text{-}4)$$

利用对磁共能求导数的方法来计算电机转矩，设 p_1、p_2 分别为两台电机的极对数，则转矩公式为

$$T_{e1} = \frac{\partial W_{m1}}{\partial \theta_{r1}}$$

$$= p_1 (I_s)^{\mathrm{T}} \frac{\partial \Psi_{r1}}{\partial \theta_{r1}}$$

$$= -p_1 (I_s)^{\mathrm{T}} \left(\psi_{f11} \begin{bmatrix} \sin \theta_{r1} \\ \sin(\theta_{r1} - \alpha) \\ \sin(\theta_{r1} - 4\alpha) \\ \sin(\theta_{r1} - 5\alpha) \\ \sin(\theta_{r1} - 8\alpha) \\ \sin(\theta_{r1} - 9\alpha) \end{bmatrix} + 5\psi_{f15} \begin{bmatrix} \sin 5\theta_{r1} \\ \sin 5(\theta_{r1} - \alpha) \\ \sin 5(\theta_{r1} - 4\alpha) \\ \sin 5(\theta_{r1} - 5\alpha) \\ \sin 5(\theta_{r1} - 8\alpha) \\ \sin 5(\theta_{r1} - 9\alpha) \end{bmatrix} + 7\psi_{f17} \begin{bmatrix} \sin 7\theta_{r1} \\ \sin 7(\theta_{r1} - \alpha) \\ \sin 7(\theta_{r1} - 4\alpha) \\ \sin 7(\theta_{r1} - 5\alpha) \\ \sin 7(\theta_{r1} - 8\alpha) \\ \sin 7(\theta_{r1} - 9\alpha) \end{bmatrix} \right)$$

$$(8\text{-}5)$$

$$T_{e2} = \frac{\partial \boldsymbol{W}_{m2}}{\partial \theta_{r2}} = p_2 (\boldsymbol{I}_s)^{\mathrm{T}} \frac{\partial \boldsymbol{\Psi}_{r2}}{\partial \theta_{r2}} = -p_2 (\boldsymbol{I}_s)^{\mathrm{T}} \psi_{f21} \begin{bmatrix} \sin\theta_{r2} \\ \sin(\theta_{r2} - 5\alpha) \\ \sin(\theta_{r2} - 8\alpha) \\ \sin(\theta_{r2} - \alpha) \\ \sin(\theta_{r2} - 4\alpha) \\ \sin(\theta_{r2} - 9\alpha) \end{bmatrix} \tag{8-6}$$

其中，T_{e1} 和 T_{e2} 分别表示第一台电机和第二台电机的转矩。

8.1.2　两相静止坐标系下的数学模型

利用式(3-13)两相实变换矩阵 $\boldsymbol{T}$ 将串联系统的六相物理量(电流、电压、磁链)转换到相互正交的 $\alpha\beta$ 子空间、z_1z_2 子空间和 o_1o_2 子空间。

在 $\alpha\beta$ 子空间内有

$$\begin{bmatrix} u_\alpha \\ u_\beta \end{bmatrix} = (r_{s1} + r_{s2}) \begin{bmatrix} i_\alpha \\ i_\beta \end{bmatrix} + (L_{s\sigma1} + L_{s\sigma2} + 3L_{m1}) \frac{\mathrm{d}}{\mathrm{d}t} \begin{bmatrix} i_\alpha \\ i_\beta \end{bmatrix} + \sqrt{3}\omega_{r1}\psi_{f11} \begin{bmatrix} \sin\theta_{r1} \\ \cos\theta_{r1} \end{bmatrix} \tag{8-7}$$

在 z_1z_2 子空间内有

$$\begin{bmatrix} u_{z1} \\ u_{z2} \end{bmatrix} = (r_{s1} + r_{s2}) \begin{bmatrix} i_{z1} \\ i_{z2} \end{bmatrix} + (L_{s\sigma1} + L_{s\sigma2} + 3L_{n1} + 3L_{m5} + 3L_{m7}) \frac{\mathrm{d}}{\mathrm{d}t} \begin{bmatrix} i_{z1} \\ i_{z2} \end{bmatrix}$$
$$+ \sqrt{3}\omega_{r2}\psi_{f21} \begin{bmatrix} -\sin\theta_{r2} \\ \cos\theta_{r2} \end{bmatrix} + 5\sqrt{3}\omega_{r2}\psi_{f25} \begin{bmatrix} -\sin 5\theta_{r2} \\ \cos 5\theta_{r2} \end{bmatrix} + 7\sqrt{3}\omega_{r2}\psi_{f27} \begin{bmatrix} -\sin 7\theta_{r2} \\ -\cos 7\theta_{r2} \end{bmatrix}$$
$$\tag{8-8}$$

在 o_1o_2 子空间内有

$$\begin{bmatrix} u_{o1} \\ u_{o1} \end{bmatrix} = (r_{s1} + r_{s2}) \begin{bmatrix} i_{o1} \\ i_{o2} \end{bmatrix} + (L_{s\sigma1} + L_{s\sigma2}) \frac{\mathrm{d}}{\mathrm{d}t} \begin{bmatrix} i_{o1} \\ i_{o2} \end{bmatrix} \tag{8-9}$$

串联电机转矩方程为

$$T_{e1} = p_1 \begin{bmatrix} \sqrt{3}\psi_{f11} (-i_\alpha \sin\theta_{r1} + i_\beta \cos\theta_{r1}) + 5\sqrt{3}\psi_{f15} (-i_{z1}\sin 5\theta_{r1} + i_{z2}\cos 5\theta_{r1}) \\ +7\sqrt{3}\psi_{f17} (-i_{z1}\sin 7\theta_{r1} - i_{z2}\cos 7\theta_{r1}) \end{bmatrix} \tag{8-10}$$

$$T_{e2} = p_2 \left[\sqrt{3}\psi_{f21} (-i_{z1}\sin\theta_{r2} + i_{z2}\cos\theta_{r2}) \right] \tag{8-11}$$

8.1.3 两相旋转坐标系下的数学模型

令 $L_1 = (L_{s\sigma1} + L_{s\sigma2} + 3L_{m1})$，$L_2 = (L_{s\sigma1} + L_{s\sigma2} + 3L_{n1} + 3L_{m5} + 3L_{m7})$，$R = (r_{s1} + r_{s2})$。利用式 (4-37)、式 (4-38)、式 (4-42) 和式 (4-43)，电机电压方程由 $\alpha\beta$ 坐标系变换到 dq 坐标系，变为

$$u_{d1} = Ri_{d1} + L_1 \frac{\mathrm{d}}{\mathrm{d}t} i_{d1} - \omega_{r1} L_1 i_{q1} \tag{8-12}$$

$$u_{q1} = Ri_{q1} + L_1 \frac{\mathrm{d}}{\mathrm{d}t} i_{q1} + \omega_{r1} L_1 i_{d1} + \sqrt{3} \omega_{r1} \psi_{f1} \tag{8-13}$$

$$\begin{aligned} u_{d2} = {} & Ri_{d2} + L_2 \frac{\mathrm{d}}{\mathrm{d}t} i_{d2} - \omega_{r2} L_2 i_{q2} - 5\sqrt{3} \psi_{f15} \omega_{r1} \sin(5\theta_{r1} - \theta_{r2}) \\ & - 7\sqrt{3} \psi_{f17} \omega_{r1} \sin(7\theta_{r1} + \theta_{r2}) \end{aligned} \tag{8-14}$$

$$\begin{aligned} u_{q2} = {} & Ri_{q2} + L_2 \frac{\mathrm{d}}{\mathrm{d}t} i_{q2} + \omega_{r2} L_2 i_{d2} + \sqrt{3} \omega_{r2} \psi_{f21} + \psi_{f15} \omega_{r1} \cos(5\theta_{r1} - \theta_{r2}) \\ & - \psi_{f17} \omega_{r1} \cos(7\theta_{r1} + \theta_{r2}) \end{aligned} \tag{8-15}$$

同理，旋转坐标系下两台电机的转矩方程分别为

$$T_{e1} = p_1 \left\{ \begin{aligned} & \sqrt{3} \psi_{f11} i_{q1} + 5\sqrt{3} \psi_{f15} [-i_{d2} \sin(5\theta_{r1} - \theta_{r2}) + i_{q2} \cos(5\theta_{r1} - \theta_{r2})] \\ & -7\sqrt{3} \psi_{f17} [i_{d2} \sin(7\theta_{r1} + \theta_{r2}) + i_{q2} \cos(7\theta_{r1} + \theta_{r2})] \end{aligned} \right\} \tag{8-16}$$

$$T_{e2} = \sqrt{3} p_2 \psi_{f21} i_{q2} \tag{8-17}$$

上述电压方程式 (8-12)~式 (8-15) 以及转矩方程式 (8-16) 和式 (8-17) 构成了含 5、7 次空间谐波的双 Y 移 30° PMSM 双电机串联系统中的电机模型，分析可知：

(1) 电机 1 含 5、7 次空间谐波会使气隙磁链呈非正弦分布，并与电机 2 的电流产生耦合，故在 i_{d2} 或 i_{q2} 非零时电机 1 的转矩会产生脉动，进而转速也会产生脉动；

(2) 脉动幅值主要和电机 1 谐波磁链幅值、i_{d2} 和 i_{q2} 的大小相关，脉动的频率与电机 1、电机 2 的转速都相关；

(3) 电机 2 的转矩不受电机 1 的任何影响，电机 2 的转速也不受电机 1 的影响。

8.2 电机 1 的 5、7 次空间谐波对串联系统的影响仿真

基于载波调制 PWM 技术矢量控制的两台双 Y 移 30° PMSM 串联系统原理图如图 8-1 所示。

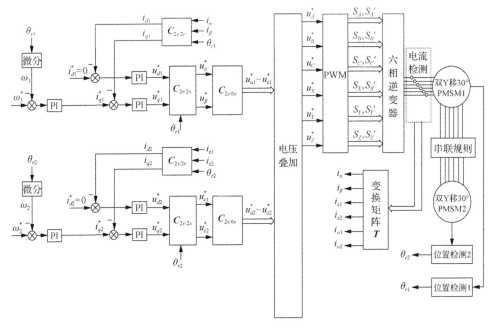

图 8-1　双 Y 移 30° PMSM 双电机串联系统原理图

不失一般性，假定此串联系统中，电机 1 的气隙磁场包含基波和 5、7 次空间谐波，电机 2 气隙磁场只含正弦的基波。

电机参数为 $p_1 = p_2 = 4$，$\psi_{f11} = \psi_{f21} = 0.2\text{Wb}$，$\psi_{f15} = 0.08\text{Wb}$，$\psi_{f17} = 0.06\text{Wb}$，$R_1 = R_2 = 2.875\Omega$，$L_1 = L_2 = 0.012\text{H}$，$B_1 = B_2 = 0.005$，$J_1 = J_2 = 0.1\text{kg} \cdot \text{m}^2$。

1. 变速仿真

电机 1 空载运行，给定转速为 200r/min；电机 2 负载为 2N·m，给定转速为 100r/min，在 0.9s 时给定转速变为 400r/min，仿真结果如图 8-2 所示。

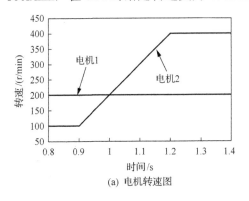

(a) 电机转速图

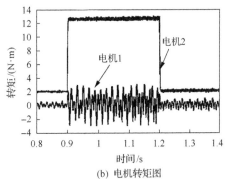

(b) 电机转矩图

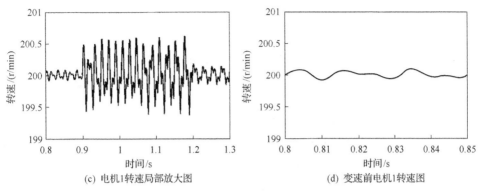

(c) 电机1转速局部放大图　　　　　(d) 变速前电机1转速图

图 8-2　电机 2 变速时串联系统运行状态

2. 变载仿真

电机 1 空载运行，给定转速为 200r/min；电机 2 给定负载为 2N·m，在 1s 时给定负载变为 10N·m，给定转速为 250r/min，仿真结果如图 8-3 所示。

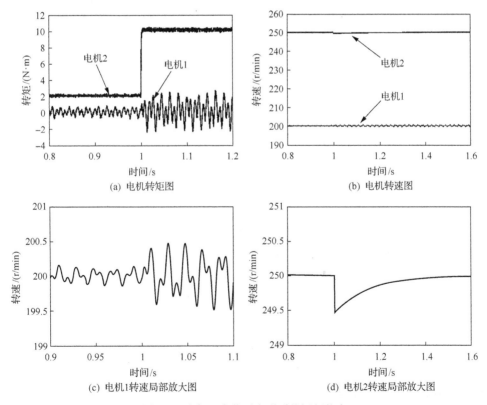

(a) 电机转矩图　　　　　　　　　　(b) 电机转速图

(c) 电机1转速局部放大图　　　　　(d) 电机2转速局部放大图

图 8-3　电机 2 变载时串联系统运行状态

综合含 5、7 次空间谐波的两电机串联系统变速、变载仿真结果，可以得到以下结论：

(1) 含有空间谐波的电机 1 在串联系统中受电机 2 的影响，电机 1 中 5、7 次空间谐波与电机 2 的基波电流发生耦合作用。当电机 2 带负载时，i_{q2} 为非零值，转矩和转速会出现不规则脉动。

(2) 电机 1 的转矩、转速和脉动幅值随着电机 2 变速或者变载引起的 i_{q2} 变化而变化，脉动频率与电机 1 和电机 2 的转速都相关。电机 1 或电机 2 转速的增加都会使电机 1 的转速和转矩脉动频率升高。

(3) 串联系统中不含空间谐波的电机 2 不受其他电机或自身变速、变载的影响。

8.3　5、7 次空间谐波的补偿解耦控制策略

为了对空间谐波引起的耦合效应进行补偿，双电机串联系统采用 $i_d = 0$ 的矢量控制策略。反馈的 i_q 值决定了电机转矩的实际大小，所以在反馈通道上计算出 5、7 次空间谐波所引起的转矩脉动值，把转矩脉动转化为电流 i_q 的脉动值，并反向补偿给 i_q 的反馈，以此在电机内部消除空间谐波的影响，使输出转矩得到补偿[1-3]。

8.3.1　补偿量的数学模型

5、7 次空间谐波引起的转矩脉动公式为

$$\begin{cases} \Delta T_{e1\text{-}5} = 5\sqrt{3}p_1\psi_{f15}[-i_{d2}\sin(5\theta_{r1}-\theta_{r2})+i_{q2}\cos(5\theta_{r1}-\theta_{r2})] \\ \Delta T_{e1\text{-}7} = 7\sqrt{3}p_1\psi_{f17}[i_{d2}\sin(7\theta_{r1}+\theta_{r2})+i_{q2}\cos(7\theta_{r1}+\theta_{r2})] \end{cases} \quad (8\text{-}18)$$

5 次空间谐波引起的脉动的补偿电流为

$$\Delta i_{q1\text{-}5} = \frac{\Delta T_{e1\text{-}5}}{p_1\psi_{f11}} \quad (8\text{-}19)$$

7 次空间谐波引起的脉动的补偿电流为

$$\Delta i_{q1\text{-}7} = \frac{\Delta T_{e1\text{-}7}}{p_1\psi_{f11}} \quad (8\text{-}20)$$

总的补偿电流为

$$\Delta i_q = \Delta i_{q1\text{-}5} + \Delta i_{q1\text{-}7} \quad (8\text{-}21)$$

8.3.2　补偿控制仿真模型

基于谐波效应补偿的双电机串联系统仿真模型如图 8-4 所示。

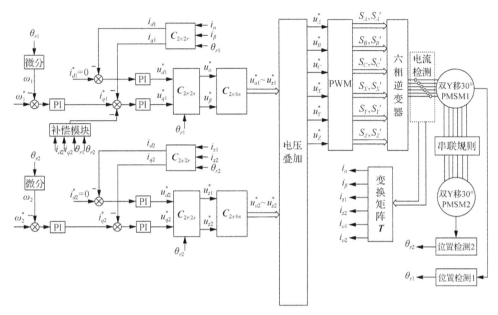

图 8-4　基于电流补偿的双电机串联系统仿真模型

通过图 8-4 中补偿模块采集 i_{d2}、i_{q2}、θ_{r1}、θ_{r2} 的值，根据式(8-18)～式(8-21)在已知 5、7 次空间谐波磁链大小的前提下计算出补偿值，补偿给 i_{q1}，经过一系列控制变换最后在电机 1 内部抵消 5、7 次空间谐波的耦合影响。

8.3.3　仿真结果

1. 变速仿真

电机 1 含 5、7 次空间谐波，空载运行，给定转速为 200r/min；电机 2 负载为 2N·m，给定转速为 100r/min，在 0.9s 时给定转速变为 400r/min，仿真结果如图 8-5 所示。

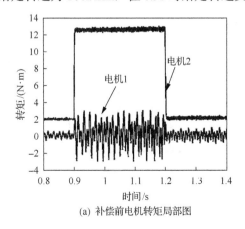

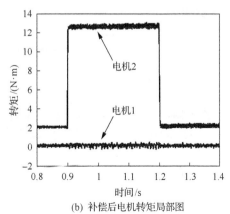

(a) 补偿前电机转矩局部图　　　　　　　　(b) 补偿后电机转矩局部图

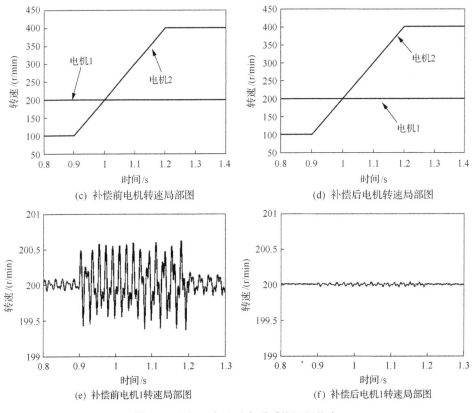

(c) 补偿前电机转速局部图　　　　　　(d) 补偿后电机转速局部图

(e) 补偿前电机1转速局部图　　　　　　(f) 补偿后电机1转速局部图

图 8-5　电机 2 变速时串联系统运行状态

2. 变载仿真

电机 1 中存在 5、7 次空间谐波，空载运行，给定转速为 200r/min；电机 2 给定负载为 2N·m，在 1s 时给定负载变为 10N·m，给定转速为 250r/min，仿真结果如图 8-6 所示。

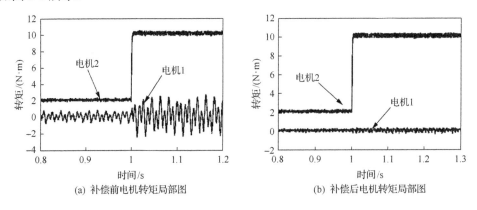

(a) 补偿前电机转矩局部图　　　　　　(b) 补偿后电机转矩局部图

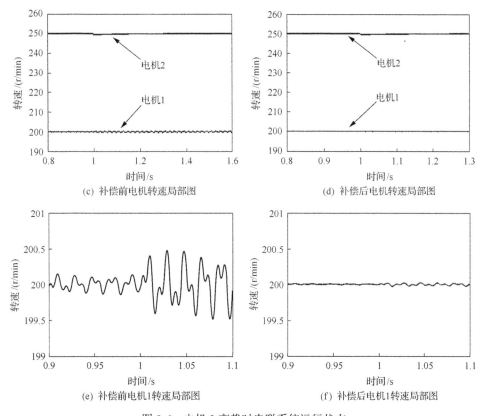

图 8-6　电机 2 变载时串联系统运行状态

从变速和变载仿真结果可知，通过控制方式的改善，即把脉动值经过计算反向补偿在 i_q 的反馈通道上，经过坐标变换和串联规则，由逆变器输出进入电机系统，对比补偿前后的电机转矩和转速图可知，该补偿策略能消除空间谐波引起的转速和转矩脉动，使电机的转速和转矩不受串联系统中其他电机的影响，从而实现了两台串联电机的解耦运行。

8.4　串联系统的时间谐波效应研究

8.4.1　串联系统的输入电压

为了实现两台电机的独立控制，一台电机中产生转矩和磁链的电流将不在另一台电机中产生转矩和磁链，两台电机的串联关系如图 3-2 所示。假定两台电机的定子绕组呈正弦分布，不含空间谐波。即使逆变器控制电压参考量是完全正弦的，但是由于存在死区时间、供电系统的不平衡等会不可避免地导致逆变器的输出信号中出现时间谐波电压[2]，这些谐波电压对该串联系统的独立控制产生影响。所以考虑到时间谐波，设逆变器的输出电压为[4]

$$v_{\text{conv}} = v_1 + v_2 \tag{8-22}$$

其中

$$v_1 = \sum_k A_{k1} \begin{bmatrix} \cos k(\theta_{r1}) \\ \cos k(\theta_{r1} - 4\alpha) \\ \cos k(\theta_{r1} - 8\alpha) \\ \cos k(\theta_{r1} - \alpha) \\ \cos k(\theta_{r1} - 5\alpha) \\ \cos k(\theta_{r1} - 9\alpha) \end{bmatrix}$$

$$v_2 = \sum_k A_{k2} \begin{bmatrix} \cos k(\theta_{r2}) \\ \cos k(\theta_{r2} - 5\alpha) \\ \cos k(\theta_{r2} - 8\alpha) \\ \cos k(\theta_{r2} - \alpha) \\ \cos k(\theta_{r2} - 4\alpha) \\ \cos k(\theta_{r2} - 9\alpha) \end{bmatrix}$$

其中，取 $\alpha = 30°$；θ_{r1} 和 θ_{r2} 分别代表电机 1 和电机 2 转子磁场轴线与其定子 A 相绕组轴线之间的电角度；k 代表谐波次数；v_{conv} 代表逆变器的调制信号；v_1 和 v_2 分别代表单独控制电机 1 和电机 2 的电压；A_{k1} 和 A_{k2} 分别代表电机 1 和电机 2 的 k 次谐波幅值。

在多相电机中，不同类型的谐波分布在不同的子空间上。双 Y 移 30° PMSM 的电压或电流变量可以解耦到 3 个相互正交的 $\alpha\beta$ 子空间、z_1z_2 子空间和 o_1o_2 子空间。单独一台双 Y 移 30° PMSM，只需 $\alpha\beta$ 子空间的电流分量就可以产生磁链和转矩，z_1z_2 子空间和 o_1o_2 子空间的电流分量将不产生转矩。对双 Y 移 30° PMSM 来说，5、7、11、13 次谐波对转矩影响最大，故主要对 5、7、11、13 次时间谐波进行仿真分析。

8.4.2 仿真验证

基于 MATLAB/Simulink 搭建双 Y 移 30° PMSM 双电机串联系统的开环控制模型，如图 8-7 所示。

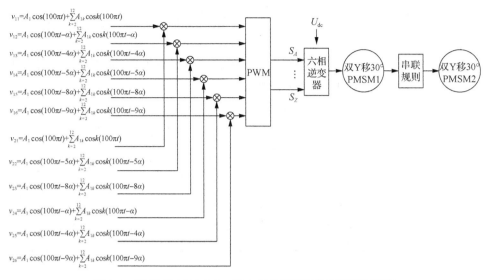

图 8-7　双 Y 移 30° PMSM 双电机串联系统的开环控制模型

图 8-7 中，电机 1 和电机 2 的结构参数完全相同，基于串联系统数学模型可以仿真得到时间谐波在串联系统中两个相互正交的子空间（$\alpha\beta$ 和 z_1z_2）上的分布情况。逆变器 PWM 输入的控制电压是按照式(8-22)计算得出的。由 PWM 输出的控制信号（$S_A \sim S_Z$）分别控制六相逆变器六组开关器件的关断与导通，以实现控制串联电机系统。

在双 Y 移 30° PMSM 双电机串联系统的开环控制模型中，逆变器输出的电压包含两台电机 50Hz、220V 的基波电压，并在控制电机 1 的 v_1 分量中加入幅值为 50V 的 5、7、11、13 次时间谐波，以得出 5、7、11、13 次时间谐波在两个相互正交的 $\alpha\beta$ 和 z_1z_2 子空间上的分布情况，仿真结果如图 8-8 所示。

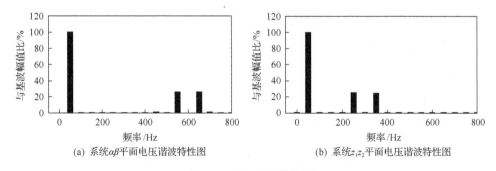

图 8-8　电压谐波特性图

从仿真波形可以看出，v_1 中的 5、7 次谐波存在于 z_1z_2 子空间，因为子空间 z_1z_2 是电机 2 的控制平面，所以这些谐波会对电机 2 产生转矩干扰，但不对电机 1 产生影响；v_1 中的 11、13 次谐波存在于系统 $\alpha\beta$ 子空间，所以 v_1 中的 11、13 次谐波会对电机 1 产生转矩干扰。

为验证前面的分析，在双 Y 移 30° PMSM 双电机串联系统的开环控制模型中做一系列相关的仿真试验，如表 8-1 所示。

表 8-1　仿真项目

仿真	逆变器输出的调制信号电压参考值
仿真 1	逆变器输出控制电机 1 的电压分量中只含 50Hz、220V 的正弦电压基波；控制电机 2 的电压分量中只含 50Hz、220V 的正弦电压基波；电机 1 与电机 2 均空载运行
仿真 2	逆变器输出控制电机 1 的电压分量中含有 50Hz、220V 正弦电压基波和幅值为 50V 的 5、7 次时间谐波；控制电机 2 的电压分量中只含 50Hz、220V 正弦电压基波；电机 1 与电机 2 均空载运行
仿真 3	逆变器输出控制电机 1 的电压分量中含有 50Hz、220V 正弦电压基波和幅值为 50V 的 11、13 次时间谐波；控制电机 2 的电压分量中只含有 50Hz、220V 正弦电压基波；电机 1 与电机 2 均空载运行

仿真结果如图 8-9 所示。

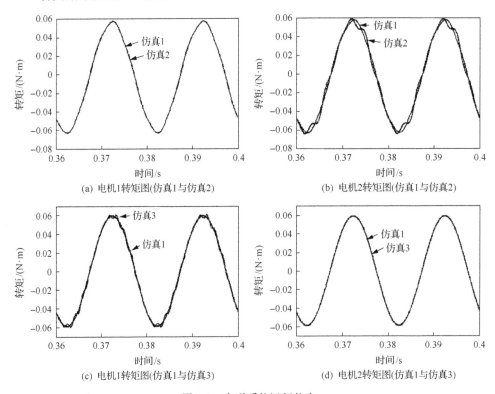

(a) 电机1转矩图(仿真1与仿真2)　　(b) 电机2转矩图(仿真1与仿真2)

(c) 电机1转矩图(仿真1与仿真3)　　(d) 电机2转矩图(仿真1与仿真3)

图 8-9　串联系统运行状态

由图 8-9(a) 和 (b) 可知，逆变器输出电压中包含的 5、7 次时间谐波会对电机 2 的电磁转矩产生干扰，但不会对电机 1 的转矩造成任何干扰。

由图 8-9(c)和(d)可知，逆变器输出电压中包含的 11、13 次时间谐波会对电机 1 的电磁转矩产生干扰，但不会对电机 2 的转矩产生影响。

参 考 文 献

[1] 张少一. 考虑谐波效应的双 Y 移 30° PMSM 双电机串联系统解耦控制研究[硕士学位论文]. 烟台: 海军航空工程学院, 2014.

[2] Mengoni M, Tani A, Zarri L. Position control of a multi-motor drive based on series-connected five-phase tubular PM actuators. IEEE Transactions on Industry Applications, 2012, 48(16): 2048-2058.

[3] Mekri F. An efficient control of a series connected two-synchronous motor 5-phase with non sinusoidal EMF supplied by a single 5-leg VSI: Experimental and theoretical investigations. Electric Power Systems Research, 2012, 92: 11-19.

[4] Malvar J, Yepes A G, Vidal A, et al. Harmonic subspace and sequence mapping in a series-connected six-phase two-motor drive. Conference of the IEEE Industrial Electronics Society, Montreal, 2012, 2(1): 3622-3627.

第 9 章　考虑空间谐波效应的对称六相 PMSM 与三相 PMSM 的数学建模

第 3~8 章详细阐述了双 Y 移 30° PMSM 串联系统的串联规则、工作原理、数学建模、矢量控制策略和直接转矩控制策略、容错控制及谐波效应补偿等内容。对称六相 PMSM 串联系统与双 Y 移 30° PMSM 串联系统在结构组成及控制方法等方面有较大的不同，它是由对称六相 PMSM 与三相 PMSM 组成的[1,2]。因此从本章起将对对称六相 PMSM 串联系统进行深入研究。

与第 4 章类似，本章同样采用绕组函数法和倒气隙函数法，在电机内部存在低次空间谐波的前提下，分别推导凸极式转子结构的对称六相 PMSM 和三相 PMSM 的数学模型，为后续章节中考虑空间谐波效应的串联系统解耦控制提供理论支撑。

9.1　基于绕组函数法和倒气隙函数法求绕组的自感和互感

9.1.1　绕组函数与倒气隙函数

一对极凸极式转子结构的永磁同步电机剖面示意图及转子位置 θ_r 的定义见 4.1 节。同理，以 A 相绕组的轴线为参考位置，取逆时针方向为正方向，可得到各相绕组的轴线位置。本章涉及的对称六相 PMSM 与三相 PMSM 串联系统，六相 PMSM 各相绕组的轴线位置可记为

$$\boldsymbol{\alpha}_1 = \begin{bmatrix} \alpha_{11} & \alpha_{12} & \alpha_{13} & \alpha_{14} & \alpha_{15} & \alpha_{16} \end{bmatrix}^{\mathrm{T}} = \begin{bmatrix} 0 & \alpha_1 & 2\alpha_1 & 3\alpha_1 & 4\alpha_1 & 5\alpha_1 \end{bmatrix}^{\mathrm{T}} \quad (9\text{-}1)$$

在对称六相 PMSM 与三相 PMSM 串联系统中，定义 $\alpha_1 = \pi/3$。

根据对称六相 PMSM 与三相 PMSM 串联系统定子绕组的连接特点，三相电机的绕组上流过电流的初相角恰好与三相绕组的轴线位置角相等，记为

$$\boldsymbol{\alpha}_2 = \begin{bmatrix} \alpha_{21} & \alpha_{22} & \alpha_{23} \end{bmatrix}^{\mathrm{T}} = \begin{bmatrix} 0 & \alpha_2 & 2\alpha_2 \end{bmatrix}^{\mathrm{T}} \quad (9\text{-}2)$$

在对称六相 PMSM 与三相 PMSM 串联系统中，定义 $\alpha_2 = 2\pi/3$。

考虑 k 次谐波的对称六相 PMSM 与三相 PMSM，其绕组函数分别为

$$N_{1i}(\phi) = N_{11}\cos[(p_1\phi - \alpha_{1i})] + N_{1k}\cos[k(p_1\phi - \alpha_{1i})], \quad i \in \{1,2,3,4,5,6\} \quad (9\text{-}3)$$

$$N_{2i}(\phi) = N_{21}\cos(p_2\phi - \alpha_{2i}) + N_{2k}\cos[k(p_2\phi - \alpha_{2i})]， \quad i \in \{1,2,3\} \tag{9-4}$$

其中，p_1、p_2 分别为两台电机的极对数；N_{11}、N_{1k} 为对称六相 PMSM 的基波、k 次谐波等效绕组匝数；N_{21}、N_{2k} 为三相 PMSM 的基波、k 次谐波等效绕组匝数。当绕组正弦分布时，$N_{1k} = N_{2k} = 0$。

同理，倒气隙函数的推导见 4.1.2 节内容。

9.1.2　用绕组函数和倒气隙函数求电感矩阵和永磁体磁链矩阵

1. 求电感矩阵

设电机中某两相绕组考虑了 k 次谐波的情况，这两相绕组间的互感为

$$L_{\delta ij} = \mu_0 r_\delta l_\delta \int_0^{2\pi} [g^{-1}(\phi,\theta_r) N_{\delta i}(\phi) N_{\delta j}(\phi)] \mathrm{d}\phi \tag{9-5}$$

其中，r_δ 和 l_δ 分别是电机定子铁心内半径和轴向有效长度。注意到，当 $\tau = \pi/2$ 时，n 为偶数的相关项值为零。

由于材料、制作工艺、误差等因素，六相 PMSM 和三相 PMSM 内部都可能含有多种低次空间谐波。以考虑绕组 2 次谐波的自感、互感表达式推导为例，由推导可知，当 $n > 2$ 时，积分项值为零。

当 $\delta=1$ 时，取 $i \in \{1,2,3,4,5,6\}$、$j \in \{1,2,3,4,5,6\}$，表示分别与对称六相电机的 $A,B,C,\cdots,F$ 相相对应，式(9-5)所求为六相电机对应两相绕组间的互感。且当 $i = j$ 时，式(9-5)所求为六相 PMSM 中第 i 相自感；当 $\delta=2$ 时，取 $i \in \{1,2,3\}$、$j \in \{1,2,3\}$ 表示分别与三相电机的 U、V、W 相相对应，式(9-5)为三相电机对应两相绕组间的互感。当 $i = j$ 时，式(9-5)所求为三相 PMSM 中第 i 相自感。则有

$$L_{\delta ij} = \mu_0 r_\delta l_\delta \left\{ \begin{array}{l} \left(a_\delta + \dfrac{\pi - 2\tau_\delta}{4} \right) \pi N_{\delta 1}^2 \cos(\theta_{\delta i} - \alpha_{\delta j}) - b_\delta (\sin\tau_\delta)\dfrac{\pi}{2} N_{\delta 1}^2 \\[3mm] \cdot \cos[2\theta_{r\delta} - (\alpha_{\delta i} + \alpha_{\delta j})] + \left(a_\delta + \dfrac{\pi - 2\tau_\delta}{4} \right)\dfrac{\pi}{2} N_{\delta 2}^2 \cos[2(\theta_{\delta i} - \alpha_{\delta j})] \\[3mm] -\dfrac{b_\delta}{2}\sin(2\tau_\delta)\dfrac{\pi}{2} N_{\delta 2}^2 \cos[4\theta_{r\delta} - 2(\alpha_{\delta i} + \alpha_{\delta j})] \end{array} \right\} \tag{9-6}$$

将 $\delta=1$、$i \in \{1,2,3,4,5,6\}$、$j \in \{1,2,3,4,5,6\}$ 代入式(9-6)，得到六相电机的自感、互感矩阵为

$$L_m = L_{m1}\boldsymbol{H}_{m1} + L_{m1t}\boldsymbol{H}_{m1t} + L_{m2}\boldsymbol{H}_{m2} + L_{m2t}\boldsymbol{H}_{m2t} \tag{9-7}$$

其中，$L_{m1} = \pi\left(a_1 + \dfrac{\pi - 2\tau_1}{4}\right)\mu_0 r_1 l_1 N_{11}^2$ 表示仅与绕组基波分量有关的电感矩阵系数；

$L_{m1t} = -\dfrac{\pi}{2}b_1\sin\tau_1\mu_0 r_1 l_1 N_{11}^2$ 表示与绕组基波分量、转子位置均有关的电感矩阵系数；

$L_{m2} = \left(a_1 + \dfrac{\pi - 2\tau_1}{4}\right)\dfrac{\pi}{2}\mu_0 r_1 l_1 N_{12}^2$ 表示与绕组 2 次谐波分量有关的电感矩阵系数；

$L_{m2t} = -\dfrac{\pi}{2}\dfrac{b_1}{2}\sin(2\tau_1)\mu_0 r_1 l_1 N_{12}^2$ 表示与绕组 2 次谐波分量、转子位置有关的电感系数，且有

$$\boldsymbol{H}_{m2} = \begin{bmatrix} 1 & \cos 2\alpha_1 & \cos 4\alpha_1 & \cos 6\alpha_1 & \cos 8\alpha_1 & \cos 10\alpha_1 \\ \cos 2\alpha_1 & 1 & \cos 2\alpha_1 & \cos 4\alpha_1 & \cos 6\alpha_1 & \cos 8\alpha_1 \\ \cos 4\alpha_1 & \cos 2\alpha_1 & 1 & \cos 2\alpha_1 & \cos 4\alpha_1 & \cos 6\alpha_1 \\ \cos 6\alpha_1 & \cos 4\alpha_1 & \cos 2\alpha_1 & 1 & \cos 2\alpha_1 & \cos 4\alpha_1 \\ \cos 8\alpha_1 & \cos 6\alpha_1 & \cos 4\alpha_1 & \cos 2\alpha_1 & 1 & \cos 2\alpha_1 \\ \cos 10\alpha_1 & \cos 8\alpha_1 & \cos 6\alpha_1 & \cos 4\alpha_1 & \cos 2\alpha_1 & 1 \end{bmatrix}$$

$$\boldsymbol{H}_{m2t} = \begin{bmatrix} \cos 4\theta_{r1} & \cos(4\theta_{r1}-2\alpha_1) & \cos(4\theta_{r1}-4\alpha_1) & \cos(4\theta_{r1}-6\alpha_1) \\ \cos(4\theta_{r1}-8\alpha_1) & \cos(4\theta_{r1}-10\alpha_1) & \cos(4\theta_{r1}-2\alpha_1) & \cos(4\theta_{r1}-4\alpha_1) \\ \cos(4\theta_{r1}-6\alpha_1) & \cos(4\theta_{r1}-8\alpha_1) & \cos(4\theta_{r1}-10\alpha_1) & \cos(4\theta_{r1}-12\alpha_1) \\ \cos(4\theta_{r1}-4\alpha_1) & \cos(4\theta_{r1}-6\alpha_1) & \cos(4\theta_{r1}-8\alpha_1) & \cos(4\theta_{r1}-10\alpha_1) \\ \cos(4\theta_{r1}-12\alpha_1) & \cos(4\theta_{r1}-14\alpha_1) & \cos(4\theta_{r1}-6\alpha_1) & \cos(4\theta_{r1}-8\alpha_1) \\ \cos(4\theta_{r1}-10\alpha_1) & \cos(4\theta_{r1}-12\alpha_1) & \cos(4\theta_{r1}-14\alpha_1) & \cos(4\theta_{r1}-16\alpha_1) \\ \cos(4\theta_{r1}-8\alpha_1) & \cos(4\theta_{r1}-10\alpha_1) & \cos(4\theta_{r1}-12\alpha_1) & \cos(4\theta_{r1}-14\alpha_1) \\ \cos(4\theta_{r1}-16\alpha_1) & \cos(4\theta_{r1}-18\alpha_1) & \cos(4\theta_{r1}-10\alpha_1) & \cos(4\theta_{r1}-12\alpha_1) \\ \cos(4\theta_{r1}-14\alpha_1) & \cos(4\theta_{r1}-16\alpha_1) & \cos(4\theta_{r1}-18\alpha_1) & \cos(4\theta_{r1}-20\alpha_1) \end{bmatrix}$$

考虑相绕组自漏感、忽略相绕组互漏感后，对称六相 PMSM 的电感矩阵为

$$\boldsymbol{L}_1 = L_{s\sigma1}\boldsymbol{E}_6 + \boldsymbol{L}_m \tag{9-8}$$

其中，$L_{s\sigma1}$ 为对称六相 PMSM 相绕组自漏感；$\boldsymbol{E}_6$ 为六阶单位阵。

对于三相 PMSM，$\delta = 2$，此时，$i \in \{1,2,3\}$，$j \in \{1,2,3\}$，其自感、互感矩阵可简记为

$$
\begin{aligned}
\boldsymbol{L}_n = & \, L_{n1}
\begin{bmatrix}
1 & \cos\alpha_2 & \cos 2\alpha_2 \\
\cos\alpha_2 & 1 & \cos\alpha_2 \\
\cos 2\alpha_2 & \cos\alpha_2 & 1
\end{bmatrix} \\
& + L_{n1t}
\begin{bmatrix}
\cos 2\theta_{r2} & \cos(2\theta_{r2}-\alpha_2) & \cos(2\theta_{r2}-2\alpha_2) \\
\cos(2\theta_{r2}-\alpha_2) & \cos(2\theta_{r2}-2\alpha_2) & \cos(2\theta_{r2}-3\alpha_2) \\
\cos(2\theta_{r2}-2\alpha_2) & \cos(2\theta_{r2}-3\alpha_2) & \cos(2\theta_{r2}-4\alpha_2)
\end{bmatrix} \\
& + L_{n2}
\begin{bmatrix}
1 & \cos 2\alpha_2 & \cos 4\alpha_2 \\
\cos 2\alpha_2 & 1 & \cos 2\alpha_2 \\
\cos 4\alpha_2 & \cos 2\alpha_2 & 1
\end{bmatrix} \\
& + L_{n2t}
\begin{bmatrix}
\cos 4\theta_{r2} & \cos(4\theta_{r2}-2\alpha_2) & \cos(4\theta_{r2}-4\alpha_2) \\
\cos(4\theta_{r2}-2\alpha_2) & \cos(4\theta_{r2}-4\alpha_2) & \cos(4\theta_{r2}-6\alpha_2) \\
\cos(4\theta_{r2}-4\alpha_2) & \cos(4\theta_{r2}-6\alpha_2) & \cos(4\theta_{r2}-8\alpha_2)
\end{bmatrix}
\end{aligned}
\tag{9-9}
$$

$$
= L_{n1}\boldsymbol{H}_{n1} + L_{n1t}\boldsymbol{H}_{n1t} + L_{n2}\boldsymbol{H}_{n2} + L_{n2t}\boldsymbol{H}_{n2t}
$$

其中，$L_{n1} = \pi\left(a_2 + \dfrac{\pi - 2\tau_2}{4}\right)\mu_0 r_2 l_2 N_{21}^2$ 表示仅与绕组基波分量有关的电感矩阵系

数；$L_{n1t} = -\dfrac{\pi}{2} b_2 \sin(\tau_2)\mu_0 r_2 l_2 N_{21}^2$ 表示与绕组基波分量、转子位置均有关的电感矩

阵系数；$L_{n2} = \left(a_2 + \dfrac{\pi - 2\tau_2}{4}\right)\dfrac{\pi}{2}\mu_0 r_2 l_2 N_{22}^2$ 表示与绕组 2 次谐波分量有关的电感矩阵

系数；$L_{n2t} = -\dfrac{\pi}{2}\dfrac{b_2}{2}\sin(2\tau_2)\mu_0 r_2 l_2 N_{22}^2$ 表示与绕组 2 次谐波分量、转子位置有关的

电感系数。

同理，三相 PMSM 的电感矩阵可表示为

$$
\boldsymbol{L}_2 = L_{s\sigma 2}\boldsymbol{E}_3 + \boldsymbol{L}_n
\tag{9-10}
$$

其中，$L_{s\sigma 2}$ 为三相 PMSM 相绕组自漏感；$\boldsymbol{E}_3$ 为三阶单位阵。

2. 求永磁体磁链矩阵

设当转子永磁体产生的气隙磁密含有 k 次谐波（$k \neq 1$）时，永磁体产生的气隙磁密为

$$
B_\delta(\phi, \theta_{r\delta}) = B_{\delta 1}\cos(p_\delta\phi - \theta_{r\delta}) + B_{\delta k}\cos k(p_\delta\phi - \theta_{r\delta})
\tag{9-11}
$$

则永磁体产生的气隙磁密交链到绕组上的磁链表达式为

$$\psi_{r\delta} = \int_0^{2\pi} \left\{ \left[\sum_{n=1}^{\infty} N_{\delta n} \cos n(p_\delta \phi - \theta_{\delta i}) \right] B_\delta(\phi, \theta_{r\delta}) \right\} r_\delta l_\delta \mathrm{d}\phi \tag{9-12}$$
$$= r_\delta l_\delta N_{\delta 1} B_{\delta 1} \pi \cos(\theta_{r\delta} - p_\delta \theta_{\delta i}) + r_\delta l_\delta N_{\delta k} B_{\delta k} \pi \cos k(\theta_{r\delta} - p_\delta \theta_{\delta i})$$

推导发现，仅 $N_{\delta 1}B_{\delta 1}$ 项和 $N_{\delta k}B_{\delta k}$ 项积分值不为零，其余各项积分值均为零。记 $\psi_{f\delta 1} = r_\delta l_\delta N_{\delta 1} B_{\delta 1} \pi$，$\psi_{f\delta k} = r_\delta l_\delta N_{\delta k} B_{\delta k} \pi$。

以永磁体产生的气隙磁密含有 2 次谐波时交链到定子绕组上的磁链表达式推导为例，此时 $k = 2$。

对于六相 PMSM，将 $\delta = 2$、$i \in \{1,2,3,4,5,6\}$ 代入式 (9-12)，得到六相电机永磁体在定子绕组上的交链为

$$\boldsymbol{\Psi}_{r1} = r_1 l_1 N_{11} B_{11} \pi \begin{bmatrix} \cos\theta_{r1} \\ \cos(\theta_{r1} - \alpha_1) \\ \cos(\theta_{r1} - 2\alpha_1) \\ \cos(\theta_{r1} - 3\alpha_1) \\ \cos(\theta_{r1} - 4\alpha_1) \\ \cos(\theta_{r1} - 5\alpha_1) \end{bmatrix} + r_1 l_1 N_{12} B_{12} \pi \begin{bmatrix} \cos 2\theta_{r1} \\ \cos 2(\theta_{r1} - \alpha_1) \\ \cos 2(\theta_{r1} - 2\alpha_1) \\ \cos 2(\theta_{r1} - 3\alpha_1) \\ \cos 2(\theta_{r1} - 4\alpha_1) \\ \cos 2(\theta_{r1} - 5\alpha_1) \end{bmatrix} \tag{9-13}$$
$$= \psi_{f11} \boldsymbol{F}_{11} + \psi_{f12} \boldsymbol{F}_{12}$$

对于三相 PMSM，将 $\delta = 2$、$i \in \{1,2,3\}$ 代入式 (9-12)，得到六相电机永磁体在定子绕组上的交链为

$$\boldsymbol{\Psi}_{r2} = r_2 l_2 N_{21} B_{21} \pi \begin{bmatrix} \cos\theta_{r2} \\ \cos(\theta_{r2} - \theta_2) \\ \cos(\theta_{r2} - 2\theta_2) \end{bmatrix} + r_2 l_2 N_{22} B_{22} \pi \begin{bmatrix} \cos 2\theta_{r2} \\ \cos 2(\theta_{r2} - \theta_2) \\ \cos 2(\theta_{r2} - 2\theta_2) \end{bmatrix} \tag{9-14}$$
$$= \psi_{f21} \boldsymbol{F}_{21} + \psi_{f22} \boldsymbol{F}_{22}$$

按照上述推导方法，可以得到考虑其他各次谐波时两台电机的电感矩阵和永磁体磁链矩阵。为简化单台永磁同步电动机数学模型的建立和推导过程，下面给出不考虑空间谐波时两台电机的数学模型。

9.2　对称六相 PMSM 及三相 PMSM 的数学建模

9.2.1　对称六相 PMSM 的数学模型

1. 定子磁链方程与定子电压方程

设 Ψ_{sA}、Ψ_{sB}、Ψ_{sC}、Ψ_{sD}、Ψ_{sE} 和 Ψ_{sF} 分别为六相 PMSM 各相绕组的全磁链，

记 $\boldsymbol{\Psi}_1 = \begin{bmatrix} \Psi_{sA} & \Psi_{sB} & \Psi_{sC} & \Psi_{sD} & \Psi_{sE} & \Psi_{sF} \end{bmatrix}^{\mathrm{T}}$。图 9-1 为凸极式 2 对极对称六相永磁同步电动机剖面结构示意图。

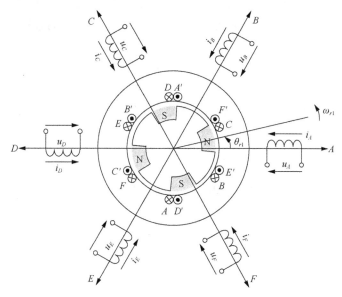

图 9-1　凸极式 2 对极对称六相永磁同步电动机剖面结构示意图

如图 9-1 所示，六相 PMSM 在自然坐标系下的定子全磁链可表示为

$$\boldsymbol{\Psi}_1 = \boldsymbol{L}_1 \boldsymbol{I}_1 + \boldsymbol{\Psi}_{r1} \tag{9-15}$$

其中，$\boldsymbol{I}_1 = \begin{bmatrix} i_A & i_B & i_C & i_D & i_E & i_F \end{bmatrix}^{\mathrm{T}}$ 为流经六相 PMSM 绕组的电流；$\boldsymbol{\Psi}_{r1}$ 为六相 PMSM 的转子磁链，且 $\boldsymbol{\Psi}_{r1} = \begin{bmatrix} \Psi_{rA} & \Psi_{rB} & \Psi_{rC} & \Psi_{rD} & \Psi_{rE} & \Psi_{rF} \end{bmatrix}^{\mathrm{T}}$。

其电压方程可以表示为

$$\begin{cases} u_A = r_{s1} i_A + \dfrac{\mathrm{d}}{\mathrm{d}t} \Psi_{sA}, & u_B = r_{s1} i_B + \dfrac{\mathrm{d}}{\mathrm{d}t} \Psi_{sB} \\[2mm] u_C = r_{s1} i_C + \dfrac{\mathrm{d}}{\mathrm{d}t} \Psi_{sC}, & u_D = r_{s1} i_D + \dfrac{\mathrm{d}}{\mathrm{d}t} \Psi_{sD} \\[2mm] u_E = r_{s1} i_E + \dfrac{\mathrm{d}}{\mathrm{d}t} \Psi_{sE}, & u_F = r_{s1} i_F + \dfrac{\mathrm{d}}{\mathrm{d}t} \Psi_{sF} \end{cases} \tag{9-16}$$

其中，r_{s1} 为六相 PMSM 相绕组电阻。

记 $\boldsymbol{U}_{s1} = \begin{bmatrix} u_A & u_B & u_C & u_D & u_E & u_F \end{bmatrix}^{\mathrm{T}}$，则

$$\boldsymbol{U}_{s1} = r_{s1} \boldsymbol{I}_1 + \frac{\mathrm{d}}{\mathrm{d}t} (\boldsymbol{L}_1 \boldsymbol{I}_1 + \boldsymbol{\Psi}_{r1}) \tag{9-17}$$

2. 运动方程

设 J_1、ω_{r1}、B_1 和 T_{L1} 分别表示六相 PMSM 的转动惯量、转子电角速度、阻尼系数和负载转矩，T_{e1} 为六相 PMSM 的总电磁转矩，其运动方程为

$$T_{e1} = \frac{J_1}{p_1}\frac{\mathrm{d}\omega_{r1}}{\mathrm{d}t} + B_1\frac{\omega_{r1}}{p_1} + T_{L1} \tag{9-18}$$

由式(9-18)可知，在 T_{e1} 突减、突增的时刻，对称六相 PMSM 的转速将出现瞬时增大、减小的现象。

3. 转矩方程

采用电机磁共能对转子位置求偏导的方法得到六相 PMSM 的转矩为

$$T_{e1} = \frac{\partial \boldsymbol{W}_{m1}}{\partial \theta_{r1}} = p_1\left(\frac{1}{2}\boldsymbol{I}_1^{\mathrm{T}}\frac{\partial \boldsymbol{L}_1}{\partial \theta_{r1}}\boldsymbol{I}_1 + \boldsymbol{I}_1^{\mathrm{T}}\frac{\partial \boldsymbol{\Psi}_{r1}}{\partial \theta_{r1}} \right) \tag{9-19}$$

整理得到

$$
\begin{aligned}
T_{e1} = &-p_1 L_{m1t}[i_A^2\sin(2\theta_{r1}) + i_B^2\sin(2\theta_{r1}-2\alpha_1) + i_C^2\sin(2\theta_{r1}-4\alpha_1) + i_D^2\sin(2\theta_{r1}-6\alpha_1) \\
&+ i_E^2\sin(2\theta_{r1}-8\alpha_1) + i_F^2\sin(2\theta_{r1}-10\alpha_1)] - 2p_1 L_{m2t}[i_A^2\sin(4\theta_{r1}) + i_B^2\sin(4\theta_{r1}-4\alpha_1) \\
&+ i_C^2\sin(4\theta_{r1}-8\alpha_1) + i_D^2\sin(4\theta_{r1}-12\alpha_1) + i_E^2\sin(4\theta_{r1}-16\alpha_1) + i_F^2\sin(4\theta_{r1}-20\alpha_1)] \\
&- 2p_1 L_{m1t}[i_A i_B\sin(2\theta_{r1}-\alpha_1) + i_A i_C\sin(2\theta_{r1}-2\alpha_1) + i_A i_D\sin(2\theta_{r1}-3\alpha_1) \\
&+ i_A i_E\sin(2\theta_{r1}-4\alpha_1) + i_A i_F\sin(2\theta_{r1}-5\alpha_1) + i_B i_C\sin(2\theta_{r1}-3\alpha_1) + i_B i_D\sin(2\theta_{r1} \\
&- 4\alpha_1) + i_B i_E\sin(2\theta_{r1}-5\alpha_1) + i_B i_F\sin(2\theta_{r1}-6\alpha_1) + i_C i_D\sin(2\theta_{r1}-5\alpha_1) + i_C i_E\sin(2\theta_{r1} \\
&- 6\alpha_1) + i_C i_F\sin(2\theta_{r1}-7\alpha_1) + i_D i_E\sin(2\theta_{r1}-7\alpha_1) + i_D i_F\sin(2\theta_{r1}-8\alpha_1) \\
&+ i_E i_F\sin(2\theta_{r1}-9\alpha_1)] - 4p_1 L_{m2t}[i_A i_B\sin(4\theta_{r1}-2\alpha_1) + i_A i_C\sin(4\theta_{r1}-4\alpha_1) \\
&+ i_A i_D\sin(4\theta_{r1}-6\alpha_1) + i_A i_E\sin(4\theta_{r1}-8\alpha_1) + i_A i_F\sin(4\theta_{r1}-10\alpha_1) + i_B i_C\sin(4\theta_{r1} \\
&- 6\alpha_1) + i_B i_D\sin(4\theta_{r1}-8\alpha_1) + i_B i_E\sin(4\theta_{r1}-10\alpha_1) + i_B i_F\sin(4\theta_{r1}-12\alpha_1) \\
&+ i_C i_D\sin(4\theta_{r1}-10\alpha_1) + i_C i_E\sin(4\theta_{r1}-12\alpha_1) + i_C i_F\sin(4\theta_{r1}-14\alpha_1) + i_D i_E\sin(4\theta_{r1} \\
&- 14\alpha_1) + i_D i_F\sin(4\theta_{r1}-16\alpha_1) + i_E i_F\sin(4\theta_{r1}-18\alpha_1)] - p_1\psi_{f11}[i_A\sin\theta_{r1} + i_B\sin(\theta_{r1} \\
&- \alpha_1) + i_C\sin(\theta_{r1}-2\alpha_1) + i_D\sin(\theta_{r1}-3\alpha_1) + i_E\sin(\theta_{r1}-4\alpha_1) + i_F\sin(\theta_{r1}-5\alpha_1)] \\
&- 2p_1\psi_{f12}[i_A\sin(2\theta_{r1}) + i_B\sin(2\theta_{r1}-2\alpha_1) + i_C\sin(2\theta_{r1}-4\alpha_1) + i_D\sin(2\theta_{r1}-6\alpha_1) \\
&+ i_E\sin(2\theta_{r1}-8\alpha_1) + i_F\sin(2\theta_{r1}-10\alpha_1)]
\end{aligned}
$$

$$\tag{9-20}$$

9.2.2 三相 PMSM 的数学模型

1. 定子全磁链方程与定子电压方程

设 Ψ_{sU}、Ψ_{sV} 和 Ψ_{sW} 分别为三相 PMSM 各相绕组的全磁链,记 $\boldsymbol{\Psi}_2 = \begin{bmatrix} \Psi_{sU} & \Psi_{sV} \end{bmatrix}$ $\Psi_{sW} \end{bmatrix}$。图 9-2 为凸极式 2 对极三相永磁同步电动机剖面结构示意图。

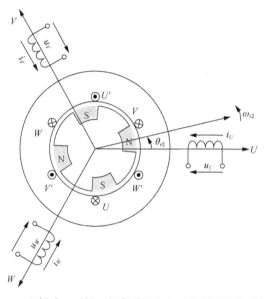

图 9-2 凸极式 2 对极三相永磁同步电动机剖面结构示意图

图 9-2 中,三相 PMSM 在自然坐标系下的定子全磁链可表示为

$$\boldsymbol{\Psi}_2 = \boldsymbol{L}_2 \boldsymbol{I}_2 + \boldsymbol{\Psi}_{r2} \tag{9-21}$$

其中,$\boldsymbol{I}_2 = \begin{bmatrix} i_U & i_V & i_W \end{bmatrix}^{\mathrm{T}}$,$\boldsymbol{\Psi}_{r2}$ 为三相 PMSM 的转子磁链,且 $\boldsymbol{\Psi}_{r2} = \begin{bmatrix} \Psi_{rU} & \Psi_{rV} \end{bmatrix}$ $\Psi_{rW} \end{bmatrix}^{\mathrm{T}}$。

其电压方程为

$$\begin{cases} u_U = r_{s2} i_U + \dfrac{\mathrm{d}}{\mathrm{d}t} \Psi_{sU} \\[2mm] u_V = r_{s2} i_V + \dfrac{\mathrm{d}}{\mathrm{d}t} \Psi_{sV} \\[2mm] u_W = r_{s2} i_W + \dfrac{\mathrm{d}}{\mathrm{d}t} \Psi_{sW} \end{cases} \tag{9-22}$$

其中，r_{s2} 为三相 PMSM 相绕组电阻，记 $U_{s2} = \begin{bmatrix} u_U & u_V & u_W \end{bmatrix}^{\mathrm{T}}$，$\Psi_2 = \begin{bmatrix} \Psi_U & \Psi_V \end{bmatrix}$ $\Psi_W \end{bmatrix}^{\mathrm{T}}$，且 $\Psi_2 = L_2 I_2 + \Psi_{r2}$，记为

$$U_{s2} = r_{s2} I_2 + \frac{\mathrm{d}}{\mathrm{d}t}(L_2 I_2 + \Psi_{r2}) \tag{9-23}$$

2. 运动方程

设 J_2、ω_{r2}、B_2 和 T_{L2} 分别表示三相 PMSM 的转动惯量、转子电角速度、阻尼系数和负载转矩，T_{e2} 为三相 PMSM 的总电磁转矩，其运动方程为

$$T_{e2} = \frac{J_2}{p_2} \frac{\mathrm{d}\omega_{r2}}{\mathrm{d}t} + B_2 \frac{\omega_{r2}}{p_2} + T_{L2} \tag{9-24}$$

由式 (9-24) 可知，在 T_{e2} 突减、突增的时刻，三相 PMSM 的转速将出现瞬时增大、减小的现象。

3. 转矩方程

同理可求三相 PMSM 的电磁转矩为

$$T_{e2} = \frac{\partial W_{m2}}{\partial \theta_{r2}} = p_2 \left(\frac{1}{2} I_2^{\mathrm{T}} \frac{\partial L_2}{\partial \theta_{r2}} I_2 + I_2^{\mathrm{T}} \frac{\partial \Psi_{r2}}{\partial \theta_{r2}} \right) \tag{9-25}$$

整理得到

$$
\begin{aligned}
T_{e2} = &-p_2 L_{n1t}[i_U^2 \sin(2\theta_{r2}) + i_V^2 \sin(2\theta_{r2} - 2\alpha_2) + i_W^2 \sin(2\theta_{r2} - 4\alpha_2)] \\
&- 2 p_2 L_{n2t}[i_U^2 \sin(4\theta_{r2}) + i_V^2 \sin(4\theta_{r2} - 4\alpha_2) + i_W^2 \sin(4\theta_{r2} - 8\alpha_2)] \\
&- 2 p_2 L_{n1t}[i_U i_V \sin(2\theta_{r2} - \alpha_2) + i_U i_W \sin(2\theta_{r2} - 2\alpha_2) + i_V i_W \sin(2\theta_{r2} - 3\alpha_2)] \\
&- 4 p_2 L_{n2t}[i_U i_V \sin(4\theta_{r2} - 2\alpha_2) + i_U i_V \sin(4\theta_{r2} - 4\alpha_2) + i_V i_W \sin(4\theta_{r2} - 6\alpha_2)] \\
&- p_2 \psi_{f21}[i_U \sin\theta_{r2} + i_V \sin(\theta_{r2} - \alpha_2) + i_W \sin(\theta_{r2} - 2\alpha_2)] \\
&- 2 p_2 \psi_{f22}[i_U \sin(2\theta_{r2}) + i_V \sin(2\theta_{r2} - 2\alpha_2) + i_W \sin(2\theta_{r2} - 4\alpha_2)]
\end{aligned}
\tag{9-26}
$$

9.3　考虑低次空间谐波效应的电感矩阵与转子磁链矩阵

在实际情况中，受制作工艺、材料、误差等客观条件的限制，永磁同步电动机绕组往往无法做到理想正弦且完全对称分布，导致气隙中含有不同频率的谐波

成分。对称六相 PMSM 或三相 PMSM 可能含有多种低次空间谐波成分。在单台电机的驱动控制中，这些低次谐波含量由于相对较少、没有明显影响控制性能而被忽略。但在多相电机串联驱动控制系统中，低次谐波可能影响串联系统的解耦性和控制效果。因此，研究串联系统中多种低次空间谐波效应问题具有重要的理论和实际意义。

串联系统中两台电机在自然坐标系下的定子电压方程分别为

$$U_{s1} = r_{s1}I_1 + \frac{\mathrm{d}}{\mathrm{d}t}(L_1 I_1 + \Psi_{r1}) \tag{9-27}$$

$$U_{s2} = r_{s2}I_2 + \frac{\mathrm{d}}{\mathrm{d}t}(L_2 I_2 + \Psi_{r2}) \tag{9-28}$$

考虑空间 2、3 次谐波成分时，电机的电感矩阵和永磁体磁链在定子绕组上的交链要相应变化，按式(9-4)和式(9-6)分别重新进行推导，本节直接给出考虑各次空间谐波成分时的电感矩阵、转子磁链矩阵表达式。

9.3.1 对称六相 PMSM 的电感矩阵与转子磁链矩阵

(1)不考虑低次空间谐波时的电感和转子磁链矩阵为

$$L_m = L_{m1}H_{m1} + L_{m1t}H_{m1t} \tag{9-29}$$

$$\Psi_{r1} = \psi_{f11}F_{11} \tag{9-30}$$

(2)考虑空间 2 次谐波时的电感和转子磁链矩阵为

$$L_1 = L_{m1}H_{m1} + L_{m1t}H_{m1t} + L_{m2}H_{m2} + L_{m2t}H_{m2t} \tag{9-31}$$

$$\Psi_{r1} = \psi_{f11}F_{11} + \psi_{f12}F_{12} \tag{9-32}$$

其中，$L_{m2}H_{m2}$ 是六相 PMSM 与绕组位置、绕组基波和 2 次谐波有效值相关的电感分量；$L_{m2t}H_{m2t}$ 是六相 PMSM 与转子位置、绕组位置、绕组基波和 2 次谐波有效值均相关的电感分量。

(3)当考虑实际六相 PMSM 中含有 3 次谐波分量时，根据前述推导可知：①六相 PMSM 转子永磁体所产生的气隙磁密含有 3 次谐波成分；②六相 PMSM 定子绕组为非正弦分量，且含有 3 次谐波分量。此时，六相 PMSM 的电感矩阵为

$$\begin{aligned} L_m = &L_{m1}H_{m1} + L_{m3}H_{m3} + L_{m1t}H_{m1t} + L_{m3t1}H_{m3t1} \\ &+ L_{m3t2}H_{m3t2} + L_{m3t3}H_{m3t3} + L_{m3t4}H_{m3t4} \end{aligned} \tag{9-33}$$

$$L_{m3} = \mu_0 r_1 l_1 \pi N_{13}^2$$

$$L_{m3t1} = L_{m3t2} = \mu_0 r_1 l_1 \frac{\pi}{2} N_{11} N_{13}$$

$$L_{m3t3} = L_{m3t4} = \mu_0 r_1 l_1 \frac{\pi}{2} N_{11} N_{13}$$

其中，N_{13} 为六相 PMSM 定子相绕组的 3 次谐波有效值；$L_{m3} \boldsymbol{H}_{m3}$ 为六相 PMSM 电感中仅与绕组位置、绕组 3 次谐波有效值相关的电感分量；$L_{m3t1} \boldsymbol{H}_{m3t1}$、$L_{m3t2} \boldsymbol{H}_{m3t2}$、$L_{m3t3} \boldsymbol{H}_{m3t3}$、$L_{m3t4} \boldsymbol{H}_{m3t4}$ 为电感中与转子位置、定子绕组基波和 3 次谐波有效值相关的电感分量。

　　注意到，尽管电机定子绕组中客观存在多种谐波分量，但基于现代电机制作工艺，正弦波电机的定子绕组中的谐波含量相对较低。定子绕组电感中的谐波分量所产生的谐波转矩一般表现为较小幅值的转矩脉动，极易淹没在电机的转矩脉动中。在对电机进行建模的过程中，含量较少的谐波成分由于不影响电机的主要特性，通常可以忽略，六相 PMSM 的转子磁链矩阵为

$$\boldsymbol{\Psi}_{r1} = \psi_{f11} \boldsymbol{F}_{11} + \psi_{f13} \boldsymbol{F}_{13} = \psi_{f11} \begin{bmatrix} \cos\theta_{r1} \\ \cos(\theta_{r1} - \alpha_1) \\ \cos(\theta_{r1} - 2\alpha_1) \\ \cos(\theta_{r1} - 3\alpha_1) \\ \cos(\theta_{r1} - 4\alpha_1) \\ \cos(\theta_{r1} - 5\alpha_1) \end{bmatrix} + \psi_{f13} \begin{bmatrix} \cos 3\theta_{r1} \\ \cos 3(\theta_{r1} - \alpha_1) \\ \cos 3(\theta_{r1} - 2\alpha_1) \\ \cos 3(\theta_{r1} - 3\alpha_1) \\ \cos 3(\theta_{r1} - 4\alpha_1) \\ \cos 3(\theta_{r1} - 5\alpha_1) \end{bmatrix} \quad (9\text{-}34)$$

9.3.2　三相 PMSM 的电感矩阵与转子磁链矩阵

　　(1) 不考虑低次空间谐波时的电感和转子磁链矩阵为

$$\boldsymbol{L}_n = L_{n1} \boldsymbol{H}_{n1} + L_{n1t} \boldsymbol{H}_{n1t} \quad (9\text{-}35)$$

$$\boldsymbol{\Psi}_{r2} = \psi_{f21} \boldsymbol{F}_{21} \quad (9\text{-}36)$$

　　(2) 考虑空间 2 次谐波时的电感和转子磁链矩阵为

$$\boldsymbol{L}_n = L_{n1} \boldsymbol{H}_{n1} + L_{n1t} \boldsymbol{H}_{n1t} + L_{n2} \boldsymbol{H}_{n2} + L_{n2t} \boldsymbol{H}_{n2t} \quad (9\text{-}37)$$

$$\boldsymbol{\Psi}_{r2} = \psi_{f21} \boldsymbol{F}_{21} + \psi_{f22} \boldsymbol{F}_{22} \quad (9\text{-}38)$$

其中，$L_{n1}\boldsymbol{H}_{n1}$、$L_{n2}\boldsymbol{H}_{n2}$ 是仅与绕组位置有关的基波、2 次谐波电感；$L_{n1t}\boldsymbol{H}_{n1t}$、$L_{n2t}\boldsymbol{H}_{n2t}$ 是与转子位置、绕组位置有关的基波、2 次谐波电感。

参 考 文 献

[1] Levi E, Vukosavic S N. Vector control schemes for series-connected six-phase two-motor drive systems. IEE Proceedings—Electric Power Applications, 2005, 152(2): 226-238.

[2] Levi E, Jones M, Vukosavic S N. A series-connected two-motor six-phase drive with induction and permanent magnet machines. IEEE Transactions on Energy Conversion, 2006, 21(1): 121-129.

第10章 对称六相 PMSM 与三相 PMSM 串联系统的原理及解耦控制

对于凸极式转子结构的对称六相 PMSM 与三相 PMSM 串联系统,本章首先介绍两台电机定子绕组的连接方式,以两台电机的气隙磁势正弦分布为前提,推导自然坐标系下串联系统的数学模型。其次,通过解耦变换将该六维系统变换到 $\alpha\beta$ - z_1z_2 - o_1o_2 两相静止坐标系下,变换后得到的新六维系统由三个互相正交的二维子空间构成。其中,六相 PMSM 的机电能量转换仅发生在 $\alpha\beta$ 子空间内;三相 PMSM 的机电能量转换仅发生在 z_1z_2 子空间内;o_1o_2 平面为零序子空间,仅产生损耗,不参与任意一台电机的机电能量转换。进一步,为方便实现控制,通过同步旋转变换,得到两台电机在其各自旋转坐标系下的数学模型。在此基础上,采用 $i_d = 0$ 的电流滞环矢量控制策略,分别在两台电机的旋转坐标系下进行控制电流的给定,通过逆变换和叠加,得到自然坐标系下逆变器输出电流的期望波形。最后,基于滞环规则得到 12 路 PWM 信号对六相 VSI 进行控制。

10.1 对称六相 PMSM 与三相 PMSM 串联系统的连接方式

单逆变器驱动的对称六相 PMSM 和三相 PMSM 串联系统两台电机相绕组的连接关系如图 10-1 所示。逆变器总计有 6 路输出,对应六组桥臂,每组桥臂上的一对绝缘栅双极型晶体管(insulated gate bipolar transistor,IGBT)分别由互补的两路 PWM 信号控制。逆变器的 6 路输出分别对应连接至对称六相 PMSM 的绕组引入端,六相电机 A 相和 D 相绕组的引出端连接在一起,并接至三相电机的 U 相引入端;同理,可完成 BE-V、CF-W 相绕组的连接。三相电机为星形连接,UVW 相绕组的引出端连接在一起,命名为 O 点,是共有中性点[1-4]。

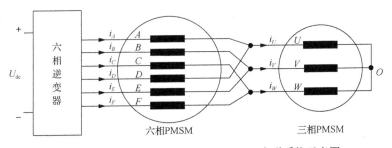

图 10-1 对称六相 PMSM 与三相 PMSM 串联系统示意图

10.2　对称六相 PMSM 与三相 PMSM 串联系统的数学模型

图 10-2 和图 10-3 分别是六相 PMSM 和三相 PMSM 实现机电能量转换的坐标系定义，$\alpha\beta$、d_1q_1 和 z_1z_2、d_2q_2 分别是与六相 PMSM 和三相 PMSM 相对应的两相静止坐标系、同步旋转坐标系。电机在各坐标系下的电压和电流量用 u 和 i 并附加相应下标来表示。θ_{r1}、ω_{r1} 和 θ_{r2}、ω_{r2} 分别为六相 PMSM 和三相 PMSM 的转子位置、转子转速(以电角度计)。

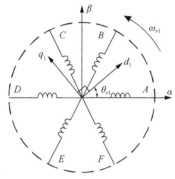

图 10-2　六相 PMSM 机电能量
转换平面坐标系

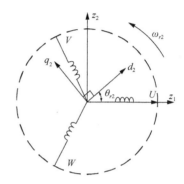

图 10-3　三相 PMSM 机电能量
转换平面坐标系

10.2.1　自然坐标系下的数学模型

1. 磁链方程

理想情况下，不考虑绕组和磁链中的谐波成分，因此六相电机的电感矩阵为

$$L_1 = L_{s\sigma 1}E_6 + L_m \tag{10-1}$$

其中，$L_m = L_{m1}H_{m1} + L_{m1t}H_{m1t}$。

六相电机转子永磁体交链到定子绕组上的磁链为

$$\boldsymbol{\Psi}_{r1} = \psi_{f11}\boldsymbol{F}_{11} = \psi_{f11}\begin{bmatrix} \cos\theta_{r1} \\ \cos(\theta_{r1} - \alpha_1) \\ \cos(\theta_{r1} - 2\alpha_1) \\ \cos(\theta_{r1} - 3\alpha_1) \\ \cos(\theta_{r1} - 4\alpha_1) \\ \cos(\theta_{r1} - 5\alpha_1) \end{bmatrix} \tag{10-2}$$

则六相电机全磁链为

$$\boldsymbol{\Psi}_1 = \boldsymbol{\Psi}_{s1} + \boldsymbol{\Psi}_{r1} = \boldsymbol{L}_1 \boldsymbol{I}_1 + \psi_{f11} \boldsymbol{F}_{11} \tag{10-3}$$

三相电机的电感矩阵为

$$\boldsymbol{L}_2 = L_{s\sigma2} \boldsymbol{E}_3 + \boldsymbol{L}_n \tag{10-4}$$

其中，$\boldsymbol{L}_n = L_{n1} \boldsymbol{H}_{n1} + L_{n1t} \boldsymbol{H}_{n1t}$。

三相电机转子永磁体交链到定子绕组上的磁链为

$$\boldsymbol{\Psi}_{r2} = \psi_{f21} \boldsymbol{F}_{21} = \psi_{f21} \begin{bmatrix} \cos\theta_{r2} \\ \cos(\theta_{r2} - \alpha_2) \\ \cos(\theta_{r2} - 2\alpha_2) \end{bmatrix} \tag{10-5}$$

则三相电机全磁链为

$$\boldsymbol{\Psi}_2 = \boldsymbol{\Psi}_{s2} + \boldsymbol{\Psi}_{r2} = \boldsymbol{L}_2 \boldsymbol{I}_2 + \psi_{f21} \boldsymbol{F}_{21} \tag{10-6}$$

另外，由图 10-1 中两台电机定子绕组的连接关系可知

$$\begin{cases} i_U = i_A + i_D \\ i_V = i_B + i_E \\ i_W = i_C + i_F \end{cases} \tag{10-7}$$

为便于该六维串联系统的矩阵运算，将三相电机矩阵进行适当扩展，其中，扩展后的三相电机全磁链为

$$\boldsymbol{\Psi}_2' = \begin{bmatrix} \Psi_U \\ \Psi_V \\ \Psi_W \\ \Psi_U \\ \Psi_V \\ \Psi_W \end{bmatrix} = \begin{bmatrix} \boldsymbol{L}_2 \\ & \boldsymbol{L}_2 \end{bmatrix} \begin{bmatrix} i_U \\ i_V \\ i_W \end{bmatrix} + \begin{bmatrix} \Psi_{rU} \\ \Psi_{rV} \\ \Psi_{rW} \\ \Psi_{rU} \\ \Psi_{rV} \\ \Psi_{rW} \end{bmatrix} = \begin{bmatrix} \boldsymbol{L}_2 \\ & \boldsymbol{L}_2 \end{bmatrix} \begin{bmatrix} i_A + i_D \\ i_B + i_E \\ i_C + i_F \end{bmatrix} + \begin{bmatrix} \Psi_{rU} \\ \Psi_{rV} \\ \Psi_{rW} \\ \Psi_{rU} \\ \Psi_{rV} \\ \Psi_{rW} \end{bmatrix} = \begin{bmatrix} \boldsymbol{L}_2 & \boldsymbol{L}_2 \\ \boldsymbol{L}_2 & \boldsymbol{L}_2 \end{bmatrix} \begin{bmatrix} i_A \\ i_B \\ i_C \\ i_D \\ i_E \\ i_F \end{bmatrix} = \boldsymbol{L}_2' \boldsymbol{I}_s + \boldsymbol{\Psi}_{r2}' \tag{10-8}$$

其中，三相电机扩展后的电感矩阵 $\boldsymbol{L}_2' = \begin{bmatrix} \boldsymbol{L}_2 & \boldsymbol{L}_2 \\ \boldsymbol{L}_2 & \boldsymbol{L}_2 \end{bmatrix}$；扩展后的转子磁链矩阵

$\boldsymbol{\Psi}_{r2}' = \psi_{f21} \boldsymbol{F}_{21}' = \begin{bmatrix} \boldsymbol{\Psi}_{r2} \\ \boldsymbol{\Psi}_{r2} \end{bmatrix} = \psi_{f21} \begin{bmatrix} \boldsymbol{F}_{21} \\ \boldsymbol{F}_{21} \end{bmatrix}$。对于考虑绕组电感谐波和转子磁链谐波情况的矩阵扩展也遵循上述规律。

2. 定子电压方程

根据图 10-1 中串联系统两台电机定子绕组的连接关系，以中性点 O 为参考点，可以将逆变器输出电压表示为

$$
\begin{cases}
u_{AO} = r_{s1}i_A + \dfrac{\mathrm{d}}{\mathrm{d}t}\varPsi_{sA} + r_{s2}i_U + \dfrac{\mathrm{d}}{\mathrm{d}t}\varPsi_{sU} \\[2mm]
u_{BO} = r_{s1}i_B + \dfrac{\mathrm{d}}{\mathrm{d}t}\varPsi_{sB} + r_{s2}i_V + \dfrac{\mathrm{d}}{\mathrm{d}t}\varPsi_{sV} \\[2mm]
u_{CO} = r_{s1}i_C + \dfrac{\mathrm{d}}{\mathrm{d}t}\varPsi_{sC} + r_{s2}i_W + \dfrac{\mathrm{d}}{\mathrm{d}t}\varPsi_{sW} \\[2mm]
u_{DO} = r_{s1}i_D + \dfrac{\mathrm{d}}{\mathrm{d}t}\varPsi_{sD} + r_{s2}i_U + \dfrac{\mathrm{d}}{\mathrm{d}t}\varPsi_{sU} \\[2mm]
u_{EO} = r_{s1}i_E + \dfrac{\mathrm{d}}{\mathrm{d}t}\varPsi_{sE} + r_{s2}i_V + \dfrac{\mathrm{d}}{\mathrm{d}t}\varPsi_{sV} \\[2mm]
u_{FO} = r_{s1}i_F + \dfrac{\mathrm{d}}{\mathrm{d}t}\varPsi_{sF} + r_{s2}i_W + \dfrac{\mathrm{d}}{\mathrm{d}t}\varPsi_{sW}
\end{cases}
\tag{10-9}
$$

记 $\boldsymbol{U}_s = \begin{bmatrix} u_{AO} & u_{BO} & u_{CO} & u_{DO} & u_{EO} & u_{FO} \end{bmatrix}^{\mathrm{T}}$，$\boldsymbol{I}_s = \begin{bmatrix} i_A & i_B & i_C & i_D & i_E & i_F \end{bmatrix}^{\mathrm{T}} = \boldsymbol{I}_1$，令 $\boldsymbol{R}_{s1} = r_{s1}\boldsymbol{E}_6$ 表示六相电机的定子电阻矩阵，并根据扩展规则，将三相电机的定子电阻矩阵进行扩展，记为 $\boldsymbol{R}'_{s2} = r_{s2}\boldsymbol{E}_0$。其中

$$
\boldsymbol{E}_6 =
\begin{bmatrix}
1 & & & & & \\
& 1 & & & & \\
& & 1 & & & \\
& & & 1 & & \\
& & & & 1 & \\
& & & & & 1
\end{bmatrix}
$$

$$
\boldsymbol{E}_0 =
\begin{bmatrix}
1 & & & 1 & & \\
& 1 & & & 1 & \\
& & 1 & & & 1 \\
1 & & & 1 & & \\
& 1 & & & 1 & \\
& & 1 & & & 1
\end{bmatrix}
$$

则式 (10-9) 可简记为

$$U_s = R_{s1}I_s + \frac{\mathrm{d}}{\mathrm{d}t}\boldsymbol{\varPsi}_1 + R'_{s2}I_s + \frac{\mathrm{d}}{\mathrm{d}t}\boldsymbol{\varPsi}'_2 \tag{10-10}$$

3. 转矩方程

采用磁共能对转子位置求偏导的方法，可求出电机的电磁转矩。当对称六相 PMSM 与三相 PMSM 均为理想正弦波电机时，两台电机通过解耦变换可以自然解耦运行，不存在耦合转矩。因此，此处在计算六相 PMSM 的转矩时，可以采用上述方法单独对六相 PMSM 和三相 PMSM 的转矩进行计算。计算得到六相电机的转矩表达式为

$$
\begin{aligned}
T_{e1} = &\frac{\partial}{\partial \theta_{r1}} p_1 \left(\frac{1}{2} \boldsymbol{I}_1^{\mathrm{T}} \boldsymbol{L}_1 \boldsymbol{I}_1 + \boldsymbol{I}_1^{\mathrm{T}} \boldsymbol{\varPsi}_{r1} \right) \\
= & -p_1 L_{m1t}[i_A^2 \sin(2\theta_{r1}) + 2i_A i_B \sin(2\theta_{r1} - \alpha_1) + 2i_A i_C \sin(2\theta_{r1} - 2\alpha_1) + 2i_A i_D \sin(2\theta_{r1} - 3\alpha_1) \\
& + 2i_A i_E \sin(2\theta_{r1} - 4\alpha_1) + 2i_A i_F \sin(2\theta_{r1} - 5\alpha_1) + i_B^2 \sin(2\theta_{r1} - 2\alpha_1) + 2i_B i_C \sin(2\theta_{r1} - 3\alpha_1) \\
& + 2i_B i_D \sin(2\theta_{r1} - 4\alpha_1) + 2i_B i_E \sin(2\theta_{r1} - 5\alpha_1) + 2i_B i_F \sin(2\theta_{r1} - 6\alpha_1) + i_C^2 \sin(2\theta_{r1} - 4\alpha_1) \\
& + 2i_C i_D \sin(2\theta_{r1} - 5\alpha_1) + 2i_C i_E \sin(2\theta_{r1} - 5\alpha_1) + 2i_C i_F \sin(2\theta_{r1} - 5\alpha_1) + i_D^2 \sin(2\theta_{r1} - 6\alpha_1) \\
& + 2i_D i_E \sin(2\theta_{r1} - 7\alpha_1) + 2i_D i_F \sin(2\theta_{r1} - 8\alpha_1) + i_E^2 \sin(2\theta_{r1} - 8\alpha_1) + 2i_E i_F \sin(2\theta_{r1} - 9\alpha_1) \\
& + i_F^2 \sin(2\theta_{r1} - 10\alpha_1)] - p_1 \psi_{f11}[i_A \sin\theta_{r1} + i_B \sin(\theta_{r1} - \alpha_1) + i_C \sin(\theta_{r1} - 2\alpha_1) + i_D \sin(\theta_{r1} \\
& - 3\alpha_1) + i_E \sin(\theta_{r1} - 4\alpha_1) + i_F \sin(\theta_{r1} - 5\alpha_1)]
\end{aligned}
$$

$$\tag{10-11}$$

同理，得到三相电机的转矩表达式为

$$
\begin{aligned}
T_{e2} = &\frac{\partial}{\partial \theta_{r2}} p_2 \left(\frac{1}{2} \boldsymbol{I}_2^{\mathrm{T}} \boldsymbol{L}_2 \boldsymbol{I}_2 + \boldsymbol{I}_2^{\mathrm{T}} \boldsymbol{\varPsi}_{r2} \right) \\
= & -p_2 L_{n1t}[i_U^2 \sin(2\theta_{r2}) + 2i_U i_V \sin(2\theta_{r2} - \alpha_2) + 2i_U i_W \sin(2\theta_{r2} - 2\alpha_2) \\
& + i_V^2 \sin(2\theta_{r2} - 2\alpha_2) + 2i_V i_W \sin(2\theta_{r2} - 3\alpha_2) + i_W^2 \sin(2\theta_{r2} - 4\alpha_2)] \\
& - p_2 \psi_{f21}[i_U \sin\theta_{r2} + i_V \sin(\theta_{r2} - \alpha_2) + i_W \sin(\theta_{r2} - 2\alpha_2)]
\end{aligned}
\tag{10-12}
$$

4. 运动方程

两台电机的转子运动方程为

$$T_{e1} = \frac{J_1}{p_1}\frac{\mathrm{d}\omega_{r1}}{\mathrm{d}t} + B_1 \frac{\omega_{r1}}{p_1} + T_{L1} \tag{10-13}$$

$$T_{e2} = \frac{J_2}{p_2}\frac{\mathrm{d}\omega_{r2}}{\mathrm{d}t} + B_2 \frac{\omega_{r2}}{p_2} + T_{L2} \tag{10-14}$$

其中，J_1、J_2、ω_{r1}、ω_{r2}、B_1、B_2、T_{L1} 和 T_{L2} 分别表示六相 PMSM 和三相 PMSM 的转动惯量、转子电角速度、阻尼系数和负载转矩。

10.2.2 两相静止坐标系下的数学模型

六维变换矩阵 T 将串联系统在自然坐标系下的数学模型变换到 $\alpha\beta\text{-}z_1z_2\text{-}o_1o_2$ 静止坐标系下：

$$T = \frac{1}{\sqrt{3}}\begin{bmatrix} 1 & \cos\alpha_1 & \cos 2\alpha_1 & \cos 3\alpha_1 & \cos 4\alpha_1 & \cos 5\alpha_1 \\ 0 & \sin\alpha_1 & \sin 2\alpha_1 & \sin 3\alpha_1 & \sin 4\alpha_1 & \sin 5\alpha_1 \\ 1 & \cos\alpha_2 & \cos 2\alpha_2 & 1 & \cos\alpha_2 & \cos 2\alpha_2 \\ 0 & \sin\alpha_2 & \sin 2\alpha_2 & 0 & \sin\alpha_2 & \sin 2\alpha_2 \\ 1/\sqrt{2} & 1/\sqrt{2} & 1/\sqrt{2} & 1/\sqrt{2} & 1/\sqrt{2} & 1/\sqrt{2} \\ 1/\sqrt{2} & -1/\sqrt{2} & 1/\sqrt{2} & -1/\sqrt{2} & 1/\sqrt{2} & -1/\sqrt{2} \end{bmatrix} \qquad (10\text{-}15)$$

根据该变换矩阵的结构特点可知，常数矩阵 T 为正交酉矩阵，有 $T^{-1} = T^{\mathrm{T}}$。串联系统经过变换得到的 $\alpha\beta\text{-}z_1z_2\text{-}o_1o_2$ 六维空间将形成互相垂直的三个子空间。其中，T 的前两行对应 $\alpha\beta$ 子空间为六相电机基波子空间，记为 T_{12}；中间两行对应 z_1z_2 子空间为三相电机的基波子空间，记为 T_{34}；最后两行对应 o_1o_2 平面为零序子空间。由于变换矩阵任意两行乘积均为零，则六相电机的基波磁势仅存在于 $\alpha\beta$ 子空间，三相电机的基波磁势仅存在于 z_1z_2 子空间，零序子空间仅产生损耗。

串联系统自然坐标系下的电压被变换到静止两相坐标系下，有

$$\begin{cases} U_{\alpha\beta} = TU_s \\ I_{\alpha\beta} = TI_s \end{cases} \qquad (10\text{-}16)$$

$$\begin{cases} U_s = T^{-1}U_{\alpha\beta} \\ I_s = T^{-1}I_{\alpha\beta} \end{cases} \qquad (10\text{-}17)$$

1. 磁链方程

采用变换矩阵 T 对六相电机和三相电机的磁链表达式分别进行变换，得到

$$\begin{aligned} \begin{bmatrix} \varPsi_{1s\alpha} & \varPsi_{1s\beta} & \varPsi_{1sz1} & \varPsi_{1sz2} & \varPsi_{1so1} & \varPsi_{1so2} \end{bmatrix}^{\mathrm{T}} &= T(L_1 I_s + \psi_{f11}F_{11}) \\ &= TL_1 T^{-1} I_{\alpha\beta} + \psi_{f11} T F_{11} \end{aligned} \qquad (10\text{-}18)$$

$$\begin{bmatrix} \Psi_{2s\alpha} & \Psi_{2s\beta} & \Psi_{2sz1} & \Psi_{2sz2} & \Psi_{2so1} & \Psi_{2so2} \end{bmatrix}^{\mathrm{T}} = \boldsymbol{T}(\boldsymbol{L}_2' \boldsymbol{I}_s + \psi_{f21} \boldsymbol{F}_{21}')$$

$$= \boldsymbol{T} \boldsymbol{L}_2' \boldsymbol{T}^{-1} \boldsymbol{I}_{\alpha\beta} + \psi_{f21} \boldsymbol{T} \boldsymbol{F}_{21}' \tag{10-19}$$

由式(10-18)和式(10-19)可得

$$\begin{bmatrix} \Psi_{s\alpha} \\ \Psi_{s\beta} \end{bmatrix} = \begin{bmatrix} \Psi_{1s\alpha} \\ \Psi_{1s\beta} \end{bmatrix} + \begin{bmatrix} \Psi_{2s\alpha} \\ \Psi_{2s\beta} \end{bmatrix}$$

$$= \begin{bmatrix} L_{s\sigma1} + 3L_{m1} + 3L_{m1t}\cos(2\theta_{r1}) & 3L_{m1t}\sin(2\theta_{r1}) \\ 3L_{m1t}\sin(2\theta_{r1}) & L_{s\sigma1} + 3L_{m1} - 3L_{m1t}\cos(2\theta_{r1}) \end{bmatrix} \begin{bmatrix} i_\alpha \\ i_\beta \end{bmatrix} \tag{10-20}$$

$$+ \sqrt{3}\psi_{f11} \begin{bmatrix} \cos\theta_{r1} \\ \sin\theta_{r1} \end{bmatrix}$$

$$\begin{bmatrix} \Psi_{sz1} \\ \Psi_{sz2} \end{bmatrix} = \begin{bmatrix} \Psi_{1sz1} \\ \Psi_{1sz2} \end{bmatrix} + \begin{bmatrix} \Psi_{2sz1} \\ \Psi_{2sz2} \end{bmatrix}$$

$$= \begin{bmatrix} L_{s\sigma1} + 2L_{s\sigma2} + 3L_{n1} + 3L_{n1t}\cos(2\theta_{r2}) & 3L_{n1t}\sin(2\theta_{r2}) \\ 3L_{n1t}\sin(2\theta_{r2}) & L_{s\sigma1} + 2L_{s\sigma2} + 3L_{n1} - 3L_{n1t}\cos(2\theta_{r2}) \end{bmatrix}$$

$$\cdot \begin{bmatrix} i_{z1} \\ i_{z2} \end{bmatrix} + \sqrt{3}\psi_{f21} \begin{bmatrix} \cos\theta_{r2} \\ \sin\theta_{r2} \end{bmatrix}$$

$$\tag{10-21}$$

$$\begin{bmatrix} \Psi_{so1} \\ \Psi_{so2} \end{bmatrix} = \begin{bmatrix} \Psi_{1so1} \\ \Psi_{1so2} \end{bmatrix} + \begin{bmatrix} \Psi_{2so1} \\ \Psi_{2so2} \end{bmatrix} = \begin{bmatrix} L_{s\sigma1} + 2L_{s\sigma2} & \\ & L_{s\sigma1} \end{bmatrix} \begin{bmatrix} i_{o1} \\ i_{o2} \end{bmatrix} \tag{10-22}$$

2. 转矩方程

采用对六相 PMSM 磁共能求偏导，可得到六相 PMSM 的转矩为

$$T_{e1} = \frac{\partial}{\partial\theta_{r1}} \left[p_1 \left(\frac{1}{2} \boldsymbol{I}_s^{\mathrm{T}} \boldsymbol{L}_1 \boldsymbol{I}_s + \boldsymbol{I}_s^{\mathrm{T}} \boldsymbol{\Psi}_{r1} \right) \right]$$

$$= p_1 \left\{ 3L_{m1t} \left[-i_\alpha^2 \sin(2\theta_{r1}) + 2i_\alpha i_\beta \cos(2\theta_{r1}) + i_\beta^2 \sin(2\theta_{r1}) \right] \right. \tag{10-23}$$

$$\left. + \sqrt{3}\psi_{f11} \left(-i_\alpha \sin\theta_{r1} + i_\beta \cos\theta_{r1} \right) \right\}$$

同理可得三相 PMSM 的转矩为

$$T_{e2} = \frac{\partial}{\partial \theta_{r2}} \left[p_2 \left(\frac{1}{2} \boldsymbol{I}_s^{\mathrm{T}} \boldsymbol{L}_2' \boldsymbol{I}_s + \boldsymbol{I}_s^{\mathrm{T}} \boldsymbol{\Psi}_{r2}' \right) \right]$$

$$= p_2 \left\{ 3L_{n1t} \left[-i_{z1}^2 \sin(2\theta_{r2}) + 2i_{z1}i_{z2} \cos(2\theta_{r2}) + i_{z2}^2 \sin(2\theta_{r2}) \right] \right. \tag{10-24}$$

$$\left. + \sqrt{3}\psi_{f21} \left(-i_{z1} \sin\theta_{r2} + i_{z2} \cos\theta_{r2} \right) \right\}$$

3. 定子电压方程

由于串联系统在自然坐标系下的定子电压方程为

$$\boldsymbol{U}_s = \boldsymbol{U}_{s1} + \boldsymbol{U}_{s2} = \boldsymbol{R}_{s1}\boldsymbol{I}_s + \frac{\mathrm{d}}{\mathrm{d}t}\boldsymbol{\Psi}_1 + \boldsymbol{R}_{s2}'\boldsymbol{I}_s + \frac{\mathrm{d}}{\mathrm{d}t}\boldsymbol{\Psi}_2' \tag{10-25}$$

采用变换矩阵 $\boldsymbol{T}$ 对式(10-25)进行变换，得到静止坐标系 $\alpha\beta$ - z_1z_2 - o_1o_2 下串联系统的定子电压为

$$\boldsymbol{U}_{\alpha\beta} = \boldsymbol{T}\boldsymbol{U}_s = \boldsymbol{T} \left[\boldsymbol{R}_{s1}\boldsymbol{I}_s + \frac{\mathrm{d}}{\mathrm{d}t}(\boldsymbol{L}_1\boldsymbol{I}_s + \psi_{f11}\boldsymbol{F}_{11}) + \boldsymbol{R}_{s2}'\boldsymbol{I}_s + \frac{\mathrm{d}}{\mathrm{d}t}(\boldsymbol{L}_2'\boldsymbol{I}_s + \psi_{f21}\boldsymbol{F}_{21}') \right]$$

$$= \boldsymbol{T} \left[\boldsymbol{R}_{s1}\boldsymbol{I}_s + \left(\frac{\mathrm{d}}{\mathrm{d}t}\boldsymbol{L}_1 \right)\boldsymbol{I}_s + \boldsymbol{L}_1 \left(\frac{\mathrm{d}}{\mathrm{d}t}\boldsymbol{I}_s \right) + \psi_{f11} \left(\frac{\mathrm{d}}{\mathrm{d}t}\boldsymbol{F}_{11} \right) + \boldsymbol{R}_{s2}'\boldsymbol{I}_s + \left(\frac{\mathrm{d}}{\mathrm{d}t}\boldsymbol{L}_2' \right)\boldsymbol{I}_s \right.$$

$$\left. + \boldsymbol{L}_2' \left(\frac{\mathrm{d}}{\mathrm{d}t}\boldsymbol{I}_s \right) + \psi_{f21} \left(\frac{\mathrm{d}}{\mathrm{d}t}\boldsymbol{F}_{21}' \right) \right]$$

$$= \boldsymbol{T}\boldsymbol{R}_{s1}\boldsymbol{T}^{-1}\boldsymbol{I}_{\alpha\beta} + \boldsymbol{T}\left(\frac{\mathrm{d}}{\mathrm{d}t}\boldsymbol{L}_1 \right)\boldsymbol{T}^{-1}\boldsymbol{I}_{\alpha\beta} + \boldsymbol{T}\boldsymbol{L}_1\boldsymbol{T}^{-1}\left(\frac{\mathrm{d}}{\mathrm{d}t}\boldsymbol{I}_{\alpha\beta} \right) + \psi_{f11}\boldsymbol{T}\left(\frac{\mathrm{d}}{\mathrm{d}t}\boldsymbol{F}_{11} \right)$$

$$+ \boldsymbol{T}\boldsymbol{R}_{s2}'\boldsymbol{T}^{-1}\boldsymbol{I}_{\alpha\beta} + \boldsymbol{T}\left(\frac{\mathrm{d}}{\mathrm{d}t}\boldsymbol{L}_2' \right)\boldsymbol{T}^{-1}\boldsymbol{I}_{\alpha\beta} + \boldsymbol{T}\boldsymbol{L}_2'\boldsymbol{T}^{-1}\left(\frac{\mathrm{d}}{\mathrm{d}t}\boldsymbol{I}_{\alpha\beta} \right) + \psi_{f21}\boldsymbol{T}\left(\frac{\mathrm{d}}{\mathrm{d}t}\boldsymbol{F}_{21}' \right)$$

$$\tag{10-26}$$

由于变换矩阵 $\boldsymbol{T}$ 为常数矩阵，式(10-27)整理得到在 $\alpha\beta$ 子空间内，有

$$\begin{bmatrix} u_\alpha \\ u_\beta \end{bmatrix} = r_{s1} \begin{bmatrix} 1 & \\ & 1 \end{bmatrix} \begin{bmatrix} i_\alpha \\ i_\beta \end{bmatrix} + 6\omega_{r1}L_{m1t} \begin{bmatrix} -\sin(2\theta_{r1}) & \cos(2\theta_{r1}) \\ \cos(2\theta_{r1}) & \sin(2\theta_{r1}) \end{bmatrix} \begin{bmatrix} i_\alpha \\ i_\beta \end{bmatrix}$$

$$+ \left(L_{s\sigma1} \begin{bmatrix} 1 & \\ & 1 \end{bmatrix} + 3L_{m1} \begin{bmatrix} 1 & \\ & 1 \end{bmatrix} + 3L_{m1t} \begin{bmatrix} \cos(2\theta_{r1}) & \sin(2\theta_{r1}) \\ \sin(2\theta_{r1}) & -\cos(2\theta_{r1}) \end{bmatrix} \right) \frac{\mathrm{d}}{\mathrm{d}t} \begin{bmatrix} i_\alpha \\ i_\beta \end{bmatrix} \tag{10-27}$$

$$+ \sqrt{3}\omega_{r1}\psi_{f11} \begin{bmatrix} -\sin\theta_{r1} \\ \cos\theta_{r1} \end{bmatrix}$$

在 z_1z_2 子空间内，有

$$\begin{bmatrix} u_{z1} \\ u_{z2} \end{bmatrix} = \begin{bmatrix} r_{s1}+2r_{s2} & \\ & r_{s1}+2r_{s2} \end{bmatrix} \begin{bmatrix} i_{z1} \\ i_{z2} \end{bmatrix} + 6\omega_{r2}L_{n1t} \begin{bmatrix} -\sin(2\theta_{r2}) & \cos(2\theta_{r2}) \\ \cos(2\theta_{r2}) & \sin(2\theta_{r2}) \end{bmatrix} \begin{bmatrix} i_{z1} \\ i_{z2} \end{bmatrix}$$

$$+ \left(\begin{bmatrix} L_{s\sigma1}+2L_{s\sigma2} & \\ & L_{s\sigma1}+2L_{s\sigma2} \end{bmatrix} + 3L_{n1}\begin{bmatrix} 1 & \\ & 1 \end{bmatrix} + 3L_{n1t}\begin{bmatrix} \cos(2\theta_{r2}) & \sin(2\theta_{r2}) \\ \sin(2\theta_{r2}) & -\cos(2\theta_{r2}) \end{bmatrix} \right)$$

$$\frac{\mathrm{d}}{\mathrm{d}t}\begin{bmatrix} i_{z1} \\ i_{z2} \end{bmatrix} + \sqrt{3}\omega_{r2}\psi_{f21}\begin{bmatrix} -\sin\theta_{r2} \\ \cos\theta_{r2} \end{bmatrix}$$

$$(10\text{-}28)$$

在零序子空间内，有

$$\begin{bmatrix} u_{o1} \\ u_{o2} \end{bmatrix} = \begin{bmatrix} r_{s1}+2r_{s1} & \\ & r_{s1} \end{bmatrix}\begin{bmatrix} i_{o1} \\ i_{o2} \end{bmatrix} + \begin{bmatrix} L_{s\sigma1}+2L_{s\sigma2} & \\ & L_{s\sigma1} \end{bmatrix}\frac{\mathrm{d}}{\mathrm{d}t}\begin{bmatrix} i_{o1} \\ i_{o2} \end{bmatrix} \quad (10\text{-}29)$$

根据以上推导可知：

(1) 串联系统在 $\alpha\beta$ 子空间内仅存在与六相电机的机电能量转换相关的量，六相电机在 z_1z_2 子空间、o_1o_2 子空间内仅存在漏磁和电阻压降，且不产生转矩。因此，通过控制 $\alpha\beta$ 子空间的电压或电流量可以实现对六相 PMSM 的控制，且对三相 PMSM 不产生影响。

(2) 在 z_1z_2 子空间内，虽然有六相 PMSM 的漏磁和电阻压降存在，由式 (10-23) 和式 (10-24) 可知，漏磁和电阻压降对两台电机的转矩均不产生影响。通过控制 z_1z_2 子空间的电压或电流量可以实现对三相 PMSM 的控制，且对六相 PMSM 不产生影响。

(3) 零序子空间与两台电机的漏感和定子电阻有关，该子空间上的量仅产生损耗，对两台电机的运行状态不产生影响。

10.2.3　旋转坐标系下的数学模型

取六相电机所在子空间 $\alpha\beta$ 坐标系向 d_1q_1 旋转坐标系的变换矩阵为

$$\boldsymbol{R}_1 = \begin{bmatrix} \cos\theta_{r1} & \sin\theta_{r1} \\ -\sin\theta_{r1} & \cos\theta_{r1} \end{bmatrix} \quad (10\text{-}30)$$

三相电机所在子空间 z_1z_2 坐标系向 d_2q_2 旋转坐标系的变换矩阵为

$$\boldsymbol{R}_2 = \begin{bmatrix} \cos\theta_{r2} & \sin\theta_{r2} \\ -\sin\theta_{r2} & \cos\theta_{r2} \end{bmatrix} \quad (10\text{-}31)$$

设旋转坐标系下六维串联系统的电压、电流、磁链分别为

$$\boldsymbol{U}_{dq} = \begin{bmatrix} u_{d1} & u_{q1} & u_{d2} & u_{q2} & u_{o1} & u_{o2} \end{bmatrix}^{\mathrm{T}} \quad (10\text{-}32)$$

$$\boldsymbol{I}_{dq} = \begin{bmatrix} i_{d1} & i_{q1} & i_{d2} & i_{q2} & i_{o1} & i_{o2} \end{bmatrix}^{\mathrm{T}} \tag{10-33}$$

$$\boldsymbol{\varPsi}_{dq} = \begin{bmatrix} \varPsi_{sd1} & \varPsi_{sq1} & \varPsi_{sd2} & \varPsi_{sq2} & \varPsi_{so1} & \varPsi_{so2} \end{bmatrix}^{\mathrm{T}} \tag{10-34}$$

取串联系统两相静止坐标系向同步旋转坐标系的旋转变换矩阵为

$$\boldsymbol{R} = \begin{bmatrix} \cos\theta_{r1} & \sin\theta_{r1} & & & & \\ -\sin\theta_{r1} & \cos\theta_{r1} & & & & \\ & & \cos\theta_{r2} & \sin\theta_{r2} & & \\ & & -\sin\theta_{r2} & \cos\theta_{r2} & & \\ & & & & 1 & \\ & & & & & 1 \end{bmatrix} \tag{10-35}$$

得到串联系统由自然坐标系向旋转坐标系的直接变换矩阵为

$$\boldsymbol{T}_2 = \boldsymbol{R}\boldsymbol{T} \tag{10-36}$$

且有 $\boldsymbol{T}_2^{-1} = \boldsymbol{T}_2^{\mathrm{T}}$ 成立。

以 $\boldsymbol{X}_s$ 表示串联系统在自然坐标系下的电压、电流、磁链矩阵，以 $\boldsymbol{X}_{dq}$ 表示串联系统在旋转坐标系下的电压、电流、磁链矩阵，则有

$$\begin{cases} \boldsymbol{X}_{dq} = \boldsymbol{T}_2 \boldsymbol{X}_s \\ \boldsymbol{X}_s = \boldsymbol{T}_2^{-1} \boldsymbol{X}_{dq} \end{cases} \tag{10-37}$$

1. 磁链方程

将式(10-20)的磁链方程变换到 d_1q_1 子空间，得到

$$\begin{bmatrix} \varPsi_{sd1} \\ \varPsi_{sq1} \end{bmatrix} = \boldsymbol{R}_1 \begin{bmatrix} \varPsi_{s\alpha} \\ \varPsi_{s\beta} \end{bmatrix} = \begin{bmatrix} L_{s\sigma1}+3L_{m1}+3L_{m1t} & \\ & L_{s\sigma1}+3L_{m1}-3L_{m1t} \end{bmatrix} \begin{bmatrix} i_{d1} \\ i_{q1} \end{bmatrix} + \sqrt{3}\psi_{f11} \begin{bmatrix} 1 \\ 0 \end{bmatrix} \tag{10-38}$$

同理，将式(10-21)的磁链方程变换到 d_2q_2 子空间，得到

$$\begin{bmatrix} \varPsi_{sd2} \\ \varPsi_{sq2} \end{bmatrix} = \boldsymbol{R}_2 \begin{bmatrix} \varPsi_{sz1} \\ \varPsi_{sz} \end{bmatrix} = \begin{bmatrix} L_{s\sigma1}+2L_{s\sigma2}+3L_{n1}+3L_{n1t} & \\ & L_{s\sigma1}+2L_{s\sigma2}+3L_{n1}-3L_{n1t} \end{bmatrix} \begin{bmatrix} i_{d2} \\ i_{q2} \end{bmatrix}$$
$$+ \sqrt{3}\psi_{f21} \begin{bmatrix} 1 \\ 0 \end{bmatrix} \tag{10-39}$$

令 $L_{d1} = L_{s\sigma1} + 3L_{m1} + 3L_{m1t}$ ，$L_{q1} = L_{s\sigma1} + 3L_{m1} - 3L_{m1t}$ ，则式(10-39)可以记为

$$\begin{cases} \Psi_{d1} = L_{d1}i_{d1} + \sqrt{3}\psi_{f11} \\ \Psi_{q1} = L_{q1}i_{q1} \end{cases} \tag{10-40}$$

令 $L_{d2} = L_{s\sigma1} + 2L_{s\sigma2} + 3L_{n1} + 3L_{n1t}$ ，$L_{q2} = L_{s\sigma1} + 2L_{s\sigma2} + 3L_{n1} - 3L_{n1t}$ ，则

$$\begin{cases} \Psi_{d2} = L_{d2}i_{d2} + \sqrt{3}\psi_{f21} \\ \Psi_{q2} = L_{q2}i_{q2} \end{cases} \tag{10-41}$$

2. 转矩方程

式(10-23)六相 PMSM 的转矩方程可变为

$$\begin{aligned} T_{e1} &= \frac{\partial}{\partial \theta_{r1}}\left[p_1\left(\frac{1}{2}\boldsymbol{I}_s^{\mathrm{T}}\boldsymbol{L}_1\boldsymbol{I}_s + \boldsymbol{I}_s^{\mathrm{T}}\boldsymbol{\Psi}_{r1} \right) \right] \\ &= p_1\left[(L_{d1} - L_{q1})i_{d1}i_{q1} + \sqrt{3}\psi_{f11}i_{q1} \right] \\ &= p_1(6L_{m1t}i_{d1}i_{q1} + \sqrt{3}\psi_{f11}i_{q1}) \end{aligned} \tag{10-42}$$

同理，式(10-24)三相 PMSM 的转矩方程可变为

$$\begin{aligned} T_{e2} &= \frac{\partial}{\partial \theta_{r2}}\left[p_2\left(\frac{1}{2}\boldsymbol{I}_s^{\mathrm{T}}\boldsymbol{L}_2'\boldsymbol{I}_s + \boldsymbol{I}_s^{\mathrm{T}}\boldsymbol{\Psi}_{r2}' \right) \right] \\ &= p_2\left[(L_{d2} - L_{q2})i_{d2}i_{q2} + \sqrt{3}\psi_{f21}i_{q2} \right] \\ &= p_2(6L_{n1t}i_{d2}i_{q2} + \sqrt{3}\psi_{f21}i_{q2}) \end{aligned} \tag{10-43}$$

3. 电压方程

式(10-28)变换到 d_1q_1 坐标系下，有

$$\begin{aligned} \begin{bmatrix} u_{d1} \\ u_{q1} \end{bmatrix} = &\left(r_{s1}\begin{bmatrix} 1 & \\ & 1 \end{bmatrix} + \omega_{r1}L_{s\sigma1}\begin{bmatrix} 0 & -1 \\ 1 & 0 \end{bmatrix} + 3\omega_{r1}L_{m1}\begin{bmatrix} 0 & -1 \\ 1 & 0 \end{bmatrix} + 3\omega_{r1}L_{m1t}\begin{bmatrix} 0 & 1 \\ 1 & 0 \end{bmatrix} \right)\begin{bmatrix} i_{d1} \\ i_{q1} \end{bmatrix} \\ &+ \left(L_{s\sigma1}\begin{bmatrix} 1 & \\ & 1 \end{bmatrix} + 3L_{m1}\begin{bmatrix} 1 & \\ & 1 \end{bmatrix} + 3L_{m1t}\begin{bmatrix} 1 & \\ & -1 \end{bmatrix} \right)\frac{\mathrm{d}}{\mathrm{d}t}\begin{bmatrix} i_{d1} \\ i_{q1} \end{bmatrix} + \sqrt{3}\omega_{r1}\psi_{f11}\begin{bmatrix} 0 \\ 1 \end{bmatrix} \end{aligned} \tag{10-44}$$

同理，式(10-29)变换到 d_2q_2 坐标系下，有

$$\begin{bmatrix} u_{d2} \\ u_{q2} \end{bmatrix} = \left[(r_{s1} + 2r_{s2}) \begin{bmatrix} 1 & \\ & 1 \end{bmatrix} + \omega_{r2}(L_{s\sigma1} + 2L_{s\sigma2}) \begin{bmatrix} 0 & -1 \\ 1 & 0 \end{bmatrix} \right.$$

$$+ 3\omega_{r2}L_{n1} \begin{bmatrix} 0 & -1 \\ 1 & 0 \end{bmatrix} + 3\omega_{r2}L_{n1t} \begin{bmatrix} 0 & 1 \\ 1 & 0 \end{bmatrix} \left] \begin{bmatrix} i_{d2} \\ i_{q2} \end{bmatrix} \right.$$

$$+ \left((L_{s\sigma1} + 2L_{s\sigma2}) \begin{bmatrix} 1 & \\ & 1 \end{bmatrix} + 3L_{n1} \begin{bmatrix} 1 & \\ & 1 \end{bmatrix} + 3L_{n1t} \begin{bmatrix} 1 & \\ & -1 \end{bmatrix} \right) \frac{d}{dt} \begin{bmatrix} i_{d2} \\ i_{q2} \end{bmatrix} + \sqrt{3}\omega_{r2}\psi_{f21} \begin{bmatrix} 0 \\ 1 \end{bmatrix}$$

$$(10\text{-}45)$$

10.3　基于电流滞环 PWM 的串联系统解耦控制

1. 串联系统解耦控制下的电流关系

考虑到试验环节采用电流控制模型，假设逆变器在自然坐标系下的输出电流为

$$\begin{bmatrix} i_A \\ i_B \\ i_C \\ i_D \\ i_E \\ i_F \end{bmatrix} = \begin{bmatrix} i_{m1}\cos(\omega_1 t) + i_{m2}\cos(\omega_2 t) \\ i_{m1}\cos(\omega_1 t - \alpha_1) + i_{m2}\cos(\omega_2 t - \alpha_2) \\ i_{m1}\cos(\omega_1 t - 2\alpha_1) + i_{m2}\cos(\omega_2 t - 2\alpha_2) \\ i_{m1}\cos(\omega_1 t - 3\alpha_1) + i_{m2}\cos(\omega_2 t) \\ i_{m1}\cos(\omega_1 t - 4\alpha_1) + i_{m2}\cos(\omega_2 t - \alpha_2) \\ i_{m1}\cos(\omega_1 t - 5\alpha_1) + i_{m2}\cos(\omega_2 t - 2\alpha_2) \end{bmatrix} \quad (10\text{-}46)$$

可以看出，逆变器的输出电流包含两种成分，i_{m1}、ω_1 和 i_{m2}、ω_1 分别表示第一、第二分量的幅值和角频率。对自然坐标系下逆变器的输出电流进行坐标变换为

$$\begin{bmatrix} i_\alpha \\ i_\beta \\ i_{z1} \\ i_{z2} \\ i_{o1} \\ i_{o2} \end{bmatrix} = \boldsymbol{T} \begin{bmatrix} i_A \\ i_B \\ i_C \\ i_D \\ i_E \\ i_F \end{bmatrix} = \begin{bmatrix} \sqrt{3}i_{m1}\cos(\omega_1 t) \\ \sqrt{3}i_{m1}\sin(\omega_1 t) \\ \sqrt{3}i_{m2}\cos(\omega_2 t) \\ \sqrt{3}i_{m2}\sin(\omega_2 t) \\ 0 \\ 0 \end{bmatrix} \quad (10\text{-}47)$$

由式 (10-47) 可知，在 $\alpha\beta$-z_1z_2-o_1o_2 坐标系下，逆变器输出电流中的第一分量仅存在于 $\alpha\beta$ 子空间，逆变器输出电流中的第二分量仅存在于 z_1z_2 子空间，o_1o_2 子空间为零序子空间。变换矩阵 $\boldsymbol{T}$ 实现了对串联系统数学模型的解耦变换，六相 PMSM

可以由仅存在于 $\alpha\beta$ 子空间的电流分量控制，三相 PMSM 可以由仅存在于 z_1z_2 子空间的电流分量控制。

采用 $i_d = 0$ 的控制方法，仅需要改变 i_{q1}、i_{q2}，就可以实现对两台电机转矩的控制。分别对两相静止坐标系下电机的控制电流进行旋转变换，得到旋转坐标系下电机的控制电流为

$$\begin{bmatrix} i_{d1} \\ i_{q1} \end{bmatrix} = \boldsymbol{R}_1 \begin{bmatrix} i_\alpha \\ i_\beta \end{bmatrix} = \begin{bmatrix} \cos\theta_{r1} & \sin\theta_{r1} \\ -\sin\theta_{r1} & \cos\theta_{r1} \end{bmatrix} \begin{bmatrix} i_\alpha \\ i_\beta \end{bmatrix} \tag{10-48}$$

$$\begin{bmatrix} i_{d2} \\ i_{q2} \end{bmatrix} = \boldsymbol{R}_2 \begin{bmatrix} i_{z1} \\ i_{z2} \end{bmatrix} = \begin{bmatrix} \cos\theta_{r2} & \sin\theta_{r2} \\ -\sin\theta_{r2} & \cos\theta_{r2} \end{bmatrix} \begin{bmatrix} i_{z1} \\ i_{z2} \end{bmatrix} \tag{10-49}$$

2. 串联系统基于 $i_d = 0$ 的滞环解耦控制系统

基于 $i_d = 0$ 滞环控制策略下的串联系统结构框图如图 10-4 所示。

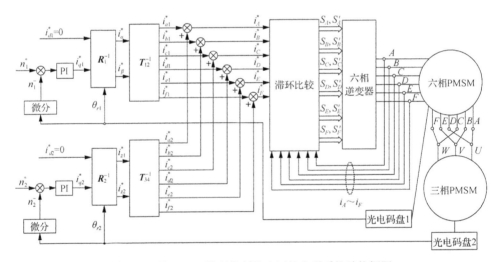

图 10-4　基于 i_d=0 滞环控制策略下的串联系统结构框图

在图 10-4 中，以六相 PMSM 为例，电机的转子位置由旋转编码器得到，经过微分环节得到电机转速，结合电机的给定转速，经过 PI 控制器得到两相静止坐标系下的 q 轴电流给定值 i_{q1}^*。基于 $i_d = 0$ 的滞环控制策略，两相静止坐标系下的电流量经过 $\boldsymbol{R}_1^{-1}$ 变换和 $\boldsymbol{T}_{12}^{-1}$ 变换，得到自然坐标系下(即六相逆变器的输出电流中)与六相电机控制相关的电流分量 $i_{a1}^* \sim i_{f1}^*$，同理得到自然坐标系下控制三相电机的电流分量 $i_{a2}^* \sim i_{f2}^*$。其中，$\boldsymbol{T}_{12}^{-1}$ 是变换矩阵 $\boldsymbol{T}$ 第一、二行(对应六相 PMSM)的逆，等于 $\boldsymbol{T}_{12}$ 的转置，即 $\boldsymbol{T}_{12}^{-1} = \boldsymbol{T}_{12}^{\mathrm{T}}$；$\boldsymbol{T}_{34}^{-1}$ 是变换矩阵 $\boldsymbol{T}$ 第三、四行(对应三相 PMSM)

的逆，等于 T_{34} 的转置，即 $T_{34}^{-1}=T_{34}^{\mathrm{T}}$。

当采用 $i_d=0$ 的矢量控制策略时，两台电机的转矩分别由 i_{q1}、i_{q2} 决定。将两台电机的电流分量进行叠加，得到六相逆变器各相电流的期望输出值 $i_A^* \sim i_F^*$。最后，将各相相电流的期望值与各相相电流的实际值 $i_A \sim i_F$ 相比较，即得到下一控制周期内相关桥臂上 IGBT 的开关期望状态 $S_A,S_A' \sim S_F,S_F'$。

根据串联系统的数学模型，可以得到自然坐标系下两台电机的电流控制量分别满足：

$$\begin{cases} i_{a2}^* = i_{d2}^* = \dfrac{1}{\sqrt{3}}\Big[i_{d2}^* \cos\theta_{r2} - i_{q2}^* \sin\theta_{r2} \Big] \\[2mm] i_{b2}^* = i_{e2}^* = \dfrac{1}{\sqrt{3}}\Big[i_{d2}^* \cos(\theta_{r2}-\alpha_2) - i_{q2}^* \sin(\theta_{r2}-\alpha_2) \Big] \\[2mm] i_{c2}^* = i_{f2}^* = \dfrac{1}{\sqrt{3}}\Big[i_{d2}^* \cos(\theta_{r2}-2\alpha_2) - i_{q2}^* \sin(\theta_{r2}-2\alpha_2) \Big] \end{cases} \tag{10-50}$$

$$\begin{cases} i_{a1}^* = \dfrac{1}{\sqrt{3}}\Big[i_{d1}^* \cos\theta_{r1} - i_{q1}^* \sin\theta_{r1} \Big] \\[2mm] i_{b1}^* = \dfrac{1}{\sqrt{3}}\Big[i_{d1}^* \cos(\theta_{r1}-\alpha_1) - i_{q1}^* \sin(\theta_{r1}-\alpha_1) \Big] \\[2mm] i_{c1}^* = \dfrac{1}{\sqrt{3}}\Big[i_{d1}^* \cos(\theta_{r1}-2\alpha_1) - i_{q1}^* \sin(\theta_{r1}-2\alpha_1) \Big] \\[2mm] i_{d1}^* = \dfrac{1}{\sqrt{3}}\Big[i_{d1}^* \cos(\theta_{r1}-3\alpha_1) - i_{q1}^* \sin(\theta_{r1}-3\alpha_1) \Big] \\[2mm] i_{e1}^* = \dfrac{1}{\sqrt{3}}\Big[i_{d1}^* \cos(\theta_{r1}-4\alpha_1) - i_{q1}^* \sin(\theta_{r1}-4\alpha_1) \Big] \\[2mm] i_{f1}^* = \dfrac{1}{\sqrt{3}}\Big[i_{d1}^* \cos(\theta_{r1}-5\alpha_1) - i_{q1}^* \sin(\theta_{r1}-5\alpha_1) \Big] \end{cases} \tag{10-51}$$

10.4　控制策略的试验研究

为验证本章所提控制策略的有效性，基于对称六相 PMSM 与三相 PMSM 串联系统的试验平台，进行一系列的稳、动态试验研究。根据程序计算时间，设定 DSP 控制周期为 30μs，死区时间为 2μs，六相 PMSM 的 PI 控制器参数分别取 0.015 和 0.000006，三相 PMSM 的 PI 控制器参数分别取 0.012 和 0.000004，得到试验结果如图 10-5 和图 10-6 所示。

10.4.1　稳态试验研究

1. 两台电机均带负载的稳态试验

给定六相 PMSM 的转速为 500r/min、负载转矩为 2.7N·m，三相 PMSM 的转速为 200r/min、负载转矩为 2N·m，得到串联系统的稳态试验结果如图 10-5 所示。

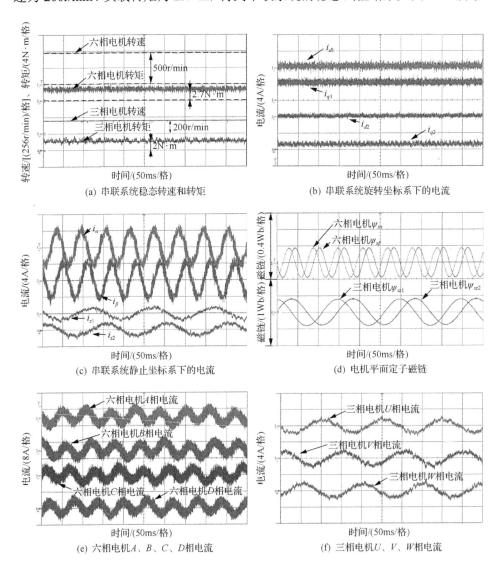

(a) 串联系统稳态转速和转矩　　　　　　(b) 串联系统旋转坐标系下的电流

(c) 串联系统静止坐标系下的电流　　　　(d) 电机平面定子磁链

(e) 六相电机A、B、C、D相电流　　　　(f) 三相电机U、V、W相电流

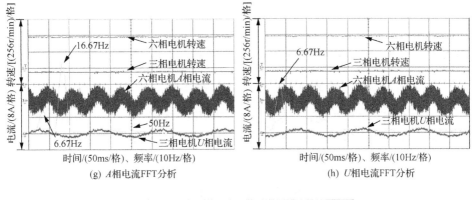

(g) A 相电流 FFT 分析　　　　　　(h) U 相电流 FFT 分析

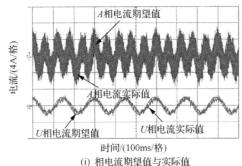

(i) 相电流期望值与实际值

图 10-5　串联系统稳态试验波形

对试验结果进行分析如下：

(1) 由图 10-5(a) 可见，基于电流滞环 PWM 的解耦控制策略可以实现串联系统的稳态运行，两台电机能够稳定地追踪各自给定的转速和转矩。

(2) 由图 10-5(b) 可见，两台电机旋转坐标系下直轴电流被控制在零附近，交轴电流与各自的转矩相对应。

(3) 由图 10-5(c) 和 (d) 可见，两相静止坐标系下，两台电机的电流、磁链正弦度高。在六相电机所在子空间内，α 轴电流超前 β 轴电流 90°，α 轴磁链超前 β 轴磁链 90°。在三相电机所在子空间内的相关电流与磁链也同样遵循此规律。说明电机磁链在空间上为圆形，两台电机运行状态平稳，这也与两台电机转速能够稳定地追踪给定值相对应。

(4) 从图 10-5(e)～(h) 相电流波形及其 FFT 分析可以看出，六相电机相电流主要包含 6.67Hz 和 16.67Hz 两个低频成分，分别与三相电机转速 200r/min 和六相电机转速 500r/min 相对应。三相电机相电流仅含 6.67Hz 的单一低频成分，对应其自身转速 200r/min。可知，该串联系统中三相电机的基波电流流经六相电机绕组，但六相电机的基波电流不流入三相电机。

(5) 对比图 10-5(e) 和 (f) 相电流波形可知，三相电机相电流谐波含量明显低于六相电机相电流谐波含量，说明六相电机对于三相电机来说还起到了滤波器的作用。

(6) 由图 10-5(i) 可见，基于电流滞环的控制策略尽管实现了两台电机的相电流追踪给定，但存在明显的迟滞。此外，A 相电流波形上可见高频谐波含量大。

2. 仅一台电机带负载的稳态试验

在串联系统两台电机均带负载的稳态试验基础上，分别进行一台电机带负载、另一台电机空载的稳态试验，记录 A、D、U 相电流波形如图 10-6 所示。

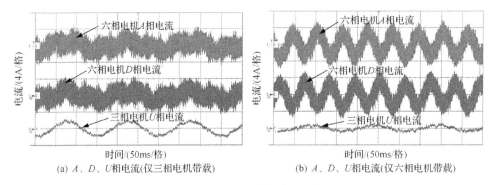

(a) A、D、U 相电流 (仅三相电机带载)　　(b) A、D、U 相电流 (仅六相电机带载)

图 10-6　单台电机带负载的稳态相电流波形

由图 10-6(a) 可见，当串联系统仅有三相 PMSM 带负载而六相 PMSM 空载时，尽管滞环控制策略下相电流高频谐波含量较大，但仍能看出 A 相、D 相电流不为零；由图 10-6(b) 可见，三相 PMSM 空载时，U 相电流几乎为零，A 相、D 相电流幅值相等，方向相反。注意到，尽管三相 PMSM 不带负载，但试验中电机存在空载转矩，因此 U 相电流不为零。

10.4.2　动态试验研究

在串联系统稳态运行的基础上，分别进行单台电机负载转矩、转速的突变试验，试验结果如图 10-7～图 10-10 所示。

1. 六相 PMSM 负载转矩突变试验

在串联系统稳态运行的基础上，将六相 PMSM 的负载由 2.7N·m 突变为 0N·m，稳定后，再将六相 PMSM 的负载由 0N·m 突变为 2.7N·m，结果如图 10-7 所示。

由图 10-7(a) 可知，六相 PMSM 负载转矩突卸再突加的过程中，六相 PMSM 的转矩能够迅速跟踪给定转矩，三相 PMSM 的转矩、转速均没有受到影响。注意到，由于试验中电机存在空载转矩，不带负载时 T_{e1} 和 i_{q1} 尽管很小，但不为零。由图 10-7(b) 可见，由于负载转矩突卸、突加，六相 PMSM 转速有瞬时突增、突减的现象，随后迅速跟踪给定转速。

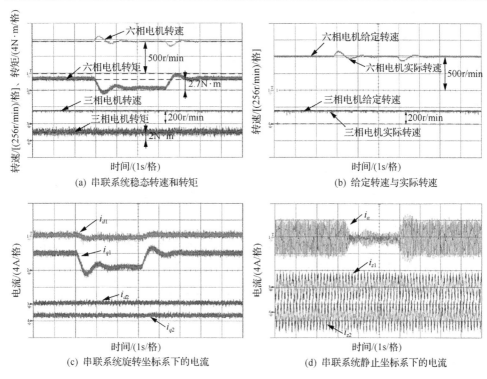

图 10-7　串联系统六相 PMSM 负载转矩突变试验波形

2. 六相 PMSM 转速突变试验

在串联系统稳态运行的基础上,将六相 PMSM 的转速给定值由 500r/min 突变为 600r/min,稳定后,再将六相 PMSM 的转速给定值由 600r/min 突变为 500r/min,结果如图 10-8 所示。

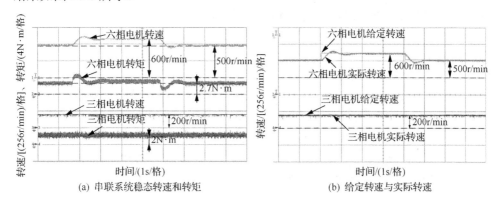

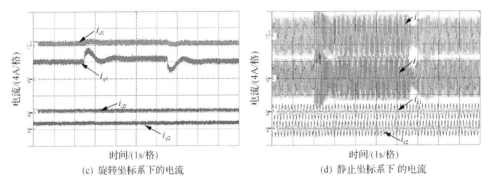

(c) 旋转坐标系下的电流　　　　　　　(d) 静止坐标系下的电流

图 10-8　串联系统六相 PMSM 转速突变的试验波形

对试验结果进行分析可得：

(1) 由图 10-8(a) 和 (b) 可知，六相 PMSM 给定转速突变的过程中，六相 PMSM 的转速能够迅速跟踪给定转速，三相 PMSM 的转速和转矩均没有受到影响。

(2) 注意到，六相 PMSM 在转速由 500r/min 变为 600r/min 后，T_{e1} 也略有变大，对应 i_α、i_β 和 i_{q1} 幅值也略有变大。原因在于转动摩擦系数客观存在，随着转速加大，六相 PMSM 的空载转矩也变大。这一现象也与其运动方程相符。

3. 三相 PMSM 负载转矩突变试验

在串联系统稳态运行的基础上，将三相 PMSM 的负载转矩由 2N·m 突变为 0N·m，稳定后，再将三相 PMSM 的负载转矩由 0N·m 突变为 2N·m，试验结果如图 10-9 所示。

由图 10-9(a) 可知，三相 PMSM 负载转矩突卸再突加的过程中，三相 PMSM 的转矩能够迅速跟踪给定转矩，六相 PMSM 的转矩、转速均没有受到影响。由于试验中电机存在空载转矩，不带负载时 T_{e2} 和 i_{q2} 尽管很小，但不为零。由图 10-9(b) 可见，负载突卸、突加时，三相 PMSM 转速有瞬时突增、突减现象，随后迅速跟踪给定转速。

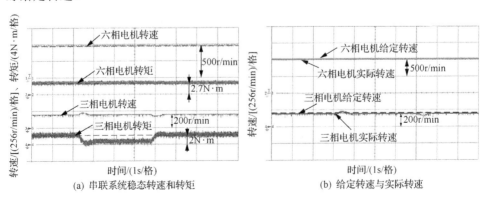

(a) 串联系统稳态转速和转矩　　　　　　(b) 给定转速与实际转速

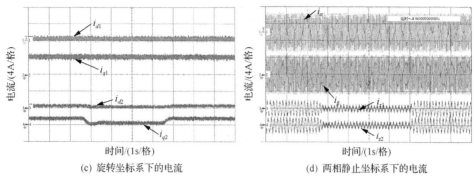

(c) 旋转坐标系下的电流　　　　(d) 两相静止坐标系下的电流

图 10-9　串联系统三相 PMSM 负载转矩突变的试验波形

4. 三相 PMSM 转速突变试验

在串联系统稳态运行的基础上,将三相 PMSM 的转速给定值由 200r/min 突变为 300r/min,稳定后,再将三相 PMSM 的转速给定值由 300r/min 突变为 200r/min,试验结果如图 10-10 所示。

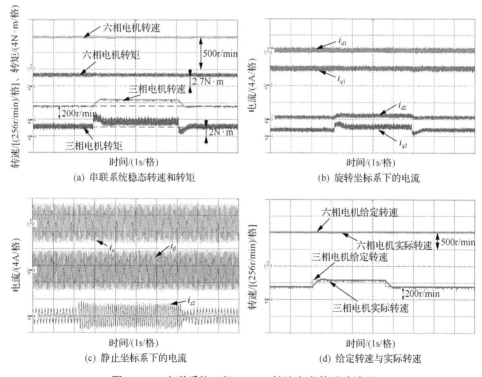

(a) 串联系统稳态转速和转矩　　　　(b) 旋转坐标系下的电流

(c) 静止坐标系下的电流　　　　(d) 给定转速与实际转速

图 10-10　串联系统三相 PMSM 转速突变的试验波形

(1) 由图 10-10(a) 和 (b) 可知,三相 PMSM 给定转速突变的过程中,三相 PMSM

的转速能够迅速跟踪给定转速，而六相 PMSM 的转速和转矩均没有受到影响。

(2)注意到，三相 PMSM 在转速由 200r/min 变为 300r/min 后，T_{e2} 略有变大，对应 i_{z2} 和 i_{q2} 幅值也略有变大。原因在于转动摩擦系数客观存在，随着转速加大，三相 PMSM 的空载转矩也变大。

由图 10-7～图 10-10 可知，在串联系统的动态运行过程中，两台电机的转速、转矩都能够迅速地跟踪给定值，一台电机的转速或负载发生突变时，另一台电机的运行状态完全不受影响。本章所提控制策略实现了两台电机的解耦运行。

参 考 文 献

[1] Levi E, Vukosavic S N. Vector control schemes for series-connected six-phase two-motor drive systems. IEEE Proceedings—Electric Power Applications, 2005, 152(2): 226-238.

[2] 闫红广. 考虑空间谐波效应的对称六相与三相 PMSM 串联系统解耦控制[博士学位论文]. 烟台: 海军航空大学, 2018.

[3] 刘陵顺, 闫红广, 韩浩鹏, 等. 空间谐波对对称六相与三相 PMSM 串联系统的影响. 西南交通大学学报, 2017, 52(2): 348-354.

[4] 苗正戈. 基于单逆变器的对称六相永磁同步电动机串联驱动系统的研究[硕士学位论文]. 烟台: 海军航空工程学院, 2011.

第 11 章　对称六相 PMSM 与三相 PMSM 串联系统缺相容错型解耦控制

可靠性是衡量驱动系统性能的一个重要指标，多相电机由于自由度冗余而具有容错运行能力，在军事、交通、航空航天等领域得到了广泛应用。本章涉及的对称六相 PMSM 与三相 PMSM 串联系统具有一相冗余，可以实现缺一相解耦运行。由于该串联系统的对称性，六相电机任意一相开路的情况都可以通过重新定义相序的方式等价为六相电机 A 相开路的情况来处理[1,2]。因此，本章研究对称六相 PMSM 与三相 PMSM 串联系统六相电机 A 相开路情况下的容错型解耦控制问题。

11.1　基于正常解耦变换的串联系统缺 A 相容错型解耦控制

图 11-1 为缺 A 相对称六相 PMSM 与三相 PMSM 串联系统，无论是六相电机 A 相绕组开路还是逆变器 A 相开路，都有

$$i_A = 0 \tag{11-1}$$

注意到，尽管 A 相相电流变为零，但是由于绕组互感和反电势的存在，A 相电压不恒为零。

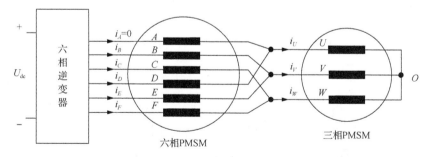

图 11-1　缺 A 相对称六相 PMSM 与三相 PMSM 串联系统

为保证缺相前后串联系统两台电机的转矩、运行状态不发生改变，基于正常解耦变换的串联系统缺 A 相的数学模型与串联系统全相无故障数学模型相同，自然坐标系、静止坐标系、旋转坐标系下的电压、电流关系分别由解耦变换矩阵 $\boldsymbol{T}$、旋转变换矩阵 $\boldsymbol{R}$ 进行 Clark 变换、Park 变换得到，即

$$\begin{cases} \boldsymbol{U}_{\alpha\beta} = \boldsymbol{T}\boldsymbol{U}_s \\ \boldsymbol{U}_{dq} = \boldsymbol{R}\boldsymbol{U}_{\alpha\beta} \end{cases} \tag{11-2}$$

$$\begin{cases} \boldsymbol{I}_{\alpha\beta} = \boldsymbol{T}\boldsymbol{I}_s \\ \boldsymbol{I}_{dq} = \boldsymbol{R}\boldsymbol{I}_{\alpha\beta} \end{cases} \tag{11-3}$$

则有

$$\begin{cases} \boldsymbol{U}_s = \boldsymbol{T}^{-1}\boldsymbol{U}_{\alpha\beta} \\ \boldsymbol{U}_{\alpha\beta} = \boldsymbol{R}^{-1}\boldsymbol{U}_{dq} \end{cases} \tag{11-4}$$

$$\begin{cases} \boldsymbol{I}_s = \boldsymbol{T}^{-1}\boldsymbol{I}_{\alpha\beta} \\ \boldsymbol{I}_{\alpha\beta} = \boldsymbol{R}^{-1}\boldsymbol{I}_{dq} \end{cases} \tag{11-5}$$

故障发生前后，串联系统两台电机的转矩方程分别为

$$T_{e1} = p_1(6L_{m1t}i_{d1}i_{q1} + \sqrt{3}\psi_{f11}i_{q1}) \tag{11-6}$$

$$T_{e2} = p_2(6L_{n1t}i_{d2}i_{q2} + \sqrt{3}\psi_{f21}i_{q2}) \tag{11-7}$$

两台电机在各自旋转坐标系下的电压方程也有

$$\begin{bmatrix} u_{d1} \\ u_{q1} \end{bmatrix} = \left(r_{s1}\begin{bmatrix} 1 & \\ & 1 \end{bmatrix} + L_{s\sigma1}\begin{bmatrix} 0 & -\omega_{r1} \\ \omega_{r1} & 0 \end{bmatrix} + 3\omega_{r1}L_{m1}\begin{bmatrix} 0 & -1 \\ 1 & 0 \end{bmatrix} + 3\omega_{r1}L_{m1t}\begin{bmatrix} 0 & 1 \\ 1 & 0 \end{bmatrix} \right)\begin{bmatrix} i_{d1} \\ i_{q1} \end{bmatrix}$$
$$+ \left(L_{s\sigma1}\begin{bmatrix} 1 & \\ & 1 \end{bmatrix} + 3L_{m1}\begin{bmatrix} 1 & \\ & 1 \end{bmatrix} + 3L_{m1t}\begin{bmatrix} 1 & \\ & -1 \end{bmatrix} \right)\frac{\mathrm{d}}{\mathrm{d}t}\begin{bmatrix} i_{d1} \\ i_{q1} \end{bmatrix} + \sqrt{3}\omega_{r1}\psi_{f11}\begin{bmatrix} 0 \\ 1 \end{bmatrix}$$

$$\tag{11-8}$$

$$\begin{bmatrix} u_{d2} \\ u_{q2} \end{bmatrix} = \left(\begin{array}{l} (r_{s1} + 2r_{s2})\begin{bmatrix} 1 & \\ & 1 \end{bmatrix} + \omega_{r2}(L_{s\sigma1} + 2L_{s\sigma2})\begin{bmatrix} 0 & -1 \\ 1 & 0 \end{bmatrix} \\ + 3\omega_{r2}L_{n1}\begin{bmatrix} 0 & -1 \\ 1 & 0 \end{bmatrix} + 3\omega_{r2}L_{n1t}\begin{bmatrix} 0 & 1 \\ 1 & 0 \end{bmatrix} \end{array} \right)\begin{bmatrix} i_{d2} \\ i_{q2} \end{bmatrix}$$
$$+ \left((L_{s\sigma1} + 2L_{s\sigma2})\begin{bmatrix} 1 & \\ & 1 \end{bmatrix} + 3L_{n1}\begin{bmatrix} 1 & \\ & 1 \end{bmatrix} + 3L_{n1t}\begin{bmatrix} 1 & \\ & -1 \end{bmatrix} \right)\frac{\mathrm{d}}{\mathrm{d}t}\begin{bmatrix} i_{d2} \\ i_{q2} \end{bmatrix} + \sqrt{3}\omega_{r2}\psi_{f21}\begin{bmatrix} 0 \\ 1 \end{bmatrix}$$

$$\tag{11-9}$$

根据串联系统两台电机的绕组连接关系，当 A 相电流为零时，有

$$i_D = i_U \tag{11-10}$$

联立式(11-1)和式(11-2)得

$$i_A = \frac{1}{\sqrt{3}}\left(i_\alpha + i_{z1} + \frac{1}{\sqrt{2}}i_{o2}\right) = 0 \tag{11-11}$$

即有

$$i_{o2} = -\sqrt{2}(i_\alpha + i_{z1}) \tag{11-12}$$

将式(11-12)两边对时间求导，得到

$$\frac{\mathrm{d}}{\mathrm{d}t}i_{o2} = -\sqrt{2}\left(\frac{\mathrm{d}}{\mathrm{d}t}i_\alpha + \frac{\mathrm{d}}{\mathrm{d}t}i_{z1}\right) \tag{11-13}$$

基于矢量控制原理可知，自然坐标系下的逆变器输出电压可以分为三部分，分别为控制六相电机的电压分量 U_1、控制三相电机的电压分量 U_2 和零序电压分量 U_3，它们满足：

$$U_s = U_1 + U_2 + U_3 \tag{11-14}$$

其中，$U_1 = \begin{bmatrix} u_{a1} & u_{b1} & u_{c1} & u_{d1} & u_{e1} & u_{f1} \end{bmatrix}^T$；$U_2 = \begin{bmatrix} u_{a2} & u_{b2} & u_{c2} & u_{d2} & u_{e2} & u_{f2} \end{bmatrix}^T$；$U_3 = \begin{bmatrix} u_{a3} & u_{b3} & u_{c3} & u_{d3} & u_{e3} & u_{f3} \end{bmatrix}^T$；$u_{a2} = u_{d2} = u_U$；$u_{b2} = u_{e2} = u_V$；$u_{c2} = u_{f2} = u_W$。

由式(11-4)可知，六相电机所在子空间的电压方程为

$$\begin{cases} u_\alpha = u_{d1}\cos\theta_{r1} - u_{q1}\sin\theta_{r1} \\ u_\beta = u_{d1}\sin\theta_{r1} + u_{q1}\cos\theta_{r1} \end{cases} \tag{11-15}$$

三相电机所在子空间的电压方程为

$$\begin{cases} u_{z1} = u_{d2}\cos\theta_{r2} - u_{q2}\sin\theta_{r2} \\ u_{z2} = u_{d2}\sin\theta_{r2} + u_{q2}\cos\theta_{r2} \end{cases} \tag{11-16}$$

将式(11-15)代入式(11-4)中可得

$$\begin{cases} u_{a1} = \dfrac{1}{\sqrt{3}}u_\alpha, \quad u_{b1} = \dfrac{1}{\sqrt{3}}\left(\dfrac{1}{2}u_\alpha + \dfrac{\sqrt{3}}{2}u_\beta\right) \\[3mm] u_{c1} = \dfrac{1}{\sqrt{3}}\left(-\dfrac{1}{2}u_\alpha + \dfrac{\sqrt{3}}{2}u_\beta\right), \quad u_{d1} = -\dfrac{1}{\sqrt{3}}u_\alpha \\[3mm] u_{e1} = \dfrac{1}{\sqrt{3}}\left(-\dfrac{1}{2}u_\alpha - \dfrac{\sqrt{3}}{2}u_\beta\right), \quad u_{f1} = \dfrac{1}{\sqrt{3}}\left(\dfrac{1}{2}u_\alpha - \dfrac{\sqrt{3}}{2}u_\beta\right) \end{cases} \tag{11-17}$$

同理，将式(11-16)代入式(11-5)中可得

$$\begin{cases} u_{a2} = \dfrac{1}{\sqrt{3}}u_{z1}, \quad u_{b2} = \dfrac{1}{\sqrt{3}}\left(-\dfrac{1}{2}u_{z1} + \dfrac{\sqrt{3}}{2}u_{z2}\right) \\[3mm] u_{c2} = \dfrac{1}{\sqrt{3}}\left(-\dfrac{1}{2}u_{z1} - \dfrac{\sqrt{3}}{2}u_{z2}\right), \quad u_{d2} = \dfrac{1}{\sqrt{3}}u_{z1} \\[3mm] u_{e2} = \dfrac{1}{\sqrt{3}}\left(-\dfrac{1}{2}u_{z1} + \dfrac{\sqrt{3}}{2}u_{z2}\right), \quad u_{f2} = \dfrac{1}{\sqrt{3}}\left(-\dfrac{1}{2}u_{z1} - \dfrac{\sqrt{3}}{2}u_{z2}\right) \end{cases} \tag{11-18}$$

对于自然坐标系下逆变器相电压中的零序电压成分 U_3，将式(11-13)代入式(10-29)得到

$$\begin{cases} u_{o1} = 0 \\[2mm] u_{o2} = -\sqrt{2}r_{s1}(i_\alpha + i_{z1}) - \sqrt{2}L_{s\sigma1}\left(\dfrac{\mathrm{d}i_\alpha}{\mathrm{d}t} + \dfrac{\mathrm{d}i_{z1}}{\mathrm{d}t}\right) \end{cases} \tag{11-19}$$

将式(11-19)代入式(11-4)可得

$$\begin{cases} u_{a3} = u_{c3} = u_{e3} = \dfrac{1}{\sqrt{6}}u_{o2} \\[3mm] u_{b3} = u_{d3} = u_{f3} = -\dfrac{1}{\sqrt{6}}u_{o2} \end{cases} \tag{11-20}$$

将式(11-17)、式(11-18)和式(11-20)代入式(11-14)得到逆变器的期望输出电压 U_s。再根据载波调制规则即得到用于驱动逆变器的 PWM 信号。特别地，A 相桥臂的两个开关管在串联系统故障运行期间应为恒关断状态。

图 11-2 是串联系统容错型解耦控制原理图，带星号的变量表示控制器给定值。以六相电机为例，通过旋转编码器得到电机转子位置和实时转速，通过电流互感器得到逆变器六相电流(缺 A 相时 $i_A = 0$)。得到六相电机交直轴电流值 i_{q1}、i_{d1}。给定电流 $i_{d1}^* = 0$ 经过 PI 得到 u_{d1}^*，给定转速 ω_{r1}^* 经过 PI 得到 u_{q1}^*，再经过 iPark 和

iClark 运算，得到自然坐标系下用于控制六相电机的电压分量 $u_{a1}^*\sim u_{f1}^*$。同理得到控制三相电机的电压分量 $u_{a2}^*\sim u_{f2}^*$。根据模型推导，零序电压的给定值满足式 (11-19)，经过 iClark 变换得到 $u_{a3}^*\sim u_{f3}^*$。按式 (11-14) 叠加，得到逆变器的期望输出电压（缺 A 相时，令 $u_A^*=0$），最终基于载波调制规则得到逆变器桥臂控制信号。

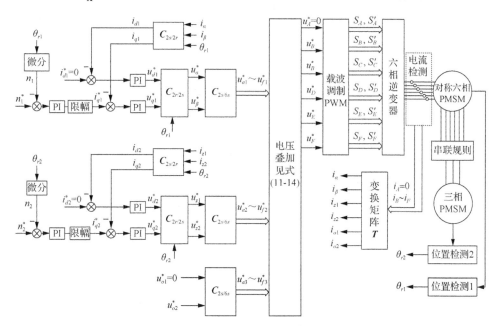

图 11-2　串联系统容错型解耦控制原理图

11.2　试　验　研　究

为检验所提基于正常解耦变换的串联系统缺 A 相容错型解耦控制策略的可行性，基于现有试验平台，将 A 相供电线路断开，模拟缺 A 相情况，进行了串联系统缺 A 相的运行试验。为方便对比，缺 A 相时的负载转矩和转速给定值与全相时的负载转矩和转速给定值相同，即给定六相 PMSM 转速 500r/min，负载转矩 2.7N·m；三相 PMSM 转速 200r/min，负载转矩 2N·m。稳态、动态试验结果如下。

11.2.1　稳态试验研究

给定六相 PMSM 转速 500r/min，负载转矩 2.7N·m；三相 PMSM 转速 200r/min，负载转矩 2N·m，稳态试验结果如图 11-3 所示。

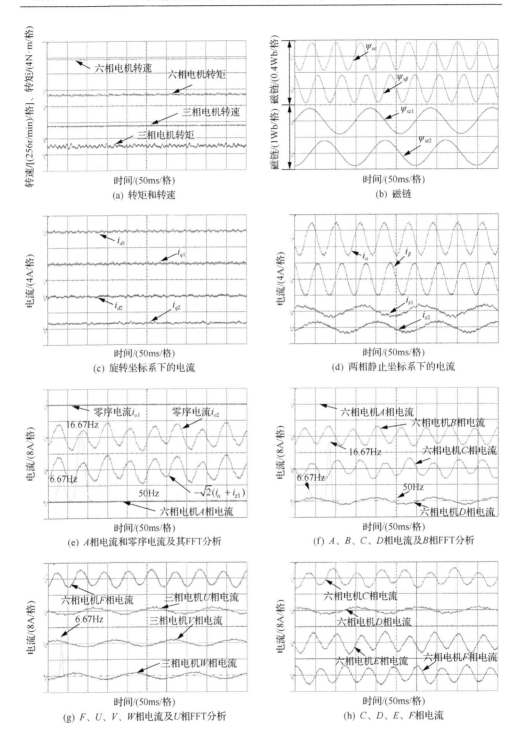

(a) 转矩和转速

(b) 磁链

(c) 旋转坐标系下的电流

(d) 两相静止坐标系下的电流

(e) A相电流和零序电流及其FFT分析

(f) A、B、C、D相电流及B相FFT分析

(g) F、U、V、W相电流及U相FFT分析

(h) C、D、E、F相电流

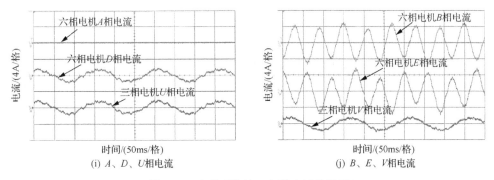

图 11-3　串联系统缺 A 相稳态试验波形

对试验结果进行分析可得：

(1) 由图 11-3 (a) 可见，在所提控制策略下，串联系统在稳态运行时两台电机的转速、转矩都能够跟踪给定值。

(2) 由图 11-3 (b) 可见，两台电机在各自两相静止坐标系下的定子磁链均为正弦波，与图 11-3 (a) 中两台电机的转速平稳相对应。

(3) 由图 11-3 (c) 可见，所提控制策略将 i_{d1}、i_{d2} 均控制为零。根据式 (11-6) 和式 (11-7) 可知，两台电机的转矩将分别由 i_{q1}、i_{q2} 独立控制。

(4) 由图 11-3 (d) 可见，六相 PMSM 在其两相静止坐标系下的电流 i_α、i_β 幅值相等，相位上 i_α 超前 i_β 90°。对于三相 PMSM，i_{z1}、i_{z2} 也有上述特点。

(5) 由图 11-3 (e) 可见，零序电流 i_{o2} 幅值较大，且有 $i_{o2} = -\sqrt{2}(i_\alpha + i_{z1})$，这与式 (11-12) 相符。注意到，$i_{o2}$ 上还含有频率为 50Hz 的分量。

(6) 由图 11-3 (f) ～ (j) 可知，串联系统缺 A 相稳态运行时，当 $i_A = 0$ 时，有 $i_D = i_U$。

(7) 由图 11-3 (f) 对 B 相电流进行 FFT 分析可知，B 相电流主要包含 6.67Hz、16.67Hz 两个频率成分，与两台电机的旋转频率分别对应。注意到 B 相电流还含有频率为 50Hz 的分量，为六相 PMSM 旋转频率的 3 倍频。结合 (5) 可知，六相 PMSM 相电流上的基波 3 次谐波成分被变换到了零序平面。但缺 A 相运行时，该 3 次谐波成分在 i_{o2} 上的比重较小。

(8) 由图 11-3 (g) 对 U 相电流进行 FFT 分析可知，U 相电流仅包含 6.67Hz 单一低频成分，与三相 PMSM 的旋转频率相对应。

11.2.2　动态试验研究

为进一步检验所提控制策略对串联系统的动态解耦控制能力，进行了一系列动态试验研究，结果如图 11-4～图 11-7 所示。

1. 六相 PMSM 负载转矩突变试验

在串联系统稳态运行的基础上，将六相 PMSM 的负载转矩由 2.7N·m 突变为 0N·m，稳定后，再将六相 PMSM 的负载转矩由 0N·m 突变为 2.7N·m，试验结果如图 11-4 所示。

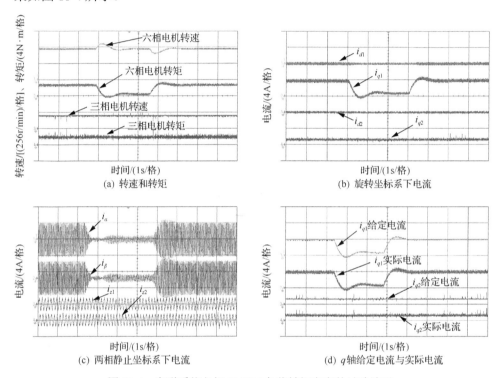

图 11-4　串联系统六相 PMSM 负载转矩突变的试验波形

对试验结果进行分析可得：

(1) 由图 11-4(a)可见，六相 PMSM 负载发生突变后，六相 PMSM 的转矩能够迅速跟踪给定值，此过程中，三相 PMSM 的转速和转矩均未见受到影响。注意到，由于转动摩擦系数客观存在，六相 PMSM 不带负载时存在空载转矩，与实际相符。另外，在转矩发生突减、突增的两个时刻，六相 PMSM 出现转速瞬时的增、减，随后迅速跟踪给定值。

(2) 由图 11-4(b)可见，i_{d1}、i_{d2} 被控制为零，i_{q1} 迅速响应六相 PMSM 的负载转矩变化，实现了对转矩 T_{e1} 的控制，此过程中，i_{d2}、i_{q2} 未见受到影响。

(3) 由图 11-4(c)可见，由于 $i_{q1} \neq 0$，六相 PMSM 空转时 i_α 和 i_β 也不为零。i_α 和 i_β 变化过程中，i_{z1} 和 i_{z2} 不受影响。

(4) 由图 11-4(d)可见，六相 PMSM 负载发生变化时，i_{q1} 的给定值立刻作出响应，i_{q1} 的实际值能够迅速跟踪给定值，而 i_{q2} 的给定值与实际值均未受到影响。

2. 六相 PMSM 转速突变试验

在串联系统稳态运行的基础上，将六相 PMSM 的给定转速由 500r/min 突变为 600r/min，稳定后，再将六相 PMSM 的给定转速由 600r/min 突变为 500r/min，试验结果如图 11-5 所示。

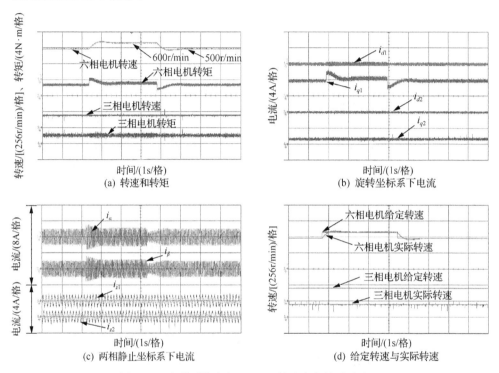

图 11-5　串联系统六相 PMSM 转速突变的试验波形

对试验结果进行分析可得：

(1) 由图 11-5(a) 可见，在六相 PMSM 给定转速发生突变的时刻，T_{e1} 发生瞬时跳变，这使得六相 PMSM 的转速能够迅速跟踪给定值。此过程中，三相 PMSM 的转速和转矩均未见受到影响。

(2) 由图 11-5(b) 可见，i_{d1}、i_{d2} 被控制为零，i_{q1} 迅速响应给定转速的变化，实现了对六相 PMSM 转速的调节。此过程中，i_{d2}、i_{q2} 未受到影响。

(3) 由图 11-5(c) 可见，i_α、i_β 动态变化过程中，i_{z1}、i_{z2} 未受到影响。

(4) 由图 11-5(d) 可见，六相 PMSM 的转速能够迅速跟踪给定值，而在六相 PMSM 转速发生变化的过程中，三相 PMSM 的给定转速和实际转速均没有任何改变。

3. 三相 PMSM 负载转矩突变试验

在串联系统稳态运行的基础上，将三相 PMSM 的负载转矩由 2N·m 突变为 0N·m，稳定后，再将三相 PMSM 的负载转矩由 0N·m 突变为 2N·m，试验结果如图 11-6 所示。

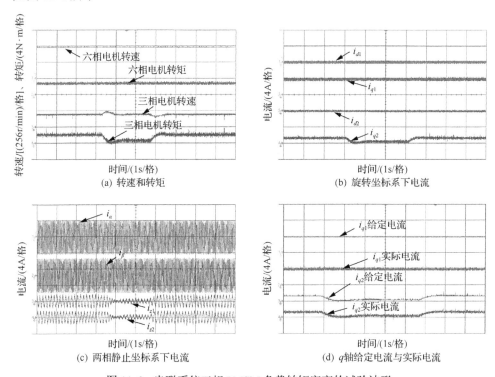

图 11-6　串联系统三相 PMSM 负载转矩突变的试验波形

对试验结果进行分析可得：

(1) 由图 11-6(a) 可见，三相 PMSM 负载转矩发生突变后，三相 PMSM 的转矩能够迅速跟踪给定值，此过程中，六相 PMSM 的转速和转矩均未受到影响。注意到，由于转动摩擦系数客观存在，三相 PMSM 不带负载时存在空载转矩，与实际相符。另外，在转矩发生突减、突增的两个时刻，三相 PMSM 出现转速瞬时的增、减，随后迅速跟踪给定值。

(2) 由图 11-6(b) 可见，i_{d1}、i_{d2} 被控制为零，i_{q2} 迅速响应三相 PMSM 的负载转矩变化，实现了对转矩 T_{e2} 的控制，此过程中，i_{d1}、i_{q1} 未受到影响。

(3) 由图 11-6(c) 可见，由于 $i_{q2} \neq 0$，三相 PMSM 空转时 i_{z1} 和 i_{z2} 也不为零。i_{z1} 和 i_{z2} 变化过程中，i_α 和 i_β 不受影响。

(4) 由图 11-6(d) 可见，三相 PMSM 负载转矩发生变化时，i_{q2} 的给定值立刻作出响应，i_{q2} 的实际值能够迅速跟踪给定值，而 i_{q1} 的给定值与实际值均未受到影响。

4. 三相 PMSM 转速突变试验

在串联系统稳态运行的基础上，将三相 PMSM 的给定转速由 200r/min 突变为 300r/min，稳定后，再将三相 PMSM 的给定转速由 300r/min 突变为 200r/min，试验结果如图 11-7 所示。

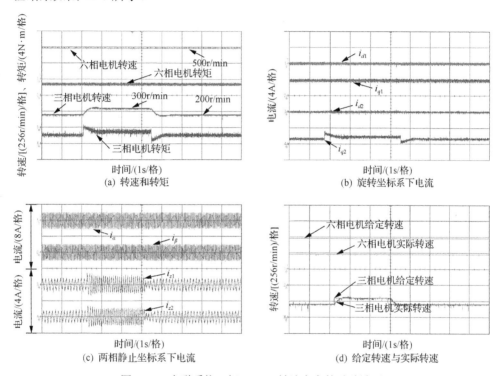

图 11-7　串联系统三相 PMSM 转速突变的试验波形

对试验结果进行分析可得：

（1）由图 11-7(a)可见，在三相 PMSM 给定转速发生突变的时刻，T_{e2} 发生瞬时跳变，这使得三相 PMSM 的转速能够迅速跟踪给定值。此过程中，六相 PMSM 的转速和转矩均未受到影响。

（2）由图 11-7(b)可见，i_{d1}、i_{d2} 被控制为零，i_{q2} 迅速响应给定转速的变化，实现了对三相 PMSM 转速的调节。此过程中，i_{d1}、i_{q1} 未受到影响。

（3）由图 11-7(c)可见，i_{z1}、i_{z2} 动态变化过程中，i_{α}、i_{β} 没有受到影响。

（4）由图 11-7(d)可见，三相 PMSM 的转速能够迅速跟踪给定值，而在三相 PMSM 转速发生变化的过程中，六相 PMSM 的给定转速和实际转速均没有任何改变。

　　由以上串联系统缺 A 相动态运行试验结果可知，基于所提控制策略，串联系统实现了缺 A 相情况下的解耦运行，即一台电机的转速或转矩发生变化，另一台电机的运行状态不受任何影响。

参 考 文 献

[1] 周扬忠, 程明, 陈小剑. 基于虚拟变量的六相永磁同步电机缺一相容错型直接转矩控制. 中国电机工程学报, 2015, 35(19):5050-5058.

[2] 闫红广. 考虑空间谐波效应的对称六相与三相 PMSM 串联系统解耦控制[博士学位论文]. 烟台: 海军航空大学, 2018.

第12章 考虑空间2次谐波的对称六相PMSM 与三相PMSM串联系统解耦控制

本章以串联系统电机含有空间2次谐波为例，通过建模和仿真，研究空间2次谐波在串联系统中的分布规律和对系统解耦运行的影响，并进行解耦控制。

12.1 考虑空间2次谐波的串联系统数学模型[1]

当考虑串联系统中电机空间2次谐波时，六相电机电感矩阵为

$$L_1 = L_{s\sigma 1}E_6 + L_m = L_{s\sigma 1}E_6 + L_{m1}H_{m1} + L_{m1t}H_{m1t} + L_{m2}H_{m2} + L_{m2t}H_{m2t} \tag{12-1}$$

六相电机转子永磁体气隙磁场感应到定子绕组上的磁链为

$$\boldsymbol{\Psi}_{r1} = \boldsymbol{\Psi}_{r11} + \boldsymbol{\Psi}_{r12} = \psi_{f11}\boldsymbol{F}_{11} + \psi_{f12}\boldsymbol{F}_{12} \tag{12-2}$$

三相电机电感矩阵为

$$L_2 = L_{s\sigma 2}E_3 + L_n = L_{s\sigma 2}E_3 + L_{n1}H_{n1} + L_{n1t}H_{n1t} + L_{n2}H_{n2} + L_{n2t}H_{n2t} \tag{12-3}$$

三相电机转子永磁体气隙磁场感应到定子绕组上的磁链为

$$\boldsymbol{\Psi}_{r2} = \boldsymbol{\Psi}_{r21} + \boldsymbol{\Psi}_{r22} = \psi_{f21}\boldsymbol{F}_{21} + \psi_{f22}\boldsymbol{F}_{22} \tag{12-4}$$

基于此，按9.2节方法，可推导串联系统考虑空间2次谐波的数学模型。

12.1.1 自然坐标系下的数学模型

(1)磁链方程为

$$\boldsymbol{\Psi}_1 = L_1\boldsymbol{I}_s + \boldsymbol{\Psi}_{r1} \tag{12-5}$$

$$\boldsymbol{\Psi}_2 = L_2\boldsymbol{I}_2 + \boldsymbol{\Psi}_{r2} \tag{12-6}$$

按式(10-8)方法对三相电机的相关矩阵进行扩展，得到

$$\boldsymbol{\Psi}_2' = L_2'\boldsymbol{I}_s + \boldsymbol{\Psi}_{r2}' \tag{12-7}$$

(2)定子电压方程为

$$U_{s1} = R_{s1}I_s + \frac{\mathrm{d}}{\mathrm{d}t}\boldsymbol{\Psi}_1 \tag{12-8}$$

$$U'_{s2} = R'_{s2}I_s + \frac{\mathrm{d}}{\mathrm{d}t}\boldsymbol{\Psi}'_2 \tag{12-9}$$

由式(12-8)、式(12-9)得到串联系统定子电压方程为

$$
\begin{aligned}
\boldsymbol{U}_s &= \boldsymbol{U}_{s1} + \boldsymbol{U}'_{s2} = \boldsymbol{R}_{s1}\boldsymbol{I}_s + \frac{\mathrm{d}}{\mathrm{d}t}\boldsymbol{\Psi}_1 + \boldsymbol{R}'_{s2}\boldsymbol{I}_s + \frac{\mathrm{d}}{\mathrm{d}t}\boldsymbol{\Psi}'_2 \\
&= r_{s1}\boldsymbol{E}_6\boldsymbol{I}_s + \frac{\mathrm{d}}{\mathrm{d}t}\left[\begin{pmatrix} L_{s\sigma1}\boldsymbol{E}_6 + L_{m1}\boldsymbol{H}_{m1} + L_{m1t}\boldsymbol{H}_{m1t} \\ + L_{m2}\boldsymbol{H}_{m2} + L_{m2t}\boldsymbol{H}_{m2t} \end{pmatrix}\boldsymbol{I}_s + \psi_{f11}\boldsymbol{F}_{11} + \psi_{f12}\boldsymbol{F}_{12}\right] \\
&\quad + r_{s2}\boldsymbol{E}_0\boldsymbol{I}_s + \frac{\mathrm{d}}{\mathrm{d}t}\left[\begin{pmatrix} L_{s\sigma2}\boldsymbol{E}_0 + L_{n1}\boldsymbol{H}'_{n1} + L_{n1t}\boldsymbol{H}'_{n1t} \\ + L_{n2}\boldsymbol{H}'_{n2} + L_{n2t}\boldsymbol{H}'_{n2t} \end{pmatrix}\boldsymbol{I}_s + \psi_{f21}\boldsymbol{F}'_{21} + \psi_{f22}\boldsymbol{F}'_{22}\right]
\end{aligned} \tag{12-10}
$$

12.1.2 两相静止坐标系下的数学模型

1. 磁链方程

利用变换矩阵 $\boldsymbol{T}$ 分别将式(12-5)和式(12-7)变换到 $\alpha\beta$ - $z_1 z_2$ - $o_1 o_2$ 两相静止坐标系下，即

$$
\begin{aligned}
\begin{bmatrix} \Psi_{1s\alpha} & \Psi_{1s\beta} & \Psi_{1sz1} & \Psi_{1sz2} & \Psi_{1so1} & \Psi_{1so2} \end{bmatrix}^{\mathrm{T}} &= \boldsymbol{T}(\boldsymbol{L}_1\boldsymbol{I}_s + \boldsymbol{\Psi}_{r1}) \\
&= \boldsymbol{T}\boldsymbol{L}_1\boldsymbol{T}^{-1}\boldsymbol{I}_{\alpha\beta} + \psi_{f11}\boldsymbol{T}\boldsymbol{F}_{11} + \psi_{f21}\boldsymbol{T}\boldsymbol{F}_{12}
\end{aligned} \tag{12-11}
$$

$$
\begin{aligned}
\begin{bmatrix} \Psi_{2s\alpha} & \Psi_{2s\beta} & \Psi_{2z1} & \Psi_{2z2} & \Psi_{2so1} & \Psi_{2so2} \end{bmatrix}^{\mathrm{T}} &= \boldsymbol{T}(\boldsymbol{L}'_2\boldsymbol{I}_s + \boldsymbol{\Psi}'_{r2}) \\
&= \boldsymbol{T}\boldsymbol{L}'_2\boldsymbol{T}^{-1}\boldsymbol{I}_{\alpha\beta} + \psi_{f21}\boldsymbol{T}\boldsymbol{F}'_{21} + \psi_{f22}\boldsymbol{T}\boldsymbol{F}'_{22}
\end{aligned} \tag{12-12}
$$

将式(12-11)和式(12-12)叠加，整理可得

$$
\begin{aligned}
\begin{bmatrix} \Psi_{s\alpha} \\ \Psi_{s\beta} \end{bmatrix} &= \begin{bmatrix} \Psi_{1s\alpha} \\ \Psi_{1s\beta} \end{bmatrix} + \begin{bmatrix} \Psi_{2s\alpha} \\ \Psi_{2s\beta} \end{bmatrix} \\
&= \left(L_{s\sigma1}\begin{bmatrix} 1 & \\ & 1 \end{bmatrix} + 3L_{m1}\begin{bmatrix} 1 & \\ & 1 \end{bmatrix} + 3L_{m1t}\begin{bmatrix} \cos(2\theta_{r1}) & \sin(2\theta_{r1}) \\ \sin(2\theta_{r1}) & -\cos(2\theta_{r1}) \end{bmatrix} \right)\begin{bmatrix} i_\alpha \\ i_\beta \end{bmatrix} + \sqrt{3}\psi_{f11}\begin{bmatrix} \cos\theta_{r1} \\ \sin\theta_{r1} \end{bmatrix}
\end{aligned} \tag{12-13}
$$

$$
\begin{bmatrix} \Psi_{sz1} \\ \Psi_{sz2} \end{bmatrix} = \begin{bmatrix} \Psi_{1sz1} \\ \Psi_{1sz2} \end{bmatrix} + \begin{bmatrix} \Psi_{2sz1} \\ \Psi_{2sz2} \end{bmatrix}
$$

$$
\begin{aligned}
= & \left(2L_{s\sigma2} \begin{bmatrix} 1 & \\ & 1 \end{bmatrix} + 3L_{n1} \begin{bmatrix} 1 & \\ & 1 \end{bmatrix} + 3L_{n1t} \begin{bmatrix} \cos(2\theta_{r2}) & \sin(2\theta_{r2}) \\ \sin(2\theta_{r2}) & -\cos(2\theta_{r2}) \end{bmatrix} + 3L_{n2} \begin{bmatrix} 1 & \\ & 1 \end{bmatrix} \right. \\
& \left. + 3L_{n2t} \begin{bmatrix} \cos(4\theta_{r2}) & -\sin(4\theta_{r2}) \\ -\sin(4\theta_{r2}) & -\cos(4\theta_{r2}) \end{bmatrix} \right) \begin{bmatrix} i_{z1} \\ i_{z2} \end{bmatrix} + \sqrt{3}\psi_{f21} \begin{bmatrix} \cos\theta_{r2} \\ \sin\theta_{r2} \end{bmatrix} + \sqrt{3}\psi_{f22} \begin{bmatrix} \cos(2\theta_{r2}) \\ \sin(2\theta_{r2}) \end{bmatrix} \\
& + \left(L_{s\sigma1} \begin{bmatrix} 1 & \\ & 1 \end{bmatrix} + 3L_{m2} \begin{bmatrix} 1 & \\ & 1 \end{bmatrix} + 3L_{m2t} \begin{bmatrix} \cos(4\theta_{r1}) & \sin(4\theta_{r1}) \\ \sin(4\theta_{r1}) & -\cos(4\theta_{r1}) \end{bmatrix} \right) \begin{bmatrix} i_{z1} \\ i_{z2} \end{bmatrix} \\
& + \sqrt{3}\psi_{f12} \begin{bmatrix} \cos(2\theta_{r1}) \\ \sin(2\theta_{r1}) \end{bmatrix}
\end{aligned}
$$

$$(12\text{-}14)$$

$$
\begin{bmatrix} \Psi_{so1} \\ \Psi_{so2} \end{bmatrix} = \begin{bmatrix} \Psi_{1so1} \\ \Psi_{1so2} \end{bmatrix} + \begin{bmatrix} \Psi_{2so1} \\ \Psi_{2so2} \end{bmatrix} = \begin{bmatrix} L_{s\sigma1} + 2L_{s\sigma2} & \\ & L_{s\sigma1} \end{bmatrix} \begin{bmatrix} i_{o1} \\ i_{o2} \end{bmatrix} \quad (12\text{-}15)
$$

由式(12-13)～式(12-15)可以看出:

(1) $\alpha\beta$ 子空间的磁链全部为六相 PMSM 磁链,因此当改变六相电机子空间的电流 i_α、i_β 时,仅有六相电机的磁链受到影响。

(2) z_1z_2 子空间的磁链由三部分组成,分别为三相 PMSM 基波磁链、三相 PMSM 空间 2 次谐波磁链和六相 PMSM 空间 2 次谐波耦合到三相电机所在子空间的磁链。当改变三相电机所在子空间的电流 i_{z1}、i_{z2} 时,三相 PMSM 除基波磁链发生变化外,三相 PMSM 空间 2 次谐波磁链和六相 PMSM 的空间 2 次谐波耦合磁链都将发生变化。

(3) o_1o_2 子空间的磁链全部为漏磁链,与两台电机的转矩无关。

2. 电压方程

采用变换矩阵 $\boldsymbol{T}$ 将式(12-10)变换到两相静止坐标系下:

$$
\begin{aligned}
\boldsymbol{U}_{\alpha\beta} = \boldsymbol{T}\boldsymbol{U}_s & = \boldsymbol{T}\boldsymbol{R}_{s1}\boldsymbol{T}^{-1}\boldsymbol{I}_{\alpha\beta} + \boldsymbol{T}\frac{\mathrm{d}}{\mathrm{d}t}\boldsymbol{\Psi}_1 + \boldsymbol{T}\boldsymbol{R}'_{s2}\boldsymbol{T}^{-1}\boldsymbol{I}_{\alpha\beta} + \boldsymbol{T}\frac{\mathrm{d}}{\mathrm{d}t}\boldsymbol{\Psi}'_2 \\
& = \boldsymbol{T}r_{s1}\boldsymbol{E}_6\boldsymbol{T}^{-1}\boldsymbol{I}_{\alpha\beta} + \boldsymbol{T}\frac{\mathrm{d}}{\mathrm{d}t}(\boldsymbol{L}_1\boldsymbol{T}^{-1}\boldsymbol{I}_{\alpha\beta} + \psi_{f11}\boldsymbol{F}_{11} + \psi_{f12}\boldsymbol{F}_{12}) \\
& \quad + \boldsymbol{T}r_{s2}\boldsymbol{E}_0\boldsymbol{T}^{-1}\boldsymbol{I}_{\alpha\beta} + \boldsymbol{T}\frac{\mathrm{d}}{\mathrm{d}t}(\boldsymbol{L}'_2\boldsymbol{T}^{-1}\boldsymbol{I}_{\alpha\beta} + \psi_{f21}\boldsymbol{F}'_{21} + \psi_{f22}\boldsymbol{F}'_{22})
\end{aligned}
$$

$$(12\text{-}16)$$

$$\begin{bmatrix} u_\alpha \\ u_\beta \end{bmatrix} = \left(r_{s1} \begin{bmatrix} 1 & \\ & 1 \end{bmatrix} + 6\omega_{r1}L_{m1t} \begin{bmatrix} -\sin(2\theta_{r1}) & \cos(2\theta_{r1}) \\ \cos(2\theta_{r1}) & \sin(2\theta_{r1}) \end{bmatrix} \right) \begin{bmatrix} i_\alpha \\ i_\beta \end{bmatrix}$$

$$+ \left(L_{s\sigma1} \begin{bmatrix} 1 & \\ & 1 \end{bmatrix} + 3L_{m1} \begin{bmatrix} 1 & \\ & 1 \end{bmatrix} + 3L_{m1t} \begin{bmatrix} \cos(2\theta_{r1}) & \sin(2\theta_{r1}) \\ \sin(2\theta_{r1}) & -\cos(2\theta_{r1}) \end{bmatrix} \right) \frac{\mathrm{d}}{\mathrm{d}t} \begin{bmatrix} i_\alpha \\ i_\beta \end{bmatrix} \quad (12\text{-}17)$$

$$+ \sqrt{3}\omega_{r1}\psi_{f11} \begin{bmatrix} -\sin\theta_{r1} \\ \cos\theta_{r1} \end{bmatrix}$$

$$\begin{bmatrix} u_{z1} \\ u_{z2} \end{bmatrix} = \left(\begin{matrix} (r_{s1}+2r_{s2})\begin{bmatrix} 1 & \\ & 1 \end{bmatrix} + 12\omega_{r1}L_{m2t}\begin{bmatrix} -\sin(4\theta_{r1}) & \cos(4\theta_{r1}) \\ \cos(4\theta_{r1}) & \sin(4\theta_{r1}) \end{bmatrix} + \\ 6\omega_{r2}L_{n1t}\begin{bmatrix} -\sin(2\theta_{r2}) & \cos(2\theta_{r2}) \\ \cos(2\theta_{r2}) & \sin(2\theta_{r2}) \end{bmatrix} + 12\omega_{r2}L_{n2t}\begin{bmatrix} -\sin(4\theta_{r2}) & -\cos(4\theta_{r2}) \\ -\cos(4\theta_{r2}) & \sin(4\theta_{r2}) \end{bmatrix} \end{matrix} \right)\begin{bmatrix} i_{z1} \\ i_{z2} \end{bmatrix}$$

$$+ \left(\begin{matrix} (L_{s\sigma1}+2L_{s\sigma2}+3L_{n1}+3L_{n2}+3L_{m2})\begin{bmatrix} 1 & \\ & 1 \end{bmatrix} + 3L_{n1t}\begin{bmatrix} \cos(2\theta_{r2}) & \sin(2\theta_{r2}) \\ \sin(2\theta_{r2}) & -\cos(2\theta_{r2}) \end{bmatrix} \\ +3L_{n2t}\begin{bmatrix} \cos(4\theta_{r2}) & -\sin(4\theta_{r2}) \\ -\sin(4\theta_{r2}) & -\cos(4\theta_{r2}) \end{bmatrix} + 3L_{m2t}\begin{bmatrix} \cos(4\theta_{r1}) & \sin(4\theta_{r1}) \\ \sin(4\theta_{r1}) & -\cos(4\theta_{r1}) \end{bmatrix} \end{matrix} \right)$$

$$\cdot \frac{\mathrm{d}}{\mathrm{d}t}\begin{bmatrix} i_{z1} \\ i_{z2} \end{bmatrix} + \sqrt{3}\omega_{r2}\psi_{f21}\begin{bmatrix} -\sin\theta_{r2} \\ \cos\theta_{r2} \end{bmatrix} + 2\sqrt{3}\omega_{r2}\psi_{f22}\begin{bmatrix} -\sin(2\theta_{r2}) \\ \cos(2\theta_{r2}) \end{bmatrix} + 2\sqrt{3}\omega_{r1}\psi_{f12}\begin{bmatrix} -\sin(2\theta_{r1}) \\ \cos(2\theta_{r1}) \end{bmatrix}$$

$$(12\text{-}18)$$

$$\begin{bmatrix} u_{o1} \\ u_{o2} \end{bmatrix} = \begin{bmatrix} r_{s1}+2r_{s2} & \\ & r_{s1} \end{bmatrix}\begin{bmatrix} i_{o1} \\ i_{o2} \end{bmatrix} + \begin{bmatrix} L_{s\sigma1}+2L_{s\sigma2} & \\ & L_{s\sigma1} \end{bmatrix}\frac{\mathrm{d}}{\mathrm{d}t}\begin{bmatrix} i_{o1} \\ i_{o2} \end{bmatrix} \quad (12\text{-}19)$$

3. 转矩方程

采用磁共能对转子位置求偏导的方法，得到六相 PMSM 转矩为

$$T_{e1} = \frac{\partial}{\partial\theta_{r1}}\left[p_1\left(\frac{1}{2}\boldsymbol{I}_s^{\mathrm{T}}\boldsymbol{L}_1\boldsymbol{I}_s + \boldsymbol{I}_s^{\mathrm{T}}\boldsymbol{\Psi}_{r1} \right) \right]$$

$$= p_1 \left(\begin{matrix} \dfrac{1}{2}L_{m1t}\boldsymbol{I}_{\alpha\beta}^{\mathrm{T}}\boldsymbol{T}\dfrac{\partial\boldsymbol{H}_{m1t}}{\partial\theta_{r1}}\boldsymbol{T}^{-1}\boldsymbol{I}_{\alpha\beta} + \dfrac{1}{2}L_{m2t}\boldsymbol{I}_{\alpha\beta}^{\mathrm{T}}\boldsymbol{T}\dfrac{\partial\boldsymbol{H}_{m2t}}{\partial\theta_{r1}}\boldsymbol{T}^{-1}\boldsymbol{I}_{\alpha\beta} + \psi_{f11}\boldsymbol{I}_{\alpha\beta}^{\mathrm{T}}\boldsymbol{T}\dfrac{\partial\boldsymbol{F}_{11}}{\partial\theta_{r1}} \\ +\psi_{f12}\boldsymbol{I}_{\alpha\beta}^{\mathrm{T}}\boldsymbol{T}\dfrac{\partial\boldsymbol{F}_{12}}{\partial\theta_{r1}} \end{matrix} \right)$$

$$= p_1 \left\{ \begin{matrix} 3L_{m1t}[-i_\alpha^2\sin(2\theta_{r1})+2i_\alpha i_\beta\cos(2\theta_{r1})+i_\beta^2\sin(2\theta_{r1})]+\sqrt{3}\psi_{f11}(-i_\alpha\sin\theta_{r1}+i_\beta\cos\theta_{r1}) \\ +6L_{m2t}[-i_{z1}^2\sin(4\theta_{r1})+2i_{z1}i_{z2}\cos(4\theta_{r1})+i_{z2}^2\sin(4\theta_{r1})]+2\sqrt{3}\psi_{f12}[-i_{z1}\sin(2\theta_{r1}) \\ +i_{z2}\cos(2\theta_{r1})] \end{matrix} \right\}$$

$$(12\text{-}20)$$

同理，可得三相 PMSM 的转矩为

$$
\begin{aligned}
T_{e2} &= \frac{\partial}{\partial \theta_{r2}} \left[p_2 \left(\frac{1}{2} \boldsymbol{I}_s^{\mathrm{T}} \boldsymbol{L}_2' \boldsymbol{I}_s + \boldsymbol{I}_s^{\mathrm{T}} \boldsymbol{\varPsi}_{r2}' \right) \right] \\
&= p_2 \left\{ \begin{aligned}
&\frac{1}{2} L_{n1t} \boldsymbol{I}_{\alpha\beta}^{\mathrm{T}} \boldsymbol{T} \frac{\partial \boldsymbol{H}_{n1t}'}{\partial \theta_{r2}} \boldsymbol{T}^{-1} \boldsymbol{I}_{\alpha\beta} + \frac{1}{2} L_{n2t} \boldsymbol{I}_{\alpha\beta}^{\mathrm{T}} \boldsymbol{T} \frac{\partial \boldsymbol{H}_{n2t}'}{\partial \theta_{r2}} \boldsymbol{T}^{-1} \boldsymbol{I}_{\alpha\beta} + \psi_{f21} \boldsymbol{I}_{\alpha\beta}^{\mathrm{T}} \boldsymbol{T} \frac{\partial \boldsymbol{F}_{21}'}{\partial \theta_{r2}} \\
&+ \psi_{f22} \boldsymbol{I}_{\alpha\beta}^{\mathrm{T}} \boldsymbol{T} \frac{\partial \boldsymbol{F}_{22}'}{\partial \theta_{r2}}
\end{aligned} \right\} \\
&= p_2 \left\{ \begin{aligned}
&3 L_{n1t} [-i_{z1}^2 \sin(2\theta_{r2}) + 2 i_{z1} i_{z2} \cos(2\theta_{r2}) + i_{z2}^2 \sin(2\theta_{r2})] \\
&+ 6 L_{n2t} [-i_{z1}^2 \sin(4\theta_{r2}) - 2 i_{z1} i_{z2} \cos(4\theta_{r2}) + i_{z2}^2 \sin(4\theta_{r2})] \\
&+ \sqrt{3} \psi_{f21} (-i_{z1} \sin\theta_{r2} + i_{z2} \cos\theta_{r2}) + 2\sqrt{3} \psi_{f22} [-i_{z1} \sin(2\theta_{r2}) - i_{z2} \cos(2\theta_{r2})]
\end{aligned} \right\}
\end{aligned}
$$

$$(12\text{-}21)$$

由式 (12-20) 和式 (12-21) 可知，当绕组中存在空间 2 次谐波时，串联系统的两台电机存在耦合。六相 PMSM 的空间 2 次谐波项将与三相 PMSM 的基波电流发生耦合，在六相电机转矩上产生耦合转矩脉动。耦合脉动转矩的幅值与六相 PMSM 参数和三相电机基波电流幅值均有关，频率由两台电机的转速共同决定。

12.1.3 旋转坐标系下的数学模型

1. 磁链方程

采用旋转变换矩阵 $\boldsymbol{R}_1$ 将式 (12-13) 变换到同步旋转坐标系 $d_1 q_1$ 下，得到

$$
\begin{bmatrix} \varPsi_{sd1} \\ \varPsi_{sq1} \end{bmatrix} = \left(L_{s\sigma1} \begin{bmatrix} 1 & \\ & 1 \end{bmatrix} + 3 L_{m1} \begin{bmatrix} 1 & \\ & 1 \end{bmatrix} + 3 L_{m1t} \begin{bmatrix} 1 & \\ & -1 \end{bmatrix} \right) \begin{bmatrix} i_{d1} \\ i_{q1} \end{bmatrix} + \sqrt{3} \psi_{f11} \begin{bmatrix} 1 \\ 0 \end{bmatrix}
\tag{12-22}
$$

采用旋转变换矩阵 $\boldsymbol{R}_2$ 将式 (12-14) 变换到同步旋转坐标系 $d_2 q_2$ 下，得到

$$
\begin{aligned}
\begin{bmatrix} \varPsi_{sd2} \\ \varPsi_{sq2} \end{bmatrix} = &\left(\begin{aligned} &2 L_{s\sigma2} \begin{bmatrix} 1 & \\ & 1 \end{bmatrix} + 3 L_{n1} \begin{bmatrix} 1 & \\ & 1 \end{bmatrix} + 3 L_{n1t} \begin{bmatrix} 1 & \\ & -1 \end{bmatrix} + 3 L_{n2} \begin{bmatrix} 1 & \\ & 1 \end{bmatrix} \\ &+ 3 L_{n2t} \begin{bmatrix} \cos(6\theta_{r2}) & -\sin(6\theta_{r2}) \\ -\sin(6\theta_{r2}) & -\cos(6\theta_{r2}) \end{bmatrix} \end{aligned} \right) \\
&+ \left(L_{s\sigma1} \begin{bmatrix} 1 & \\ & 1 \end{bmatrix} + 3 L_{m2} \begin{bmatrix} 1 & \\ & 1 \end{bmatrix} + 3 L_{m2t} \begin{bmatrix} \cos(4\theta_{r1} - 2\theta_{r2}) & \sin(4\theta_{r1} - 2\theta_{r2}) \\ \sin(4\theta_{r1} - 2\theta_{r2}) & -\cos(4\theta_{r1} - 2\theta_{r2}) \end{bmatrix} \right) \\
&\cdot \begin{bmatrix} i_{d2} \\ i_{q2} \end{bmatrix} + \sqrt{3} \psi_{f21} \begin{bmatrix} 1 \\ 0 \end{bmatrix} + \sqrt{3} \psi_{f22} \begin{bmatrix} \cos(3\theta_{r2}) \\ \sin(3\theta_{r2}) \end{bmatrix} + \sqrt{3} \psi_{f12} \begin{bmatrix} \cos(2\theta_{r1} - \theta_{r2}) \\ \sin(2\theta_{r1} - \theta_{r2}) \end{bmatrix}
\end{aligned}
$$

$$(12\text{-}23)$$

由式(12-22)和式(12-23)磁链方程可以看出，六相电机所在子空间的磁链仅包含六相电机基波磁链部分，三相电机所在子空间的磁链包含三相电机基波、空间 2 次谐波磁链和耦合到三相电机子空间的六相电机空间 2 次谐波磁链。当改变三相电机的电流时，六相电机空间 2 次谐波磁链将随之改变。

2. 转矩方程

分别求取六相 PMSM 和三相 PMSM 的转矩方程为

$$
\begin{aligned}
T_{e1} &= \frac{\partial}{\partial \theta_{r1}}\left[p_1\left(\frac{1}{2}\boldsymbol{I}_s^{\mathrm{T}}\boldsymbol{L}_1\boldsymbol{I}_s + \boldsymbol{I}_s^{\mathrm{T}}\boldsymbol{\Psi}_{r1}\right)\right] \\
&= p_2\left\{
\begin{aligned}
&6L_{m1t}i_{d1}i_{q1} + 6L_{m2t}[-i_{d2}^2\sin(4\theta_{r1}-2\theta_{r2}) + 2i_{d2}i_{q2}\cos(4\theta_{r1}-2\theta_{r2})\\
&+i_{q2}^2\sin(4\theta_{r1}-2\theta_{r2})] + \sqrt{3}\psi_{f11}i_{q1} + 2\sqrt{3}\psi_{f12}[-i_{d2}\sin(2\theta_{r1}-\theta_{r2})\\
&+i_{q2}\cos(2\theta_{r1}-\theta_{r2})]
\end{aligned}\right\}
\end{aligned}
\tag{12-24}
$$

$$
\begin{aligned}
T_{e2} &= \frac{\partial}{\partial \theta_{r2}}\left[p_2\left(\frac{1}{2}\boldsymbol{I}_s^{\mathrm{T}}\boldsymbol{L}_2'\boldsymbol{I}_s + \boldsymbol{I}_s^{\mathrm{T}}\boldsymbol{\Psi}_{r2}'\right)\right] \\
&= p_2\left\{
\begin{aligned}
&6L_{n1t}i_{d2}i_{q2} + 6L_{n2t}[-i_{d2}^2\sin(6\theta_{r2}) - 2i_{d2}i_{q2}\cos(6\theta_{r2}) + i_{q2}^2\sin(6\theta_{r2})]\\
&+\sqrt{3}\psi_{f21}i_{q2} + 2\sqrt{3}\psi_{f22}[-i_{d2}\sin(3\theta_{r2}) - i_{q2}\cos(3\theta_{r2})]
\end{aligned}\right\}
\end{aligned}
\tag{12-25}
$$

由式(12-24)和式(12-25)可以看出：

(1) 六相 PMSM 空间 2 次谐波与三相 PMSM 的基波电流产生耦合，并在六相 PMSM 的转矩上形成两种频率的耦合转矩。这两种耦合转矩的幅值由六相 PMSM 参数和三相 PMSM 旋转坐标系下的电流 i_{d2}、i_{q2} 共同决定，频率与两台电机的转速有关。设两台电机的旋转频率分别为 f_1、f_2，则六相 PMSM 转矩上的两种耦合转矩分量的频率分别为 $2f_1-f_2$、$4f_1-2f_2$。

(2) 三相 PMSM 空间 2 次谐波不与六相 PMSM 的基波电流产生耦合，仅在三相 PMSM 的转矩上形成两种频率的转矩脉动。这两种脉动转矩的幅值由三相 PMSM 参数和旋转坐标系下的电流 i_{d2}、i_{q2} 共同决定，频率仅与三相 PMSM 的转速有关，分别为 $3f_2$、$6f_2$。

3. 电压方程

将式(12-17)变换到 d_1q_1 子空间内，式(12-18)变换到 d_2q_2 子空间内，得到

$$\begin{bmatrix} u_{d1} \\ u_{q1} \end{bmatrix} = \left(r_{s1} \begin{bmatrix} 1 & \\ & 1 \end{bmatrix} + L_{s\sigma1} \begin{bmatrix} 0 & -\omega_{r1} \\ \omega_{r1} & 0 \end{bmatrix} + 3\omega_{r1}L_{m1} \begin{bmatrix} 0 & -1 \\ 1 & 0 \end{bmatrix} + 3\omega_{r1}L_{m1t} \begin{bmatrix} 0 & 1 \\ 1 & 0 \end{bmatrix} \right) \begin{bmatrix} i_{d1} \\ i_{q1} \end{bmatrix}$$
$$+ \left(L_{s\sigma1} \begin{bmatrix} 1 & \\ & 1 \end{bmatrix} + 3L_{m1} \begin{bmatrix} 1 & \\ & 1 \end{bmatrix} + 3L_{m1t} \begin{bmatrix} 1 & \\ & -1 \end{bmatrix} \right) \frac{\mathrm{d}}{\mathrm{d}t} \begin{bmatrix} i_{d1} \\ i_{q1} \end{bmatrix} + \sqrt{3}\omega_{r1}\psi_{f11} \begin{bmatrix} 0 \\ 1 \end{bmatrix}$$

$$\tag{12-26}$$

$$\begin{bmatrix} u_{d2} \\ u_{q2} \end{bmatrix} = \left(r_{s1} \begin{bmatrix} 1 & \\ & 1 \end{bmatrix} + 12\omega_{r1}L_{m2t} \begin{bmatrix} -\sin(4\theta_{r1}-2\theta_{r2}) & \cos(4\theta_{r1}-2\theta_{r2}) \\ \cos(4\theta_{r1}-2\theta_{r2}) & \sin(4\theta_{r1}-2\theta_{r2}) \end{bmatrix} \right) \begin{bmatrix} i_{d2} \\ i_{q2} \end{bmatrix}$$
$$+ \left(\omega_{r2}L_{s\sigma1} \begin{bmatrix} 0 & -1 \\ 1 & 0 \end{bmatrix} + 3\omega_{r2}L_{m2} \begin{bmatrix} 0 & -1 \\ 1 & 0 \end{bmatrix} + 3\omega_{r2}L_{m2t} \begin{bmatrix} \sin(4\theta_{r1}-2\theta_{r2}) \\ -\cos(4\theta_{r1}-2\theta_{r2}) \end{bmatrix} \right.$$
$$\left. \begin{matrix} -\cos(4\theta_{r1}-2\theta_{r2}) \\ -\sin(4\theta_{r1}-2\theta_{r2}) \end{matrix} \right] \right) \cdot \begin{bmatrix} i_{d2} \\ i_{q2} \end{bmatrix} + \left(L_{s\sigma1} \begin{bmatrix} 1 & \\ & 1 \end{bmatrix} + 3L_{m2} \begin{bmatrix} 1 & \\ & 1 \end{bmatrix} \right.$$
$$\left. + 3L_{m2t} \begin{bmatrix} \cos(4\theta_{r1}-2\theta_{r2}) & \sin(4\theta_{r1}-2\theta_{r2}) \\ \sin(4\theta_{r1}-2\theta_{r2}) & -\cos(4\theta_{r1}-2\theta_{r2}) \end{bmatrix} \right) \frac{\mathrm{d}}{\mathrm{d}t} \begin{bmatrix} i_{d2} \\ i_{q2} \end{bmatrix}$$
$$+ 2\sqrt{3}\omega_{r1}\psi_{f12} \begin{bmatrix} -\sin(2\theta_{r1}-\theta_{r2}) \\ \cos(2\theta_{r1}-\theta_{r2}) \end{bmatrix} + \left(2r_{s2} \begin{bmatrix} 1 & \\ & 1 \end{bmatrix} + 6\omega_{r2}L_{n1t} \begin{bmatrix} 0 & 1 \\ 1 & 0 \end{bmatrix} \right.$$
$$+ 12\omega_{r2}L_{n2t} \begin{bmatrix} -\sin(6\theta_{r2}) & -\cos(6\theta_{r2}) \\ -\cos(6\theta_{r2}) & \sin(6\theta_{r2}) \end{bmatrix} \right) \cdot \begin{bmatrix} i_{d2} \\ i_{q2} \end{bmatrix} + \left(2\omega_{r2}L_{s\sigma2} \begin{bmatrix} 0 & -1 \\ 1 & 0 \end{bmatrix} \right. \tag{12-27}$$
$$+ 3\omega_{r2}L_{n1} \begin{bmatrix} 0 & -1 \\ 1 & 0 \end{bmatrix} + 3\omega_{r2}L_{n1t} \begin{bmatrix} 0 & -1 \\ -1 & 0 \end{bmatrix} + 3\omega_{r2}L_{n2} \begin{bmatrix} 0 & -1 \\ 1 & 0 \end{bmatrix}$$
$$+ 3\omega_{r2}L_{n2t} \begin{bmatrix} -\sin(6\theta_{r2}) & -\cos(6\theta_{r2}) \\ -\cos(6\theta_{r2}) & \sin(6\theta_{r2}) \end{bmatrix} \right) \begin{bmatrix} i_{d2} \\ i_{q2} \end{bmatrix} + \left(2L_{s\sigma2} \begin{bmatrix} 1 & \\ & 1 \end{bmatrix} \right.$$
$$+ 3L_{n1} \begin{bmatrix} 1 & \\ & 1 \end{bmatrix} + 3L_{n1t} \begin{bmatrix} 1 & \\ & -1 \end{bmatrix} + 3L_{n2} \begin{bmatrix} 1 & \\ & 1 \end{bmatrix}$$
$$+ 3L_{n2t} \begin{bmatrix} \cos(6\theta_{r2}) & -\sin(6\theta_{r2}) \\ -\sin(6\theta_{r2}) & -\cos(6\theta_{r2}) \end{bmatrix} \right) \frac{\mathrm{d}}{\mathrm{d}t} \begin{bmatrix} i_{d2} \\ i_{q2} \end{bmatrix} + \sqrt{3}\omega_{r2}\psi_{f21} \begin{bmatrix} 0 \\ 1 \end{bmatrix}$$
$$+ 2\sqrt{3}\omega_{r2}\psi_{f22} \begin{bmatrix} -\sin(3\theta_{r2}) \\ -\cos(3\theta_{r2}) \end{bmatrix}$$

12.2　考虑串联系统空间 2 次谐波耦合的仿真研究

12.2.1　稳态仿真研究

给定六相电机转速 500r/min，转矩 2.7N·m，三相电机转速 200r/min，转矩

2N·m，对串联系统的稳态工作特性进行仿真，结果如图 12-1 所示。

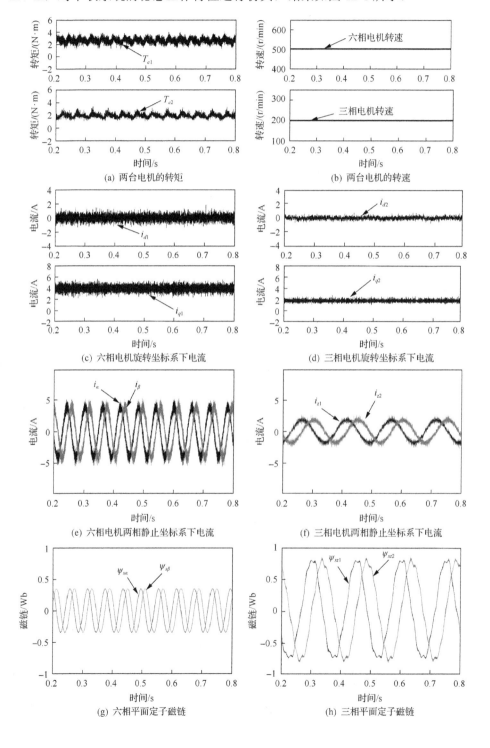

(a) 两台电机的转矩

(b) 两台电机的转速

(c) 六相电机旋转坐标系下电流

(d) 三相电机旋转坐标系下电流

(e) 六相电机两相静止坐标系下电流

(f) 三相电机两相静止坐标系下电流

(g) 六相平面定子磁链

(h) 三相平面定子磁链

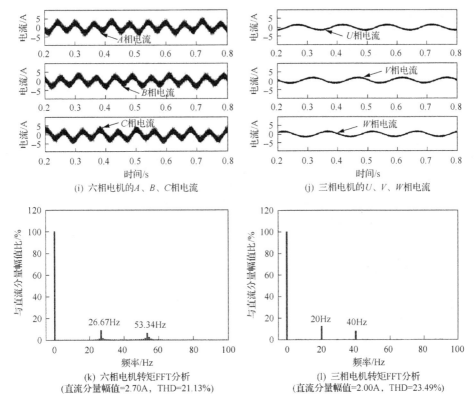

(i) 六相电机的 A、B、C 相电流　　　　(j) 三相电机的 U、V、W 相电流

(k) 六相电机转矩 FFT 分析　　　　　　　(l) 三相电机转矩 FFT 分析
(直流分量幅值=2.70A，THD=21.13%)　　(直流分量幅值=2.00A，THD=23.49%)

图 12-1　含有空间 2 次谐波的串联系统稳态仿真

对仿真结果进行分析可得：

(1) 由图 12-1(a) 和 (b) 可以看出，两台电机的转矩上均含有脉动分量。

(2) 由图 12-1(c) 和 (d) 可知，由于控制过程没有考虑空间 2 次谐波问题，基于 $i_d=0$ 的电流滞环控制策略，i_{q1}、i_{q2} 均为直流量，使得 T_{e1}、T_{e2} 的直流分量分别与各自的负载相等。

(3) 由图 12-1(g) 和 (h) 可知，由于六相 PMSM 空间 2 次谐波磁链和三相 PMSM 空间 2 次谐波磁链均被变换到 z_1z_2 平面，三相平面定子磁链含有多种频率成分的谐波分量。

(4) 稳态时，六相电机转速为 500r/min，三相电机转速为 200r/min，对应频率分别为 $f_1=16.67\text{Hz}$、$f_2=6.67\text{Hz}$。图 12-1(k) 和 (l) 两台电机转矩波形的 FFT 分析显示，六相 PMSM 转矩脉动分量频率为 26.67Hz、53.34Hz，对应 $2f_1-f_2$、$4f_1-2f_2$，与式 (12-24) 及其分析相符；三相 PMSM 转矩脉动分量频率为 20Hz、40Hz，对应 $3f_2$、$6f_2$，与式 (12-25) 及其分析相符。

由上述仿真及分析可知，三相电机自身的 2 次谐波在三相电机所在子空间内，且产生转矩脉动。六相电机的空间 2 次谐波与三相电机的基波电流发生耦合，导致六相电机转矩上含有耦合脉动。

12.2.2　动态仿真研究

在稳态运行的基础上，分别进行两台电机的转速、负载突变仿真。

1. 六相 PMSM 转速突变仿真

在串联系统稳态运行的基础上，在 0.4s 时将六相 PMSM 的给定转速由 500r/min 突变为 600r/min，稳定后，在 0.6s 时将六相 PMSM 的给定转速由 600r/min 突变为 500r/min，仿真结果如图 12-2 所示。

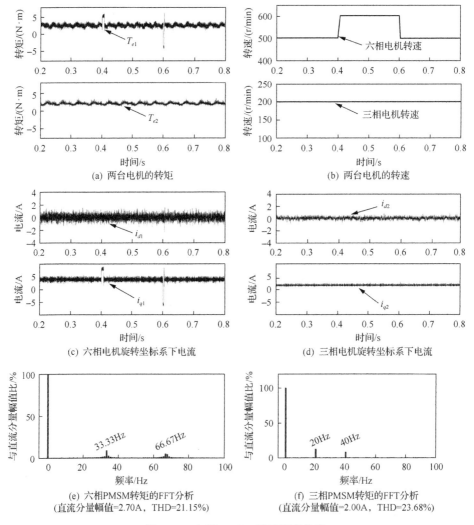

(a) 两台电机的转矩

(b) 两台电机的转速

(c) 六相电机旋转坐标系下电流

(d) 三相电机旋转坐标系下电流

(e) 六相PMSM转矩的FFT分析
(直流分量幅值=2.70A，THD=21.15%)

(f) 三相PMSM转矩的FFT分析
(直流分量幅值=2.00A，THD=23.68%)

图 12-2　六相 PMSM 转速突变仿真

对仿真结果进行分析可得：

（1）由图 12-2（a）和（b）可以看出，在六相 PMSM 给定转速发生突变的两个时刻，六相 PMSM 的转矩发生瞬时跳变，这使得六相 PMSM 的转速能够迅速跟踪给定转速。六相 PMSM 转速突变的过程中，三相 PMSM 的转速、转矩均没有受到影响。

（2）由于三相 PMSM 的转速、转矩均没有受到影响，对应图 12-2（d）中，三相 PMSM 相关的电流波形与稳态运行时的波形相同。

（3）由图 12-2（e）和（f）可见，在 0.4～0.6s 时间段内，当六相 PMSM 转速变为 600r/min 时（三相 PMSM 转速仍为 200r/min），对应旋转频率 $f_1 = 20\text{Hz}$、$f_2 = 6.67\text{Hz}$，对转矩进行 FFT 分析可知，T_{e1} 上的耦合脉动转矩频率为 33.33Hz、66.67Hz，对应 $2f_1 - f_2$、$4f_1 - 2f_2$，与式（12-24）相符。T_{e2} 上的脉动转矩频率为 20Hz、40Hz，对应 $3f_2$、$6f_2$，与式（12-25）相符。

2. 六相 PMSM 负载转矩突变仿真

在串联系统稳态运行的基础上，在 0.4s 时将六相 PMSM 的负载转矩由 2.7N·m 突变为 0N·m，稳定后，在 0.6s 时将六相 PMSM 的负载转矩由 0N·m 突变为 2.7N·m，仿真结果如图 12-3 所示。

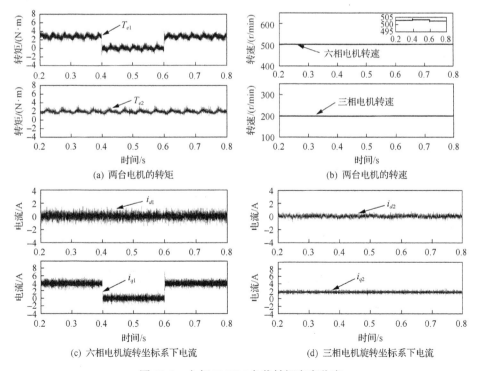

(a) 两台电机的转矩　　　　(b) 两台电机的转速

(c) 六相电机旋转坐标系下电流　　　　(d) 三相电机旋转坐标系下电流

图 12-3　六相 PMSM 负载转矩突变仿真

对仿真结果进行分析可得：

(1) 由图 12-3(a)和(b)可知，当六相 PMSM 负载转矩发生突变时，六相 PMSM 的转矩中的直流分量能够迅速跟踪给定值。此过程中，三相 PMSM 的转矩和转速均没有受到影响。注意到，当 T_{e1} 突减、突增时，六相 PMSM 的转速发生瞬时增、减，随后跟踪给定值，与六相 PMSM 的运动方程相符。

(2) 由图 12-3(a)可见，当六相 PMSM 空载时，六相 PMSM 转矩上也包含脉动分量。根据 10.4.1 节的稳态仿真结果可知，T_{e1} 上的脉动转矩是由 i_{d2}、i_{q2} 决定的，而此处三相 PMSM 的运行状态没有发生变化，则六相 PMSM 转矩上的耦合脉动转矩也不发生改变。

3. 三相 PMSM 转速突变仿真

在串联系统稳态运行的基础上，在 0.4s 时将三相 PMSM 的转速由 200r/min 突变为 300r/min，稳定后，在 0.6s 时将三相 PMSM 的转速由 300r/min 突变为 200r/min，仿真结果如图 12-4 所示。

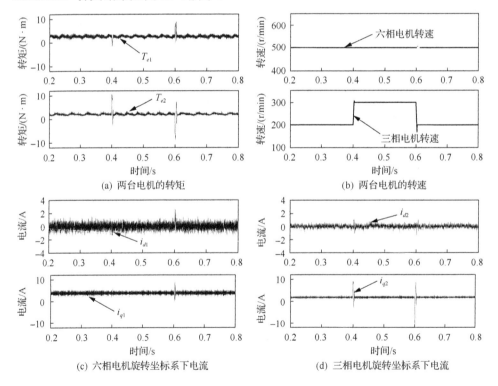

(a) 两台电机的转矩　　　(b) 两台电机的转速

(c) 六相电机旋转坐标系下电流　　　(d) 三相电机旋转坐标系下电流

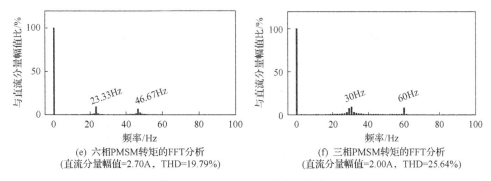

(e) 六相PMSM转矩的FFT分析
(直流分量幅值=2.70A，THD=19.79%)　　(f) 三相PMSM转矩的FFT分析
(直流分量幅值=2.00A，THD=25.64%)

图 12-4　三相 PMSM 转速突变仿真

对仿真结果进行分析如下：

(1) 由图 12-4(a) 和(b) 可见，三相 PMSM 给定转速发生突变时刻，T_{e2} 发生瞬时跳变，这使得三相 PMSM 的转速能够迅速跟踪给定转速，与之对应的图 12-4(d) 中，三相 PMSM 相关的电流量也发生相应跳变。注意到，由于六相 PMSM 转矩上的耦合量与三相 PMSM 的转速有关，T_{e1} 受到明显干扰。

(2) 由图 12-2(e) 和(f) 可见，在 0.4~0.6s 时间段内，当三相 PMSM 转速变为 200r/min 时（六相 PMSM 转速仍为 500r/min），对应旋转频率 $f_1=16.67\text{Hz}$、$f_2=10\text{Hz}$，对转矩进行 FFT 分析可知，T_{e1} 上的耦合脉动转矩频率为 23.33Hz、46.67Hz，对应 $2f_1-f_2$、$4f_1-2f_2$，与式(12-24)相符。T_{e2} 上的脉动转矩频率为 30Hz、60Hz，对应 $3f_2$、$6f_2$，与式(12-25)相符。

4. 三相 PMSM 负载转矩突变仿真

在串联系统稳态运行的基础上，0.4s 时将三相 PMSM 的负载转矩由 2N·m 突变为 0N·m，稳定后，0.6s 时将三相 PMSM 的负载转矩由 0N·m 突变为 2N·m，仿真结果如图 12-5 所示。

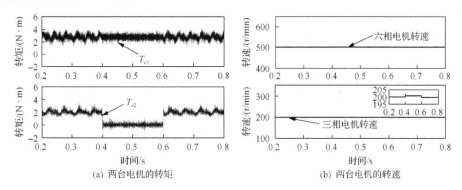

(a) 两台电机的转矩　　　　　　　　　　(b) 两台电机的转速

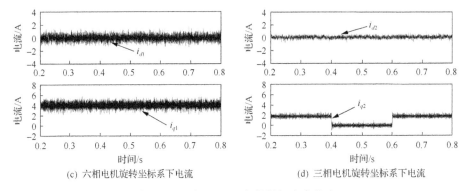

(c) 六相电机旋转坐标系下电流   (d) 三相电机旋转坐标系下电流

图 12-5　三相 PMSM 负载转矩突变仿真

对仿真结果进行分析如下：

(1) 由图 12-5(a) 可见，三相 PMSM 负载转矩变化过程中，三相 PMSM 转矩 T_{e2} 的直流分量能够迅速跟踪给定值。注意到，当 T_{e2} 为零，即 i_{d2}、i_{q2} 均为零时，T_{e2} 上不再含有转矩脉动，T_{e1} 上的耦合转矩脉动也不存在。

(2) 由图 12-5(b) 可见，在 T_{e2} 突减、突增的瞬间，三相 PMSM 的转速有瞬时的增、减，与实际相符。

从上述仿真结果可以看出，当串联系统两台电机含有空间 2 次谐波时，电机的空间 2 次谐波在各自电机转矩上产生转矩脉动。尽管三相 PMSM 的转速、转矩不受六相 PMSM 运行状态的影响，但是由于六相 PMSM 的空间 2 次谐波与三相平面的基波电流发生耦合，在三相 PMSM 转速、转矩发生改变时，六相 PMSM 上耦合的脉动转矩也相应发生变化。总之，串联系统不能解耦运行。

12.3　基于谐波效应补偿的串联系统解耦控制策略

通过 12.1 节的模型推导可知，串联系统中六相 PMSM 的空间 2 次谐波与三相电机的基波电流发生耦合，并导致六相 PMSM 的转矩含有耦合转矩脉动；三相 PMSM 的 2 次谐波存在于三相电机所在子空间，使得三相 PMSM 的转矩上含有谐波转矩脉动。两台电机无法解耦运行。

由式(12-24)、式(12-25)和上述仿真可知，六相 PMSM 转矩上的耦合转矩脉动与六相 PMSM 的参数和两台电机的运行状态都有关，三相 PMSM 的转矩脉动仅与三相 PMSM 的参数和运行状态有关。若依据 12.1 节中推导的数学模型，在两台电机各自同步旋转坐标系下进行电流给定试验时，对耦合转矩和谐波转矩进行补偿消除，两台电机的转矩上将不含有谐波效应导致的脉动分量，串联系统有望实现解耦控制。

令 T'_{e1} 表示六相 PMSM 转矩中的直流分量，T_{e1s} 表示六相 PMSM 转矩中的空间 2 次谐波转矩，有[2,3]

$$T'_{e1} = p_1(6L_{m1t}i_{d1}i_{q1} + \sqrt{3}\psi_{f11}i_{q1}) \tag{12-28}$$

$$T_{e1s} = p_1 \begin{cases} 6L_{m2t}[-i_{d2}^2\sin(4\theta_{r1} - 2\theta_{r2}) + 2i_{d2}i_{q2}\cos(4\theta_{r1} - 2\theta_{r2}) + i_{q2}^2\sin(4\theta_{r1} - 2\theta_{r2})] \\ +2\sqrt{3}\psi_{f12}[-i_{d2}\sin(2\theta_{r1} - \theta_{r2}) + i_{q2}\cos(2\theta_{r1} - \theta_{r2})] \end{cases}$$

$$\tag{12-29}$$

$$T'_{e1} = T_{e1} - T_{e1s} \tag{12-30}$$

由式 (12-30) 可以看出，在六相 PMSM 的转矩控制环节引入补偿量 $-T_{e1s}$，六相 PMSM 最终的电磁转矩中将不再含有空间 2 次谐波的耦合量。此时，若三相 PMSM 的运行状态发生改变，六相 PMSM 将不再受到影响。

同理，对于三相 PMSM 的 2 次谐波转矩脉动，令

$$T'_{e2} = p_2(6L_{n1t}i_{d2}i_{q2} + \sqrt{3}\psi_{f21}i_{q2}) \tag{12-31}$$

$$T_{e2s} = p_2 \begin{cases} 6L_{n2t}(-i_{d2}^2\sin 6\theta_{r2} - 2i_{d2}i_{q2}\cos 6\theta_{r2} + i_{q2}^2\sin 6\theta_{r2}) \\ +2\sqrt{3}\psi_{f22}(-i_{d2}\sin 3\theta_{r2} - i_{q2}\cos 3\theta_{r2}) \end{cases} \tag{12-32}$$

则

$$T'_{e2} = T_{e2} - T_{e2s} \tag{12-33}$$

在三相 PMSM 的转矩控制环节引入补偿量 $-T_{e2s}$，三相 PMSM 最终的电磁转矩中将不再含有 2 次谐波转矩。

根据以上分析，设计基于谐波效应补偿控制策略的串联系统解耦控制原理如图 12-6 所示。图中，$\boldsymbol{T}_{12}^{-1}$ 是变换矩阵 $\boldsymbol{T}$ 第一、二行(对应六相 PMSM)的逆，

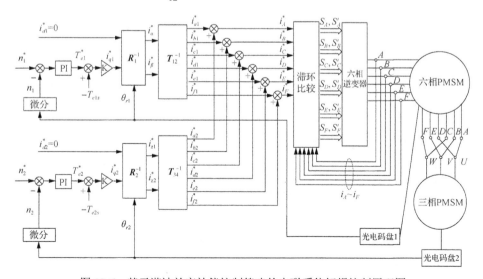

图 12-6　基于谐波效应补偿控制策略的串联系统解耦控制原理图

等于 T_{12} 的转置，即 $T_{12}^{-1} = T_{12}^{T}$；T_{34}^{-1} 是变换矩阵 T 第三、四行（对应三相 PMSM）的逆，$T_{34}^{-1} = T_{34}^{T}$。

12.4　补偿控制策略的仿真研究

12.4.1　稳态仿真研究

给定六相电机转速 500r/min、转矩 2.7N·m，三相电机转速 200r/min、转矩 2N·m，对串联系统的稳态工作特性进行仿真，仿真结果如图 12-7 所示。

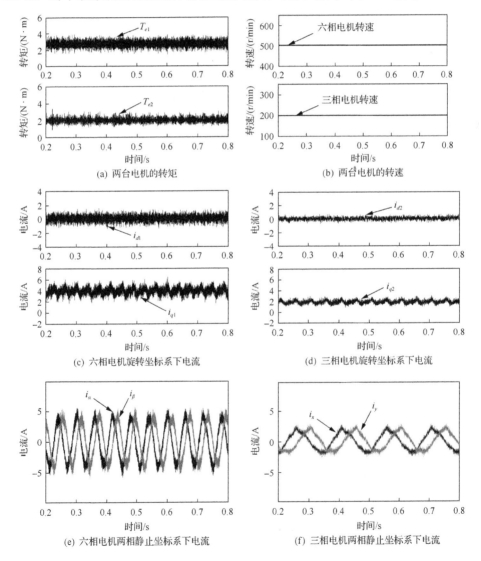

(a) 两台电机的转矩　　　　　　　　(b) 两台电机的转速

(c) 六相电机旋转坐标系下电流　　　　(d) 三相电机旋转坐标系下电流

(e) 六相电机两相静止坐标系下电流　　(f) 三相电机两相静止坐标系下电流

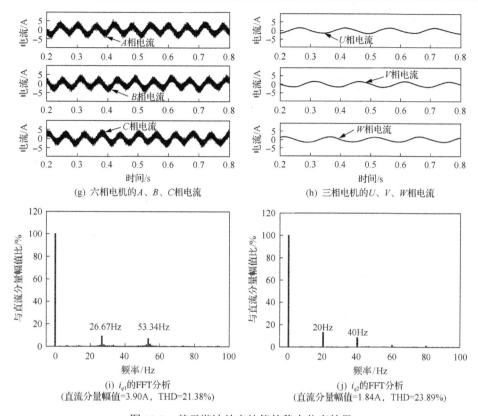

(g) 六相电机的 A、B、C 相电流　　　(h) 三相电机的 U、V、W 相电流

(i) i_{q1} 的 FFT 分析
(直流分量幅值=3.90A，THD=21.38%)

(j) i_{q2} 的 FFT 分析
(直流分量幅值=1.84A，THD=23.89%)

图 12-7　基于谐波效应补偿的稳态仿真结果

对仿真结果进行分析如下：

(1) 由图 12-7(a) 和 (b) 可见，稳态情况下，两台电机的转矩、转速都能够跟踪给定值，两台电机转矩上空间 2 次谐波所产生的转矩脉动不复存在。

(2) 由图 12-7(c) 和 (d) 可见，两台电机各自旋转坐标系下的电流分量 i_{q1}、i_{q2}，因引入了补偿量而含有交流成分。

(3) 由于 i_{q1}、i_{q2} 因引入了补偿量而含有交流成分，对应图 12-7(e)～(f) 中的电流波形也明显含有谐波成分。

(4) 由图 12-7(i) 和 (j) 可见，FFT 分析显示 i_{q1} 上的交流分量频率为 26.67Hz、53.34Hz，对应 $2f_1 - f_2$、$4f_1 - 2f_2$。i_{q1} 上的交流分量频率为 20Hz、40Hz，对应 $3f_1$、$6f_1$。与式 (12-24)、式 (12-25) 及其分析结果相符。

12.4.2　动态仿真研究

1. 六相 PMSM 转速突变仿真

在串联系统稳态运行的基础上，在 0.4s 时将六相 PMSM 的转速由 500r/min

突变为 600r/min，稳定后，在 0.6s 时将六相 PMSM 的转速由 600r/min 突变为 500r/min，仿真结果如图 12-8 所示。

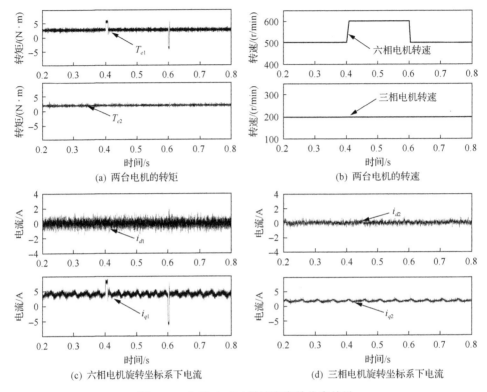

图 12-8　六相 PMSM 转速突变的仿真结果

对仿真结果进行分析如下：

(1) 由图 12-8(a) 和(b) 可知，在六相 PMSM 给定转速发生突变的时刻，T_{e1} 发生瞬时跳变，这使得六相 PMSM 的转速能够迅速跟踪给定转速。此过程中，三相 PMSM 的转速和转矩均未受到影响。

(2) 由图 12-8(c) 和(d) 可知，六相 PMSM 给定转速发生突变时，i_{q1} 迅速响应，而三相 PMSM 在其旋转坐标系下的电流未受到影响。

2. 六相 PMSM 负载转矩突变仿真

在串联系统稳态运行的基础上，在 0.4s 时将六相 PMSM 的负载转矩由 2.7N·m 突变为 0N·m，稳定后，在 0.6s 时将六相 PMSM 的负载转矩由 0N·m 突变为 2.7N·m，仿真结果如图 12-9 所示。

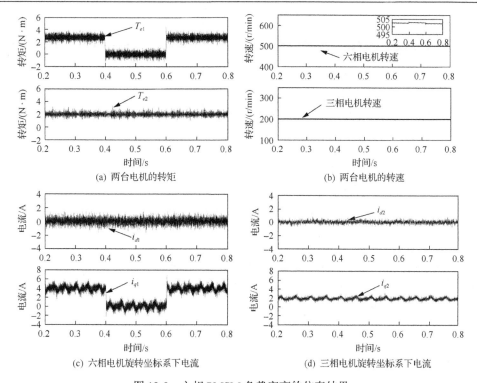

(a) 两台电机的转矩　　　　　　　　　(b) 两台电机的转速

(c) 六相电机旋转坐标系下电流　　　　(d) 三相电机旋转坐标系下电流

图 12-9　六相 PMSM 负载突变的仿真结果

由图 12-9(a) 和 (b) 可知，当六相 PMSM 的负载转矩发生突变后，六相 PMSM 的转矩能够迅速跟踪给定值，此过程中，三相 PMSM 的运行状态未受任何影响。

3. 三相 PMSM 转速突变仿真

在串联系统稳态运行的基础上，在 0.4s 时将三相 PMSM 的转速由 200r/min 突变为 300r/min，稳定后，在 0.6s 时将三相 PMSM 的转速由 300r/min 突变为 200r/min，仿真结果如图 12-10 所示。

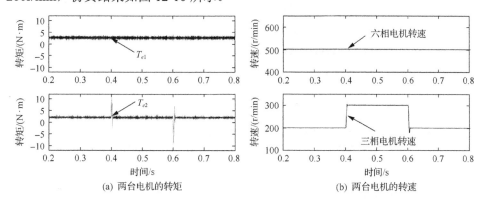

(a) 两台电机的转矩　　　　　　　　　(b) 两台电机的转速

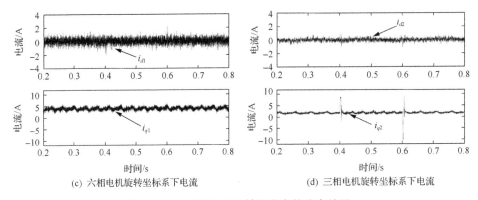

(c) 六相电机旋转坐标系下电流　　　　　(d) 三相电机旋转坐标系下电流

图 12-10　三相 PMSM 转速突变的仿真结果

对仿真结果进行分析如下:

(1)由图 12-10(a)和(b)可知,在三相 PMSM 给定转速发生突变的时刻,T_{e1} 发生瞬时跳变,这使得三相 PMSM 的转速能够迅速跟踪给定转速。此过程中,六相 PMSM 的转速和转矩均未受到影响。

(2)由图 12-10(c)和(d)可知,三相 PMSM 给定转速发生突变时,i_{q2} 迅速响应,而六相 PMSM 在其旋转坐标系下的电流未受到影响。

4. 三相 PMSM 负载转矩突变仿真

在串联系统稳态运行的基础上,在 0.4s 时将三相 PMSM 的负载转矩由 2N·m 突变为 0N·m,稳定后,在 0.6s 时将三相 PMSM 的负载转矩由 0N·m 突变为 2N·m,仿真结果如图 12-11 所示。

对仿真结果进行分析如下:

(1)由图 12-11(a)和(b)可知,三相 PMSM 在负载转矩发生突变后,T_{e2} 能够迅速跟踪给定值,此过程中,六相 PMSM 的运行状态完全不受影响。

(2)由式(12-24)和式(12-25)可知,当 $i_{d2} = i_{q2} = 0$ 时,两台电机转矩上不再含有空间 2 次谐波所产生的脉动转矩。此时,i_{q1} 和 i_{q2} 上无须进行谐波转矩补偿。由

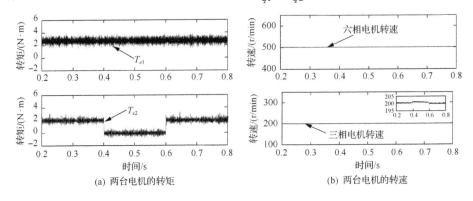

(a) 两台电机的转矩　　　　　　　　　(b) 两台电机的转速

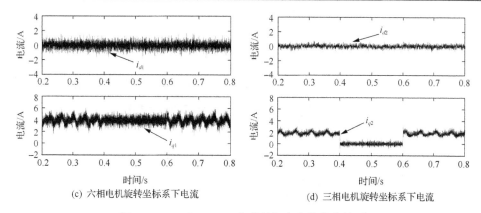

(c) 六相电机旋转坐标系下电流　　　　　(d) 三相电机旋转坐标系下电流

图 12-11　三相 PMSM 负载转矩突变的仿真结果

图 12-11(c) 和 (d) 可见，$0.4 \sim 0.6s$ 时间段内，由于三相 PMSM 的负载为 0，i_{q1} 和 i_{q2} 上不再含有与转矩补偿相关的低频成分。

　　由上述仿真结果可知，所提基于谐波效应补偿的串联系统解耦控制策略消除了两台电机转矩上的 2 次谐波转矩，最终实现了两台电机的解耦运行。

参 考 文 献

[1] 闫红广. 考虑空间谐波效应的对称六相与三相 PMSM 串联系统解耦控制[博士学位论文]. 烟台: 海军航空大学, 2018.

[2] 韩浩鹏. 对称六相和三相永磁同步电机双电机串联系统研究[硕士学位论文]. 烟台: 海军航空工程学院, 2013.

[3] 刘陵顺, 闫红广, 韩浩鹏, 等. 空间谐波对对称六相与三相 PMSM 串联系统的影响. 西南交通大学学报, 2017, 52(2): 348-354.

第13章 基于反电势 3 次谐波及零序电流抑制的串联系统解耦控制

第 10 章基于电流滞环 PWM 的矢量控制策略实现了对串联系统的解耦控制，验证了所提串联系统解耦控制的可行性和数学模型的正确性。但是，在试验过程中电机出现明显的振动噪声和发热现象，结合试验波形可知，基于电流滞环 PWM 的控制策略具有控制迟滞、谐波含量大及损耗大的缺点。此外，通过 FFT 分析发现，图 10-5(g) 六相 PMSM 相电流波形中含有 50Hz(基波 3 倍频) 的谐波成分，且实测发现样机的反电势含有明显的 3 次谐波。因此，本章针对六相电机反电势含有 3 次谐波的情况，建立相应的数学模型[1]，提出一种考虑零序电流抑制的串联系统解耦控制策略，最后通过仿真和试验对所提控制策略进行验证。

13.1 考虑反电势 3 次谐波的串联系统数学模型

实测六相电机绕组正弦化程度较高，绕组谐波含量较低，谐波所产生的谐波转矩淹没在转矩噪声中。因此，建模中忽略电感矩阵中的 3 次谐波电感项，仅考虑反电势 3 次谐波的存在对串联系统解耦性的影响。

串联系统仅考虑六相电机永磁体气隙磁密 3 次谐波时，六相电机电感矩阵为

$$L_1 = L_{s\sigma 1}E_6 + L_m = L_{s\sigma 1}E_6 + L_{m1}H_{m1} + L_{m1t}H_{m1t} \tag{13-1}$$

六相 PMSM 转子永磁体交链到定子绕组上的磁链为

$$\Psi_{r1} = \Psi_{r11} + \Psi_{r13} = \psi_{f11}F_{11} + \psi_{f13}F_{13} = \psi_{f11}\begin{bmatrix} \cos\theta_{r1} \\ \cos(\theta_{r1} - \alpha_1) \\ \cos(\theta_{r1} - 2\alpha_1) \\ \cos(\theta_{r1} - 3\alpha_1) \\ \cos(\theta_{r1} - 4\alpha_1) \\ \cos(\theta_{r1} - 5\alpha_1) \end{bmatrix} + \psi_{f13}\begin{bmatrix} \cos(3\theta_{r1}) \\ \cos 3(\theta_{r1} - \alpha_1) \\ \cos 3(\theta_{r1} - 2\alpha_1) \\ \cos 3(\theta_{r1} - 3\alpha_1) \\ \cos 3(\theta_{r1} - 4\alpha_1) \\ \cos 3(\theta_{r1} - 5\alpha_1) \end{bmatrix} \tag{13-2}$$

三相电机电感矩阵为

$$L_2 = L_{s\sigma 2}E_3 + L_n = L_{s\sigma 2}E_3 + L_{n1}H_{n1} + L_{n1t}H_{n1t} \tag{13-3}$$

三相 PMSM 转子永磁体交链到定子绕组上的磁链为

$$\boldsymbol{\Psi}_{r2} = \boldsymbol{\Psi}_{r21} = \psi_{f21} \boldsymbol{F}_{21} = \psi_{f21} \begin{bmatrix} \cos\theta_{r2} \\ \cos(\theta_{r2} - \alpha_2) \\ \cos(\theta_{r2} - 2\alpha_2) \end{bmatrix} \tag{13-4}$$

13.1.1　自然坐标系下的数学模型

1. 磁链方程

六相电机的磁链方程为

$$\boldsymbol{\Psi}_1 = \boldsymbol{L}_1 \boldsymbol{I}_s + \boldsymbol{\Psi}_{r1} \tag{13-5}$$

扩展后的三相电机磁链方程为

$$\boldsymbol{\Psi}_2' = \boldsymbol{L}_2' \boldsymbol{I}_s + \boldsymbol{\Psi}_{r2}' \tag{13-6}$$

2. 电压方程

由于六相电机定子电压方程为

$$\boldsymbol{U}_{s1} = \boldsymbol{R}_{s1} \boldsymbol{I}_s + \frac{\mathrm{d}}{\mathrm{d}t} \boldsymbol{\Psi}_1 \tag{13-7}$$

扩展后的三相电机定子电压方程为

$$\boldsymbol{U}_{s2}' = \boldsymbol{R}_{s2}' \boldsymbol{I}_s + \frac{\mathrm{d}}{\mathrm{d}t} \boldsymbol{\Psi}_2' \tag{13-8}$$

自然坐标系下的逆变器输出电压方程应满足：

$$\begin{aligned} \boldsymbol{U}_s &= \boldsymbol{U}_{s1} + \boldsymbol{U}_{s2}' = \boldsymbol{R}_{s1}\boldsymbol{I}_s + \frac{\mathrm{d}}{\mathrm{d}t}(\boldsymbol{L}_1\boldsymbol{I}_s + \boldsymbol{\Psi}_{r1}) + \boldsymbol{R}_{s2}'\boldsymbol{I}_s + \frac{\mathrm{d}}{\mathrm{d}t}(\boldsymbol{L}_2'\boldsymbol{I}_s + \boldsymbol{\Psi}_{r2}') \\ &= r_{s1}\boldsymbol{E}_6\boldsymbol{I}_s + \frac{\mathrm{d}}{\mathrm{d}t}[(L_{s\sigma1}\boldsymbol{E}_6 + L_{m1}\boldsymbol{H}_{m1} + L_{m1t}\boldsymbol{H}_{m1t})\boldsymbol{I}_s] + \psi_{f11}\frac{\mathrm{d}}{\mathrm{d}t}\boldsymbol{F}_{11} + \psi_{f13}\frac{\mathrm{d}}{\mathrm{d}t}\boldsymbol{F}_{13} \\ &\quad + r_{s2}\boldsymbol{E}_0\boldsymbol{I}_s + \frac{\mathrm{d}}{\mathrm{d}t}[(L_{s\sigma2}\boldsymbol{E}_0 + L_{n1}\boldsymbol{H}_{n1} + L_{n1t}\boldsymbol{H}_{n1t})\boldsymbol{I}_s] + \psi_{f21}\frac{\mathrm{d}}{\mathrm{d}t}\boldsymbol{F}_{21}' \end{aligned}$$

$$\tag{13-9}$$

13.1.2　两相静止坐标系下的数学模型

1. 磁链方程

对式(13-5)和式(13-6)进行坐标变换，得到两台电机在各自两相静止坐标系下的磁链方程为

$$
\begin{aligned}
\begin{bmatrix} \Psi_{1s\alpha} & \Psi_{1s\beta} & \Psi_{1sz1} & \Psi_{1sz2} & \Psi_{1o1} & \Psi_{1o2} \end{bmatrix}^{\mathrm{T}} &= \boldsymbol{T}(\boldsymbol{L}_1 \boldsymbol{I}_s + \psi_{f11}\boldsymbol{F}_{11} + \psi_{f13}\boldsymbol{F}_{13}) \\
&= \boldsymbol{T}\boldsymbol{L}_1\boldsymbol{T}^{-1}\boldsymbol{I}_{\alpha\beta} + \psi_{f11}\boldsymbol{T}\boldsymbol{F}_{11} + \psi_{f13}\boldsymbol{T}\boldsymbol{F}_{13}
\end{aligned} \tag{13-10}
$$

$$
\begin{aligned}
\begin{bmatrix} \Psi_{2s\alpha} & \Psi_{2s\beta} & \Psi_{2sz1} & \Psi_{2sz2} & \Psi_{2o1} & \Psi_{2o2} \end{bmatrix}^{\mathrm{T}} &= \boldsymbol{T}(\boldsymbol{L}_1 \boldsymbol{I}_s + \psi_{f11}\boldsymbol{F}_{11} + \psi_{f13}\boldsymbol{F}_{13} + \boldsymbol{L}_2'\boldsymbol{I}_s + \psi_{f21}\boldsymbol{F}_{21}') \\
&= \boldsymbol{T}\boldsymbol{L}_1\boldsymbol{T}^{-1}\boldsymbol{I}_{\alpha\beta} + \psi_{f11}\boldsymbol{T}\boldsymbol{F}_{11} + \psi_{f13}\boldsymbol{T}\boldsymbol{F}_{13} + \boldsymbol{T}\boldsymbol{L}_2'\boldsymbol{T}^{-1}\boldsymbol{I}_{\alpha\beta} \\
&\quad + \psi_{f21}\boldsymbol{T}\boldsymbol{F}_{21}'
\end{aligned}
$$

$$\tag{13-11}$$

由式(13-10)和式(13-11)可知，在与六相电机相对应的$\alpha\beta$子空间内，有

$$
\begin{aligned}
\begin{bmatrix} \Psi_{s\alpha} \\ \Psi_{s\beta} \end{bmatrix} &= \begin{bmatrix} L_{s\sigma1} + 3L_{m1} + 3L_{m1t}\cos(2\theta_{r1}) & 3L_{m1t}\sin(2\theta_{r1}) \\ 3L_{m1t}\sin(2\theta_{r1}) & L_{s\sigma1} + 3L_{m1} - 3L_{m1t}\cos(2\theta_{r1}) \end{bmatrix} \begin{bmatrix} i_\alpha \\ i_\beta \end{bmatrix} \\
&\quad + \sqrt{3}\psi_{f11} \begin{bmatrix} \cos\theta_{r1} \\ \sin\theta_{r1} \end{bmatrix}
\end{aligned}
$$

$$\tag{13-12}$$

在与三相电机相对应的$z_1 z_2$子空间内，有

$$
\begin{aligned}
\begin{bmatrix} \Psi_{sz1} \\ \Psi_{sz2} \end{bmatrix} &= \begin{bmatrix} L_{s\sigma1} + 2L_{s\sigma2} + 3L_{n1} + 3L_{n1t}\cos(2\theta_{r2}) & 3L_{n1t}\sin(2\theta_{r2}) \\ 3L_{n1t}\sin(2\theta_{r2}) & L_{s\sigma1} + 2L_{s\sigma2} + 3L_{n1} - 3L_{n1t}\cos(2\theta_{r2}) \end{bmatrix} \\
&\quad \cdot \begin{bmatrix} i_{z1} \\ i_{z2} \end{bmatrix} + \sqrt{3}\psi_{f21} \begin{bmatrix} \cos\theta_{r2} \\ \sin\theta_{r2} \end{bmatrix}
\end{aligned}
$$

$$\tag{13-13}$$

$$
\begin{bmatrix} \Psi_{so1} \\ \Psi_{so2} \end{bmatrix} = \begin{bmatrix} L_{s\sigma1} + 2L_{s\sigma2} & \\ & L_{s\sigma1} \end{bmatrix} \begin{bmatrix} i_{o1} \\ i_{o2} \end{bmatrix} + \sqrt{6}\psi_{f13} \begin{bmatrix} 0 \\ \cos(3\theta_{r1}) \end{bmatrix} \tag{13-14}
$$

由式(13-14)可见，当串联系统的六相电机反电势含有 3 次谐波时，该谐波项被变换到零序子空间，不参与任意一台电机的机电能量转换。

2. 转矩方程

由于六相 PMSM 反电势 3 次谐波项被变换到零序子空间，而零序子空间不参与电机的机电能量转换，因此六相 PMSM 转矩求取过程中不包含三次谐波项。对变换后的六相 PMSM 磁共能求偏导，得到

$$
\begin{aligned}
T_{e1} &= p_1\left(\frac{1}{2}L_{m1t}\boldsymbol{I}_s^{\mathrm{T}}\frac{\partial \boldsymbol{H}_{m1t}}{\partial \theta_{r1}}\boldsymbol{I}_s + \psi_{f11}\boldsymbol{I}_s^{\mathrm{T}}\frac{\partial \boldsymbol{F}_{11}}{\partial \theta_{r1}}\right)\\
&= p_1\left(\frac{1}{2}L_{m1t}\boldsymbol{I}_{\alpha\beta}^{\mathrm{T}}\boldsymbol{T}\frac{\partial \boldsymbol{H}_{m1t}}{\partial \theta_{r1}}\boldsymbol{T}^{-1}\boldsymbol{I}_{\alpha\beta} + \psi_{f11}\boldsymbol{I}_{\alpha\beta}^{\mathrm{T}}\boldsymbol{T}\frac{\partial \boldsymbol{F}_{11}}{\partial \theta_{r1}}\right)\\
&= p_1\{3L_{m1t}[-i_\alpha^2\sin(2\theta_{r1}) + 2i_\alpha i_\beta\cos(2\theta_{r1}) + i_\beta^2\sin(2\theta_{r1})] + \sqrt{3}\psi_{f11}(-i_\alpha\sin\theta_{r1} + i_\beta\cos\theta_{r1})\}
\end{aligned}
$$

$$(13\text{-}15)$$

$$
\begin{aligned}
T_{e2} &= p_2\left(\frac{1}{2}L_{n1t}\boldsymbol{I}_s^{\mathrm{T}}\frac{\partial \boldsymbol{H}_{n1t}'}{\partial \theta_{r2}}\boldsymbol{I}_s + \psi_{f21}\boldsymbol{I}_s^{\mathrm{T}}\frac{\partial \boldsymbol{F}_{21}'}{\partial \theta_{r2}}\right)\\
&= p_2\left(\frac{1}{2}L_{n1t}\boldsymbol{I}_{\alpha\beta}^{\mathrm{T}}\boldsymbol{T}\frac{\partial \boldsymbol{H}_{n1t}'}{\partial \theta_{r2}}\boldsymbol{T}^{-1}\boldsymbol{I}_{\alpha\beta} + \psi_{f21}\boldsymbol{I}_{\alpha\beta}^{\mathrm{T}}\boldsymbol{T}\frac{\partial \boldsymbol{F}_{21}'}{\partial \theta_{r2}}\right)\\
&= p_2\{3L_{n1t}[-i_{z1}^2\sin(2\theta_{r2}) + 2i_{z1}i_{z2}\cos(2\theta_{r2}) + i_{z2}^2\sin(2\theta_{r2})]\\
&\quad + \sqrt{3}\psi_{f21}(-i_{z1}\sin\theta_{r2} + i_{z2}\cos\theta_{r2})\}
\end{aligned}
$$

$$(13\text{-}16)$$

3. 电压方程

将串联系统在自然坐标系下的电压方程变换到两相静止坐标系下，整理得到

$$
\begin{bmatrix}u_\alpha\\u_\beta\end{bmatrix} = r_{s1}\begin{bmatrix}i_\alpha\\i_\beta\end{bmatrix} + \left((L_{s\sigma1}+3L_{m1})\begin{bmatrix}1&\\&1\end{bmatrix} + 3L_{m1t}\begin{bmatrix}\cos(2\theta_{r1})&\sin(2\theta_{r1})\\\sin(2\theta_{r1})&-\cos(2\theta_{r1})\end{bmatrix}\right)\frac{\mathrm{d}}{\mathrm{d}t}\begin{bmatrix}i_\alpha\\i_\beta\end{bmatrix}\\
+ 6\omega_{r1}L_{m1t}\begin{bmatrix}-\sin(2\theta_{r1})&\cos(2\theta_{r1})\\\cos(2\theta_{r1})&\sin(2\theta_{r1})\end{bmatrix}\begin{bmatrix}i_\alpha\\i_\beta\end{bmatrix} + \sqrt{3}\omega_{r1}\psi_{f11}\begin{bmatrix}-\sin\theta_{r1}\\\cos\theta_{r1}\end{bmatrix}
$$

$$(13\text{-}17)$$

$$
\begin{bmatrix}u_{z1}\\u_{z2}\end{bmatrix} = (r_{s1}+2r_{s2})\begin{bmatrix}i_{z1}\\i_{z2}\end{bmatrix} + \left((2r_{s2}+3L_{n1})\begin{bmatrix}1&\\&1\end{bmatrix} + 3L_{n1t}\begin{bmatrix}\cos(2\theta_{r2})&\sin(2\theta_{r2})\\\sin(2\theta_{r2})&-\cos(2\theta_{r2})\end{bmatrix}\right)\frac{\mathrm{d}}{\mathrm{d}t}\begin{bmatrix}i_{z1}\\i_{z2}\end{bmatrix}\\
+ 6\omega_{r2}L_{n1t}\begin{bmatrix}-\sin(2\theta_{r2})&\cos(2\theta_{r2})\\\cos(2\theta_{r2})&\sin(2\theta_{r2})\end{bmatrix}\begin{bmatrix}i_{z1}\\i_{z2}\end{bmatrix} + \sqrt{3}\omega_{r2}\psi_{f21}\begin{bmatrix}-\sin\theta_{r2}\\\cos\theta_{r2}\end{bmatrix}
$$

$$(13\text{-}18)$$

零序平面电压方程为

$$\begin{bmatrix} u_{o1} \\ u_{o2} \end{bmatrix} = \begin{bmatrix} r_{s1} + 2r_{s2} & \\ & r_{s1} \end{bmatrix} \begin{bmatrix} i_{o1} \\ i_{o2} \end{bmatrix} + \begin{bmatrix} L_{s\sigma1} + 2L_{s\sigma2} & \\ & L_{s\sigma1} \end{bmatrix} \frac{d}{dt} \begin{bmatrix} i_{o1} \\ i_{o2} \end{bmatrix} + 3\sqrt{6}\omega_{r1}\psi_{f13} \begin{bmatrix} 0 \\ -\sin(3\theta_{r1}) \end{bmatrix}$$

(13-19)

由式(13-17)~式(13-19)可知，当六相电机永磁体气隙磁密含有 3 次谐波时，串联系统中的两台电机各自子空间的电压方程仅与本电机所在子空间的相关变量有关。3 次谐波被变换到零序子空间，使得电流 i_{o2} 中含有与六相电机转速有关的交流成分，且该交流量的频率是六相电机转速的 3 倍频，幅值由六相电机的转速和永磁体 3 次谐波磁链幅值共同决定。

13.1.3 旋转坐标系下的数学模型

1. 磁链方程

将式(13-12)变换到 d_1q_1 坐标系下得到

$$\begin{bmatrix} \Psi_{d1} \\ \Psi_{q1} \end{bmatrix} = \begin{bmatrix} L_{s\sigma1} + 3L_{m1} + 3L_{m1t} & \\ & L_{s\sigma1} + 3L_{m1} - 3L_{m1t} \end{bmatrix} \begin{bmatrix} i_{d1} \\ i_{q1} \end{bmatrix} + \sqrt{3}\psi_{f11} \begin{bmatrix} 0 \\ 1 \end{bmatrix} \quad (13\text{-}20)$$

令 $L_{d1} = L_{s\sigma1} + 3L_{m1} + 3L_{m1t}$，$L_{q1} = L_{s\sigma1} + 3L_{m1} - 3L_{m1t}$，则式(13-20)可以记为

$$\begin{cases} \Psi_{d1} = L_{d1}i_{d1} \\ \Psi_{q1} = L_{q1}i_{q1} + \sqrt{3}\psi_{f11} \end{cases} \quad (13\text{-}21)$$

将式(13-13)变换到 d_2q_2 坐标系下得到

$$\begin{bmatrix} \Psi_{d2} \\ \Psi_{q2} \end{bmatrix} = \begin{bmatrix} L_{s\sigma1} + 2L_{s\sigma2} + 3L_{n1} + 3L_{n1t} & \\ & L_{s\sigma1} + 2L_{s\sigma2} + 3L_{n1} - 3L_{n1t} \end{bmatrix} \begin{bmatrix} i_{d2} \\ i_{q2} \end{bmatrix} + \sqrt{3}\psi_{f21} \begin{bmatrix} 0 \\ 1 \end{bmatrix}$$

(13-22)

令 $L_{d2} = L_{s\sigma1} + 2L_{s\sigma2} + 3L_{n1} + 3L_{n1t}$，$L_{q2} = L_{s\sigma1} + 2L_{s\sigma2} + 3L_{n1} - 3L_{n1t}$，则有

$$\begin{cases} \Psi_{d2} = L_{d2}i_{d2} \\ \Psi_{q2} = L_{q2}i_{q2} + \sqrt{3}\psi_{f21} \end{cases} \quad (13\text{-}23)$$

由式(13-21)和式(13-23)可见，串联系统的数学模型经过变换矩阵作用后，d_1q_1 子空间的磁链分量仅与六相电机的相关参数和 i_{d1}、i_{q1} 有关，d_2q_2 子空间的磁链分量仅与三相电机的相关参数和 i_{d2}、i_{q2} 有关,两台电机的磁链不存在耦合关系。

2. 转矩方程

串联系统在旋转坐标系下，六相 PMSM 和三相 PMSM 的转矩表达式分别为

$$T_{e1} = p_1[(L_{d1} - L_{q1})i_{d1}i_{q1} + \sqrt{3}\psi_{f11}i_{q1}] = p_1(6L_{m1t}i_{d1}i_{q1} + \sqrt{3}\psi_{f11}i_{q1}) \tag{13-24}$$

$$T_{e2} = p_2[(L_{d2} - L_{q2})i_{d2}i_{q2} + \sqrt{3}\psi_{f21}i_{q2}] = p_2(6L_{n1t}i_{d2}i_{q2} + \sqrt{3}\psi_{f21}i_{q2}) \tag{13-25}$$

由式(13-24)和式(13-25)可知，两台电机的转矩仅与其各自参数和旋转坐标系下的控制电流有关。两台电机的转矩可以独立控制，互不影响。当采用 $i_d = 0$ 的控制策略时，电机的转矩仅由其同步旋转坐标系下的交轴电流决定。

3. 电压方程

将式(13-17)变换到六相电机旋转坐标系下，得到

$$\begin{bmatrix} u_{d1} \\ u_{q1} \end{bmatrix} = \left(r_{s1}\begin{bmatrix} 1 & \\ & 1 \end{bmatrix} + \omega_{r1}L_{s\sigma1}\begin{bmatrix} & -1 \\ 1 & \end{bmatrix} + 3\omega_{r1}L_{m1}\begin{bmatrix} & -1 \\ 1 & \end{bmatrix} + 3\omega_{r1}L_{m1t}\begin{bmatrix} & 1 \\ 1 & \end{bmatrix} \right)\begin{bmatrix} i_{d1} \\ i_{q1} \end{bmatrix}$$
$$+ \left(L_{s\sigma1}\begin{bmatrix} 1 & \\ & 1 \end{bmatrix} + 3L_{m1}\begin{bmatrix} 1 & \\ & 1 \end{bmatrix} + 3L_{m1t}\begin{bmatrix} 1 & \\ & -1 \end{bmatrix} \right)\frac{\mathrm{d}}{\mathrm{d}t}\begin{bmatrix} i_{d1} \\ i_{q1} \end{bmatrix} + \sqrt{3}\omega_{r1}\psi_{f11}\begin{bmatrix} 0 \\ 1 \end{bmatrix} \tag{13-26}$$

将式(13-18)变换到三相电机旋转坐标系下，得到

$$\begin{bmatrix} u_{d2} \\ u_{q2} \end{bmatrix} = \left((r_{s1} + 2r_{s2})\begin{bmatrix} 1 & \\ & 1 \end{bmatrix} + \omega_{r2}(L_{s\sigma1} + 2L_{s\sigma2})\begin{bmatrix} & -1 \\ 1 & \end{bmatrix} \right.$$
$$\left. + 3\omega_{r2}L_{n1t}\begin{bmatrix} & 1 \\ 1 & \end{bmatrix} + 3\omega_{r2}L_{n1}\begin{bmatrix} & -1 \\ 1 & \end{bmatrix} \right)\begin{bmatrix} i_{d2} \\ i_{q2} \end{bmatrix}$$
$$+ \left((L_{s\sigma1} + 2L_{s\sigma2} + 3L_{n1})\begin{bmatrix} 1 & \\ & 1 \end{bmatrix} + 3L_{n1t}\begin{bmatrix} 1 & \\ & -1 \end{bmatrix} \right)\frac{\mathrm{d}}{\mathrm{d}t}\begin{bmatrix} i_{d2} \\ i_{q2} \end{bmatrix} + \sqrt{3}\omega_{r2}\psi_{f21}\begin{bmatrix} 0 \\ 1 \end{bmatrix} \tag{13-27}$$

13.2　串联系统零序电流未抑制的仿真研究

首先，不对零序电流进行任何控制，通过仿真研究串联系统在六相电机反电势含有 3 次谐波时，该 3 次谐波的分布规律及其对串联系统解耦性的影响。

13.2.1　稳态仿真研究

　　给定六相电机转速 500r/min、转矩 2.7N·m，三相电机转速 200r/min、转矩 2N·m，对串联系统的稳态工作特性进行仿真，结果如图 13-1 所示。

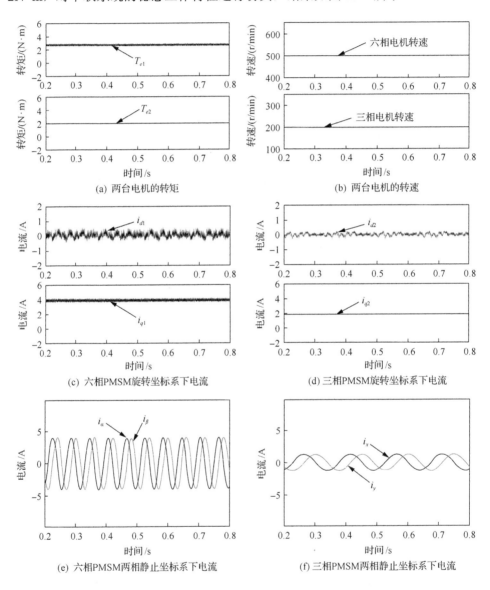

(a) 两台电机的转矩　　　　　　　　　(b) 两台电机的转速

(c) 六相PMSM旋转坐标系下电流　　　(d) 三相PMSM旋转坐标系下电流

(e) 六相PMSM两相静止坐标系下电流　(f) 三相PMSM两相静止坐标系下电流

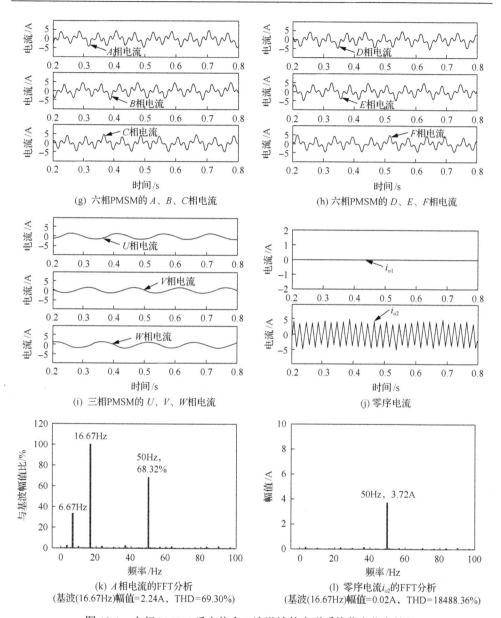

图 13-1　六相 PMSM 反电势含 3 次谐波的串联系统稳态仿真结果

对仿真结果进行分析如下：

(1)由图 13-1(a)和(b)可知，当六相 PMSM 反电势含有 3 次谐波时，稳态情况下，串联系统中两台电机的转速、转矩都能够平稳地跟踪给定值。

(2)由图 13-1(g)、(h)和(k)可知，六相 PMSM 相电流中含有 3 次谐波成分，使得相电流呈三角波形式，正弦度低。但是，由图 13-1(i)和(l)可见，三相电机的相电流未受影响，正弦度高。

(3) 由图 13-1(c) ~ (f) 可知，两台电机各自子空间内仅含有各自的基波电流成分，不含有六相 PMSM 反电势 3 次谐波分量。

(4) 由图 13-1(j) 可见，零序电流 i_{o2} 幅值较大；由图 13-1(l) 的 FFT 分析可知，$i_{o2} = 3.72\text{A}$；由图 13-1(k) 的 A 相电流 FFT 分析可知，其 3 次谐波幅值与基波幅值比达到 68.32%。

(5) 综合以上分析可知，六相 PMSM 反电势 3 次谐波被变换到零序平面。

13.2.2　动态仿真研究

为研究串联系统在六相电机反电势含有 3 次谐波时串联系统的解耦性，不对六相电机反电势 3 次谐波作处理，直接进行串联系统的动态情况仿真。

1. 六相 PMSM 转速突变仿真

在串联系统稳态运行的基础上，在 0.4s 时将六相 PMSM 的转速由 500r/min 突变为 600r/min，稳定后，在 0.6s 时将六相 PMSM 的转速由 600r/min 突变为 500r/min，仿真结果如图 13-2 所示。

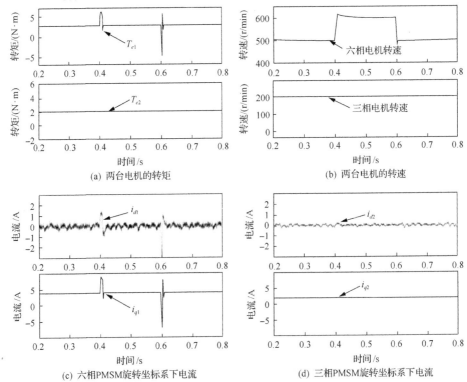

(a) 两台电机的转矩　　　　　　　　(b) 两台电机的转速

(c) 六相PMSM旋转坐标系下电流　　　(d) 三相PMSM旋转坐标系下电流

图 13-2　串联系统六相 PMSM 转速突变的仿真结果

对仿真结果进行分析如下：

(1) 由图 13-2 (a) 和 (b) 可知，在六相 PMSM 给定转速发生突变的时刻，T_{e1} 发生瞬时跳变，这使得六相 PMSM 的转速能够迅速跟踪给定转速。此过程中，三相 PMSM 的转速和转矩均未受到影响。

(2) 由图 13-2 (c) 和 (d) 可知，六相 PMSM 给定转速发生突变时，i_{q1} 迅速响应，而三相 PMSM 在其旋转坐标系下的电流未受到影响。

2. 六相 PMSM 负载转矩突变仿真

在串联系统稳态运行的基础上，在 0.4s 时将六相 PMSM 的负载转矩由 2.7N·m 突变为 0N·m，稳定后，在 0.6s 时将六相 PMSM 的负载转矩由 0N·m 突变为 2.7N·m，仿真结果如图 13-3 所示。

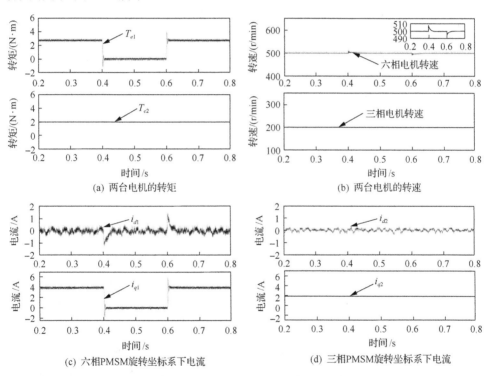

(a) 两台电机的转矩

(b) 两台电机的转速

(c) 六相PMSM旋转坐标系下电流

(d) 三相PMSM旋转坐标系下电流

图 13-3　串联系统六相 PMSM 负载转矩突变的仿真结果

对仿真结果进行分析如下：

(1) 由图 13-3 (a) 和 (b) 可见，六相 PMSM 的负载转矩发生突变时，六相 PMSM 的转矩能够迅速跟踪给定值。此过程中，三相 PMSM 的转速、转矩均未受到影响。注意到，在六相 PMSM 转矩发生突减、突增的时刻，六相 PMSM 的转速出现瞬时加、减速，而后迅速跟踪给定转速，与式 (13-15) 六相电机运动方程相符。

(2) 由图 13-3 (c) 和 (d) 可见，六相 PMSM 负载转矩突变时，i_{q1} 迅速响应，此过程中，三相 PMSM 旋转坐标系下的电流未受到影响。

3. 三相 PMSM 转速突变仿真

在串联系统稳态运行的基础上，在 0.4s 时将三相 PMSM 的转速由 200r/min 突变为 300r/min，稳定后，在 0.6s 时将三相 PMSM 的转速由 300r/min 突变为 200r/min，仿真结果如图 13-4 所示。

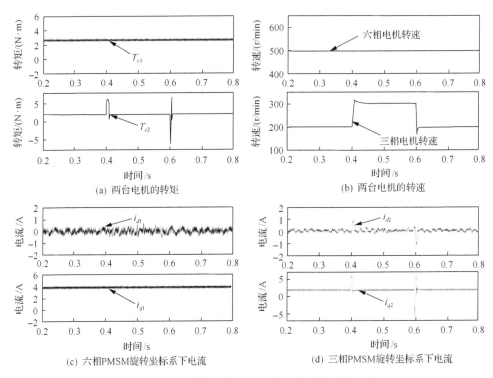

图 13-4   串联系统三相 PMSM 转速突变的仿真结果

对仿真结果进行分析如下：

(1) 由图 13-4 (a) 和 (b) 可知，在三相 PMSM 给定转速发生突变的时刻，T_{e2} 发生瞬时跳变，这使得三相 PMSM 的转速能够迅速跟踪给定转速。此过程中，六相 PMSM 的转速和转矩均未受到影响。

(2) 由图 13-4 (c) 和 (d) 可知，三相 PMSM 给定转速发生突变时，i_{q2} 迅速响应，而六相 PMSM 在其旋转坐标系下的电流未受到影响。

4. 三相 PMSM 负载转矩突变仿真

在串联系统稳态运行的基础上，在 0.4s 时将三相 PMSM 的负载转矩由 2N·m

突变为 0N·m，稳定后，0.6s 时将六相 PMSM 的负载转矩由 0N·m 突变为 2N·m，仿真结果如图 13-5 所示。

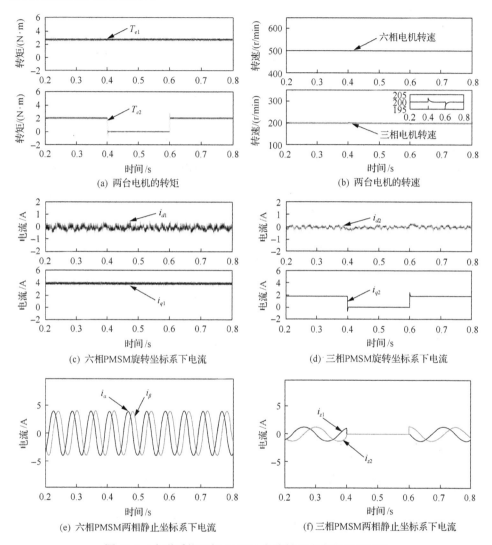

图 13-5　串联系统三相 PMSM 负载转矩突变的仿真结果

对仿真结果进行分析如下：

（1）由图 13-5(a) 和 (b) 可以看出，三相 PMSM 的负载转矩发生突变时，三相 PMSM 的转矩能够迅速跟踪给定值，而六相 PMSM 的转速和转矩没有受到影响。

（2）由图 13-5(d) 和 (f) 可见，在三相 PMSM 负载转矩变化过程中，三相 PMSM 相关的电流发生相应变化。注意到，由于仿真中设定电机的转动摩擦系数为零，三相 PMSM 在不带载时，相关电流幅值近似为零。

从上述仿真结果可以看出，当六相 PMSM 反电势含有 3 次谐波时，串联系统依然能够解耦运行。但是，逆变器相电流含有 3 次谐波，串联系统零序电流明显变大，频率为六相电机转速的 3 倍频，与式(13-19)相符。

13.3　考虑零序电流抑制的串联系统解耦控制策略

13.3.1　考虑零序电流抑制的串联系统解耦控制策略

根据 13.1 节的模型推导和 13.2 节的仿真研究可知，六相电机反电势 3 次谐波的存在使得零序电流变大，串联系统的损耗增加，从提高串联系统效率和节能的方面考虑，应当对零序电流进行抑制。设自然坐标系下的零序控制电压为

$$U_3^* = \begin{bmatrix} u_{a3}^* & u_{b3}^* & u_{c3}^* & u_{d3}^* & u_{e3}^* & u_{f3}^* \end{bmatrix}^T \tag{13-28}$$

设对应六相 PMSM 和三相 PMSM 的控制电压分量分别为

$$U_1^* = \begin{bmatrix} u_{a1}^* & u_{b1}^* & u_{c1}^* & u_{d1}^* & u_{e1}^* & u_{f1}^* \end{bmatrix}^T \tag{13-29}$$

$$U_2^* = \begin{bmatrix} u_{a2}^* & u_{b2}^* & u_{c2}^* & u_{d2}^* & u_{e2}^* & u_{f2}^* \end{bmatrix}^T \tag{13-30}$$

则调制波 U_s^* 为

$$U_s^* = U_1^* + U_2^* + U_3^* \tag{13-31}$$

图 13-6 为基于 $i_d = 0$ 载波调制和零序电流抑制的串联系统解耦控制原理图。

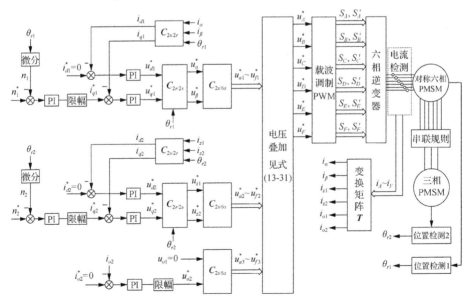

图 13-6　基于 $i_d = 0$ 载波调制和零序电流抑制的串联系统解耦控制原理图

为了抑制零序电流，向控制系统中加入零序电流的闭环控制环节，采用 PI 控制器使 i_{o2} 追踪给定电流零。同样将这部分控制电压分量进行变换并与两台电机对应的控制电压分量叠加，得到逆变器总电压的期望输出 $u_A^* \sim u_F^*$（调制波），最后基于载波调制规则得到六相逆变器各桥臂的开关信号（PWM 信号）。

13.3.2　控制策略的稳态仿真研究

给定六相电机转速 500r/min、转矩 2.7N·m，三相电机转速 200r/min、转矩 2N·m，对串联系统的稳态工作特性进行仿真，结果如图 13-7 所示。

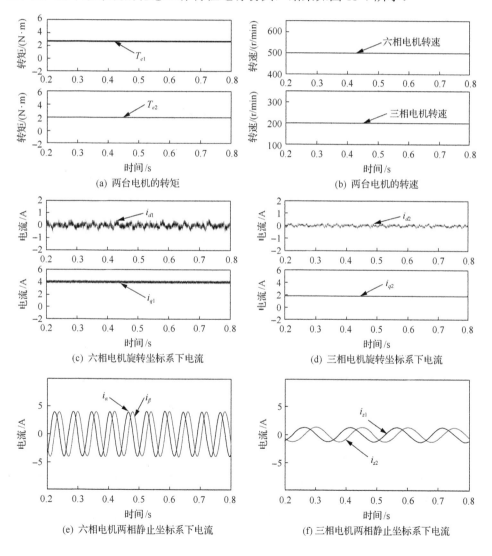

(a) 两台电机的转矩　　　　　　　　(b) 两台电机的转速

(c) 六相电机旋转坐标系下电流　　　(d) 三相电机旋转坐标系下电流

(e) 六相电机两相静止坐标系下电流　(f) 三相电机两相静止坐标系下电流

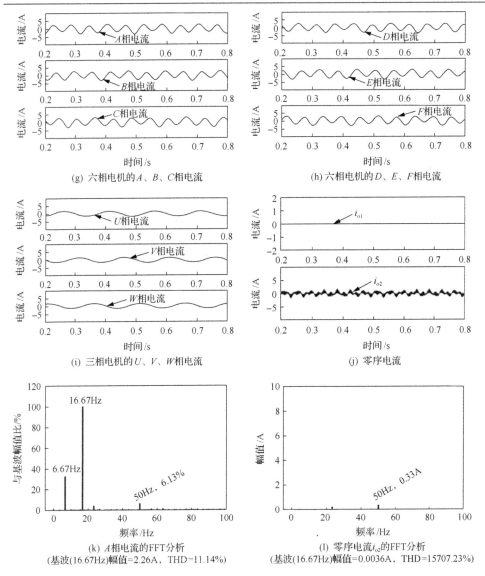

(g) 六相电机的 A、B、C 相电流　　　　　　(h) 六相电机的 D、E、F 相电流

(i) 三相电机的 U、V、W 相电流　　　　　　(j) 零序电流

(k) A 相电流的 FFT 分析　　　　　　　　　　(l) 零序电流 i_{o2} 的 FFT 分析
(基波(16.67Hz)幅值=2.26A，THD=11.14%)　　(基波(16.67Hz)幅值=0.0036A，THD=15707.23%)

图 13-7　含有零序电流抑制的串联系统稳态仿真结果

对仿真结果进行分析如下：

(1)由图 13-7(a)～(f)可以看出，所提考虑零序电流抑制的串联系统解耦控制策略能够实现串联系统的稳态运行，两台电机的转速和转矩都能够平稳地跟踪各自的给定值。

(2)由图 13-7(j)和(l)可见，所提控制策略使得 i_{o2} 幅值由 3.72A 降为 0.33A。图 13-7(k)中的 A 相电流 3 次谐波含量由 68.32% 降为 6.13%，直观上，相电流的波形正弦度得到明显提高。

带零序电流抑制的串联系统动态仿真结果，与零序电流未抑制的仿真结果相比，区别仅在于零序电流和逆变器相电流波形的差异，参见图 13-2～图 13-5 和图 13-7。

13.4　考虑串联系统零序电流的试验研究

13.4.1　零序电流未抑制的试验研究

由于六相 PMSM 反电势含有 3 次谐波成分，考虑到第 3 章中滞环 PWM 策略的不足，本节提出基于载波调制、考虑六相 PMSM 反电势 3 次谐波的串联系统解耦控制策略。为验证串联系统的稳态性能，不控制串联系统中的零序电流，通过试验研究串联系统的解耦性。

1. 稳态试验研究

在六相电机给定转速 500r/min、负载 2.7N·m，三相电机给定转速 2000r/min、负载 2N·m 的情况下进行稳态试验，结果如图 13-8 所示。

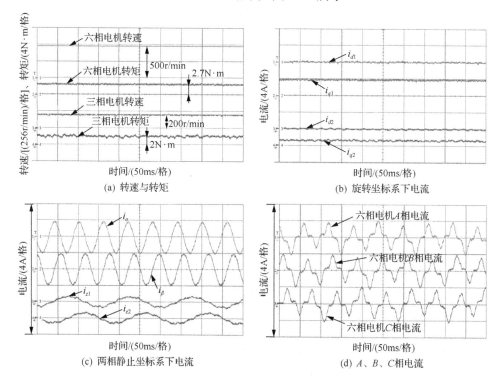

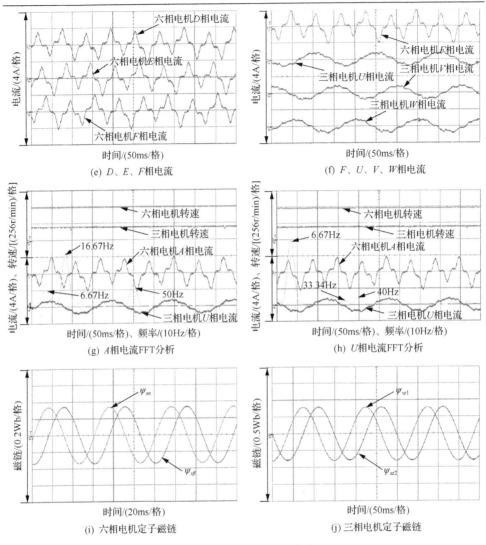

图 13-8　串联系统稳态试验波形

对仿真结果进行分析如下：

(1) 由图 13-8(a) 可以看出，在稳态情况下，串联系统中的两台电机都能够平稳运行，转速、转矩都能够平稳地跟踪给定值。

(2) 由图 13-8(b) 可以看出，i_{d1}、i_{d2} 被控制在零附近。由式(13-24)和式(13-25)可知，两台电机的转矩分别由 i_{q1}、i_{q2} 独立控制。

(3) 由图 13-8(c) 可见，两相静止坐标系下，i_α、i_β、i_{z1}、i_{z2} 均为正弦波，不含有 50Hz 谐波成分。

(4) 由图 13-8(g) 可知，六相 PMSM 相电流中除含有与两台电机转速相对应的 16.67Hz、6.67Hz 低频分量外，还含有 50Hz 谐波成分(六相电机转速的 3 倍频)，导致 A 相电流呈现出三角波形式,六相 PMSM 其余相电流波形如图 13-8(d)和(e)所示。

(5)由图 13-8(h)可见,三相 PMSM 相电流不含有 50Hz 的谐波成分,其主要低频分量为 6.67Hz,与三相 PMSM 转速相对应。结合图 13-8(g)可知,三相 PMSM 的基波电流流过六相 PMSM 的定子绕组,而六相 PMSM 的基波电流不流入三相 PMSM 内部。

(6)由图 13-8(i)和(j)可见,两相静止坐标系下,各电机的定子磁链均为正弦波,与两台电机的转速平稳相对应。

2. 动态试验研究

为验证载波调制矢量控制策略下该串联系统的解耦性,在未对零序电流进行控制的前提下,进行电机负载转矩和转速突变的试验。

1)六相 PMSM 转速突变试验

在串联系统稳态运行的基础上,将六相 PMSM 的给定转速由 500r/min 突变为 600r/min,稳定后,再将六相 PMSM 的给定转速由 600r/min 突变为 500r/min,试验结果如图 13-9 所示。

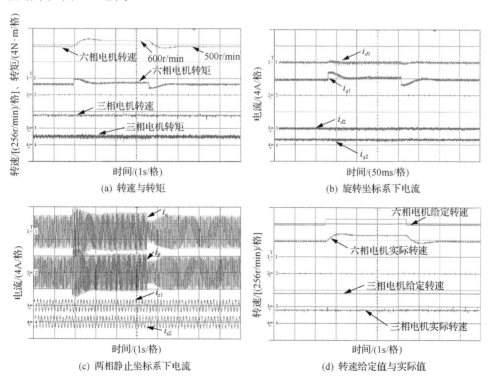

(a) 转速与转矩

(b) 旋转坐标系下电流

(c) 两相静止坐标系下电流

(d) 转速给定值与实际值

图 13-9 六相 PMSM 转速突变试验

对仿真结果进行分析如下：

（1）由图 13-9（a）可见，六相 PMSM 转速变化过程中，三相 PMSM 的转速和转矩均没有受到影响。六相 PMSM 给定转速发生突变的两个时刻，六相电机转矩立即响应，六相 PMSM 转速能够更快速地跟踪给定转速。由于转动摩擦系数客观存在，转速增加后，六相 PMSM 的转矩略有升高。

（2）由图 13-9（b）可见，i_{d1}、i_{d2} 均被控制在零附近。i_{q2} 没有发生变化，i_{q1} 在六相 PMSM 给定转速发生突变的两个时刻发生跳变，与 T_{e1} 波形相符，说明通过改变 i_{q1} 可以实现对 T_{e1} 的控制。

（3）由图 13-9（c）可见，由于转速升高后六相 PMSM 的转矩略有增加，i_α、i_β 的幅值略有变大。由于三相电机的运行状态没有受到影响，i_{z1}、i_{z2} 未受到影响。

（4）由图 13-9（d）可见，当六相 PMSM 给定转速发生突变后，六相 PMSM 的转速能够迅速跟踪给定转速。三相 PMSM 的转速平稳地跟踪其自身给定值，没有受到影响。

2）六相 PMSM 负载转矩突变试验

在系统稳态运行的基础上，将六相 PMSM 的负载转矩由 2.7N·m 突变为 0N·m，稳定后，再将六相 PMSM 的负载转矩由 0N·m 突变为 2.7N·m，试验结果如图 13-10 所示。

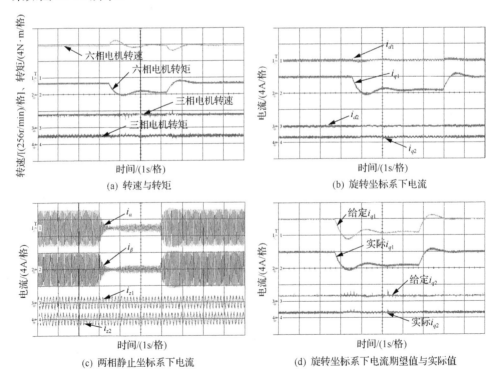

(a) 转速与转矩

(b) 旋转坐标系下电流

(c) 两相静止坐标系下电流

(d) 旋转坐标系下电流期望值与实际值

图 13-10　六相 PMSM 转矩突变试验

对仿真结果进行分析如下：

(1)由图 13-10(a)可见，六相 PMSM 负载转矩发生突变时，T_{e1} 能够迅速跟踪给定值，而此过程中，三相 PMSM 的转速、转矩均没有受到影响。注意到，由于转动摩擦系数客观存在，电机存在空载转矩。此外，转矩突减、突增时刻，六相 PMSM 的转速出现瞬时加、减速的现象，随后迅速跟踪给定转速，与六相 PMSM 的运动方程相符。

(2)由图 13-10(b)可见，i_{d1}、i_{d2} 均被控制在零附近。i_{q2} 没有发生变化，i_{q1} 在六相 PMSM 负载改变过程中发生相应变化，与 T_{e1} 波形相符，说明通过改变 i_{q1} 实现了对 T_{e1} 的控制。

(3)由图 13-10(c)可见，由于空载转矩的存在，六相 PMSM 空转时，i_α、i_β 不为零。由于三相 PMSM 的运行状态不变，i_{z1}、i_{z2} 未受到影响。

(4)由图 13-10(d)可见，当六相 PMSM 负载转矩发生突变后，给定 i_{q1} 立刻作出响应，i_{q1} 实际值也能够迅速跟踪给定值，实现了对 T_{e1} 的控制。

3)三相 PMSM 转速突变试验

在串联系统稳态运行的基础上，将三相 PMSM 的给定转速由 200r/min 突变为 300r/min，稳定后，再将三相 PMSM 的给定转速由 300r/min 突变为 200r/min，试验结果如图 13-11 所示。

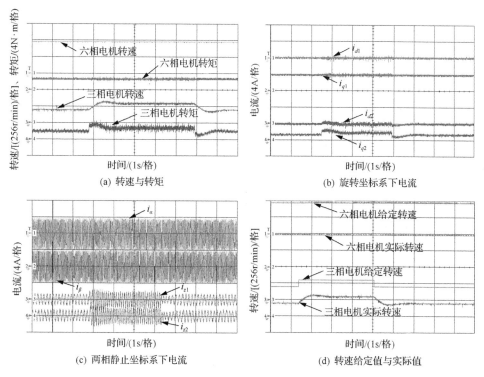

图 13-11　三相 PMSM 转速突变试验

对仿真结果进行分析如下：

(1) 由图 13-11(a) 可见，三相 PMSM 转速变化过程中，六相 PMSM 的转速和转矩均没有受到影响。三相 PMSM 给定转速发生突变的两个时刻，三相电机转矩立即响应，使得三相 PMSM 转速能够更快速地跟踪给定值。由于转动摩擦系数客观存在，转速增加后，三相 PMSM 的转矩略有升高，该现象与三相 PMSM 的运动方程相符。

(2) 由图 13-11(b) 可见，i_{d1}、i_{d2} 均被控制在零附近。i_{q1} 没有发生变化，i_{q2} 在三相 PMSM 给定转速发生突变的两个时刻发生跳变，与 T_{e2} 波形相符，说明通过改变 i_{q2} 可以实现对 T_{e2} 的控制。

(3) 由图 13-11(c) 可见，由于转速升高后三相 PMSM 的转矩略有增加，i_{z1}、i_{z2} 的幅值略有增大。由于六相 PMSM 的运行状态没有受到影响，i_α、i_β 也未受到影响。

(4) 由图 13-11(d) 可见，当三相 PMSM 给定转速发生突变后，三相 PMSM 的转速能够迅速跟踪给定值。六相 PMSM 的转速平稳地跟踪其自身给定值，没有受到影响。

4) 三相 PMSM 负载转矩突变试验

在串联系统稳态运行的基础上，将三相 PMSM 的负载转矩由 2N·m 突变为 0N·m，稳定后，再将三相 PMSM 的负载转矩由 0N·m 突变为 2N·m，试验结果如图 13-12 所示。

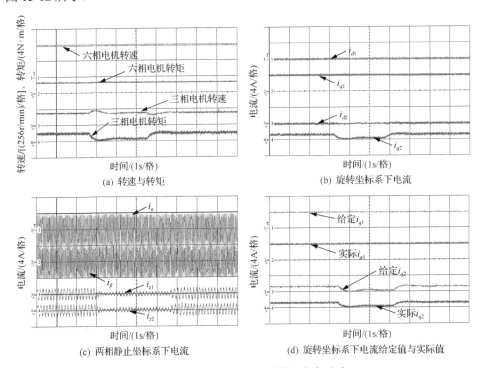

图 13-12 三相 PMSM 负载转矩突变试验

对仿真结果进行分析如下：

(1) 由图 13-12(a) 可见，三相 PMSM 负载转矩发生突变时，T_{e2} 能够迅速跟踪给定值，而此过程中，六相 PMSM 的转速、转矩均没有受到影响。注意到，由于转动摩擦系数客观存在，电机存在空载转矩。此外，转矩突减、突增时刻，三相 PMSM 的转速出现瞬时加、减速的现象，随后迅速跟踪给定转速，与三相 PMSM 的运动方程相符。

(2) 由图 13-12(b) 可见，i_{d1}、i_{d2} 均被控制在零附近。i_{q1} 没有发生变化，i_{q2} 在三相 PMSM 负载转矩改变过程中发生相应变化，与 T_{e2} 波形相符，说明通过改变 i_{q2} 实现了对 T_{e2} 的控制。

(3) 由图 13-12(c) 可见，由于空载转矩的存在，三相 PMSM 空转时，i_{z1}、i_{z2} 不为零。由于六相 PMSM 的运行状态不变，i_α、i_β 未受到影响。

(4) 由图 13-12(d) 可见，当三相 PMSM 负载转矩发生突变后，给定 i_{q2} 立刻作出响应，i_{q2} 实际值也能够迅速跟踪给定值，实现了对 T_{e2} 的控制。

由图 13-9～图 13-12 可以看出：

(1) 在负载转矩和转速给定值发生突变时，两台电机的转矩和转速都能够迅速地跟踪给定值。

(2) 串联系统中任意一台电机的负载转矩或转速发生突变，另一台电机的运行不受影响。

(3) 两相静止坐标系下，六相 PMSM 反电势 3 次谐波既不存在于 $\alpha\beta$ 子空间，也不存在于 z_1z_2 子空间，因此不影响串联系统的解耦控制。

(4) 由于六相 PMSM 反电势存在 3 次谐波，六相电机相电流含有 3 次谐波成分，相电流波形正弦度差，呈三角波形式。

(5) 所提基于载波调制、考虑六相 PMSM 反电势 3 次谐波的解耦控制策略实现了对串联系统的解耦控制。相对于第 3 章中的电流滞环 PWM 策略，该控制策略下逆变器相电流波形中的高频谐波含量明显减少。

13.4.2　零序电流抑制的稳态试验研究

为验证所提控制策略对串联系统零序电流的控制能力，在串联系统稳态试验的基础上，改变零序电流闭环系统中零序分量控制参数，观察串联系统中零序电流大小及其对相电流波形正弦度的影响，试验结果如图 13-13 所示。

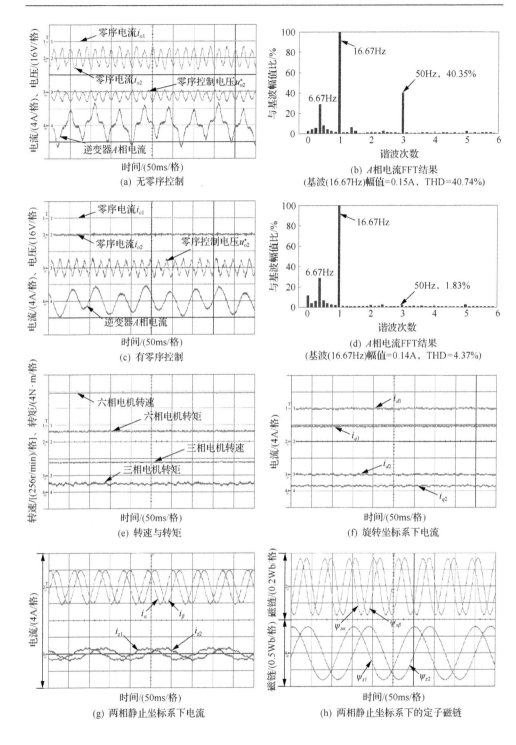

(a) 无零序控制

(b) A相电流FFT结果
(基波(16.67Hz)幅值=0.15A，THD=40.74%)

(c) 有零序控制

(d) A相电流FFT结果
(基波(16.67Hz)幅值=0.14A，THD=4.37%)

(e) 转速与转矩

(f) 旋转坐标系下电流

(g) 两相静止坐标系下电流

(h) 两相静止坐标系下的定子磁链

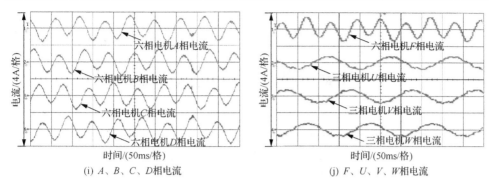

(i) A、B、C、D相电流　　　　(j) F、U、V、W相电流

图 13-13　有零序控制的串联系统稳态试验

对仿真结果进行分析如下：

(1) 由图 13-13(a)可见，零序电流 i_{o1} 恒为零，i_{o2} 幅值较大。此时，A 相电流正弦度差，呈三角波形式。对 A 相电流进行 FFT 分析，由图 13-13(b)可见，六相电机 A 相电流三次谐波的幅值是六相电机基波电流幅值的 40.35%。

(2) 由图 13-13(c)可见，当增大零序控制电压时，i_{o2} 被控制在零附近。此时，A 相电流正弦度明显提高。对 A 相电流进行 FFT 分析，由图 13-13(d)可见，三次谐波电流幅值降低到六相电机基波电流幅值的 1.83%。

(3) 由图 13-13(e)和(f)可见，稳态情况下，串联系统中的两台电机都能够平稳运行，转速、转矩都能够平稳地跟踪给定值。i_{d1}、i_{d2} 被控制在零附近，两台电机的转矩分别由 i_{q1}、i_{q2} 独立控制。

(4) 由图 13-13(g)可见，两相静止坐标系下，i_α、i_β、i_{z1}、i_{z2} 均为正弦，不含有 50Hz 谐波成分。由图 13-13(h)可知，两相静止坐标系下，各电机的定子磁链均为正弦波，与两台电机的转速平稳相对应。

(5) 由图 13-13(i)和(j)可见，零序电流被抑制后，六相 PMSM 相电流波形正弦度明显提高。

上述试验结果证明，串联系统六相 PMSM 反电势的 3 次谐波被变换到零序平面，增加了串联系统的损耗。所提零序电流抑制的控制策略降低了串联系统的零序电流含量，六相电机相电流波形正弦度得到明显提升。

参 考 文 献

[1] 闫红广. 考虑空间谐波效应的对称六相与三相 PMSM 串联系统解耦控制[博士学位论文]. 烟台: 海军航空大学, 2018.

附录 串联系统电机参数

附表 1 六相 PMSM 参数

参数	取值
额定电压/V	150
额定电流/A	6.2
额定转速/(r/min)	1500
磁极对数 p_1/对	2
额定功率/W	1500
电感 L_{m1}/H	0.00117
电感 L_{m1t}/H	0.00046
漏感 $L_{s\sigma1}$/H	0.00083
相绕组电阻/Ω	1.0
永磁体基波磁链幅值 ψ_{f11}/Wb	0.20

附表 2 三相 PMSM 参数

参数	取值
额定电压/V	200
额定电流/A	6.2
额定转速/(r/min)	1500
磁极对数 p_2/对	2
额定功率/W	1500
电感 L_{n1}/H	0.00544
电感 L_{n1t}/H	0.00178
漏感 $L_{s\sigma2}$/H	0.00050
相绕组电阻/Ω	1.2
永磁体基波磁链幅值 ψ_{f21}/Wb	0.45

附表3　直流负载电机参数

参数	取值
额定电压/V	230
额定电流/A	6.09
额定转速/(r/min)	1450
额定功率/W	1400
额定励磁电压/V	230
额定励磁电流/A	0.436